JN449444

제2판

식품미생물학

김명희 · 박석규 · 조석철 · 박훈

창지사

머리말

식품미생물학은 식품의 생산에 관여하거나 식품의 품질변화를 일으키는 등의 다양한 역할을 하는 식품과 관련된 미생물을 연구하는 학문입니다. 미생물들은 발효과정을 통하여 식품에 영양·풍미·생리활성 기능을 부여하며, 다른 한편 식품을 부패시키거나 병원성미생물처럼 식품기인성 질병을 일으키는 데에 관여하기도 합니다. 식품에 미생물이 존재하면서 나름의 역할을 하고 있다는 것을 인간이 언제부터 인식하기 시작했는지 명확하지는 않지만, 식품을 다루거나 섭취하면서 생긴 많은 경험과 축적된 정보가 선행되어 세균학이나 미생물학이라는 과학이 탄생한 것으로 알려지고 있습니다. 미생물의 역할과 특징을 식품의 제조, 가공, 유통, 소비 단계에서 과학적으로 설명하기 위하여 대학에서 수년간 식품미생물학을 강의하면서 풍부한 연구·자문활동을 펼치고 있는 전문가들로 집필진을 구성하여 식품과학 전공자들은 물론 이웃 전공 학생들도 쉽게 이해할 수 있도록 식품미생물학 교재를 준비하게 되었습니다.

식품미생물에 관한 지식은 식품생산, 식품가공, 식품유통, 식품판매, 품질관리, 식품위생 등 여러 분야에서 중요하게 활용되고 있습니다. 식품미생물학이라는 학문은 매우 넓은 분야를 다루며 내용 또한 계속 발전하는 방향으로 변하고 있으므로 이 한정된 지면에 식품미생물학의 광범위한 내용을 모두 담는 것은 불가능하다고 할 수 있습니다. 우선적으로, 이 책에서는 미생물학을 선수과목으로 수강하지 않아도 공부할 수 있게끔 미생물학의 기초를 충분히 소개하고자 하였습니다. 이 책은 총 13장으로 구성되어 있습니다. 1장에서는 미생물의 역사와 발전, 미생물의 분류 및 동정을, 2장에서는 미생물세포의 구조와 기능을 개괄적으로 기술하였습니다. 3장~7장에서는 세균, 박테리오파지, 효모, 곰팡이와 버섯, 조류와 지의류 등 미생물별 구조적 특징 및 생리적 특징과 식품과의 관련성을 포함하였습니다. 8장부터 10장까지는 미생물의 증식, 대사 및 대사산물을, 11장에서는 미생물의 유전과 육종을 설명하였습니다. 12장에서는 발효식품에 대하여, 마지막으로 13장에서는 식품에 존재하는 유해미생물의 제어에 관해 다룸으로써 식품과 미생물의 관련을 발효와 위생 · 안전의 측면에서 알아보고자 하였습니다.

이 책이 식품미생물학을 공부하기에 완벽하다고 할 수는 없기에, 앞으로 식품미생물학의 최신 지식을 반영하기 위하여 끊임없는 내용 보강 또한 필요합니다. 저술 과정 중, 미생물 대사 부분의 원고 작성과 교재의 전반적인 내용 검토에 도움을 주신 영남대학교 식품공학과 오영숙 박사께 감사를 드립니다. 아무쪼록 이 책을 통하여 식품미생물에 대한 독자들의 지식이 넓고 깊어지기를 기대합니다. 끝으로, 식품미생물학 도서의 기획부터 출간까지 전 과정에서 도움을 아끼지 않은 창지사 관계자분들께 깊은 감사를 전합니다.

2024년 8월

저자 일동 드림

차례

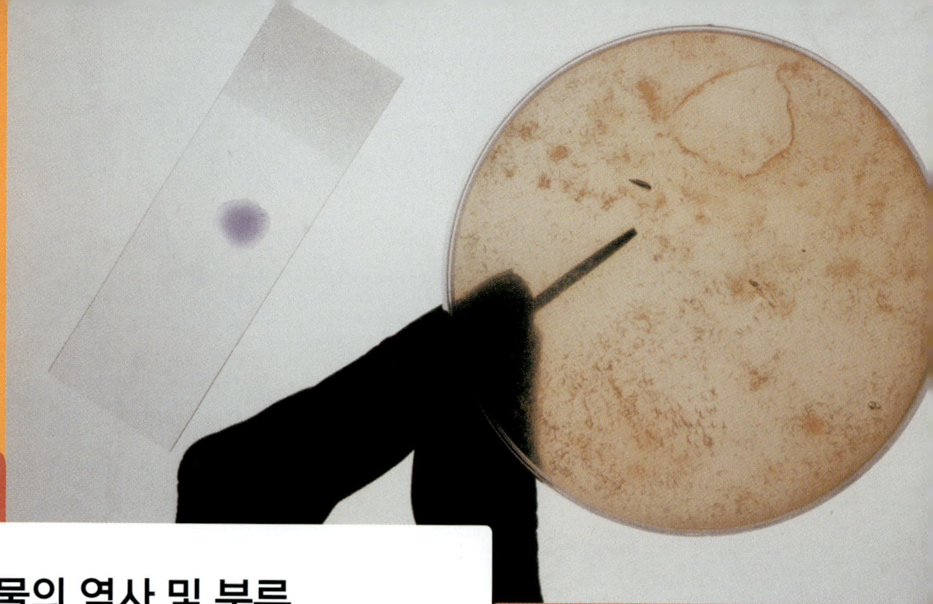

제1장

미생물의 역사 및 분류

1. 미생물이란?

미생물은 지구상 모든 환경에서 발견될 수 있다. 수많은 미생물이 물, 토양, 공기, 식품, 동물, 식물 등 다양한 곳에서 살아가며 활동하고 있으며 우리 주변에서 일상적으로 발견되지만, 그중 많은 종류는 우리가 인식하지 못할 만큼 작고 복잡한 생명체들이다. 지구상에 사는 생물종은 최근 연구를 종합하면 천만 종으로 추정되고 있다. 그중 육안으로 확인할 수 있는 종은 거의 없다. 대부분의 미생물은 가시한계를 넘어선 0.1㎜ 이하의 크기로 눈에 보이지 않거나, 혹은 현미경을 사용해야만 관찰할 수 있다. 미생물은 일반적으로 곰팡이(mold), 효모(yeast), 세균(bacteria), 원생동물(protozoa), 조류(algae), 바이러스(virus) 등의 다양한 종류로 구성되어 있으며, 지구상에서 가장 다양하고 풍부한 생물군집 중 하나이다.

미생물이 지구에 출현한 것은 35억 년 전으로 알려진다. 46억 년 전 탄생한 지구와 함께 한 가장 오래된 생명체인 미생물은 숫자로는 1×10^{31}마리 정도로 동 · 식물의 수보다 10^{10}배 많은 상상을 초월하는 숫자이다. 눈에 보이지 않을 정도로 작은 생물이지만 무게를 합치면 동 · 식물의 총무게를 넘는 대단한 양이며

1조 종류에 달하는 상상을 초월하는 다양성을 보유한다. 연구 결과에 따라 차이가 있으나 우리 몸에도 500조에서 1,000조 마리에 이르는 미생물이 살고 있으며 총 무게도 2kg 정도 된다고 한다. 이렇게 지구상에서 가장 큰 생물량을 나타내며 우리의 몸에도 엄청나게 많은 숫자가 존재하는 미생물은 생화학적 순환에서 중요한 과정을 수행한다.

미생물은 다른 생물이 살기 어려운 환경에서도 다른 생물의 생존을 위해 필요한 역할을 기본적으로 수행한다. 유기물을 분해하여 단순한 물질로 변환시킴으로써 다양한 생명체가 용이하게 섭취하게 하여 영양소를 순환시키며 일부 미생물은 공기 중의 질소를 고정하여 식물이 흡수할 수 있는 질소화합물로 변환함으로써 식물생장에 필수적인 영양소를 공급한다. 또한 다양한 원료를 이용하여 발효과정을 거치면서 빵, 맥주, 요구르트 등의 발효식품을 제조하는 기능을 가지고 있다. 우리나라의 전통 식품인 김치, 된장 및 간장 그리고 막걸리 등은 미생물을 이용하는 대표적인 발효식품으로 모두 미생물의 도움을 받아 제조하고 있다. 미생물은 이렇게 식품을 제조하는 역할 이외에 오염된 물과 토양에서 유해 물질을 분해하거나 제거하여 환경을 정화시키는 역할도 한다. 이렇게 인류에게 도움이 되는 중요한 역할 이외에 병원균의 경우는 다양한 질병의 원인이 되기도 하는데 미생물들은 인류에게 도움이 되는 것이 더욱 많지만 전형적으로 해로운 미생물이 강조되었는데 이는 인류 역사상 다양한 감염성 미생물에 의한 피해사례가 많았으며 1900년대까지도 사망 원인의 대부분이 미생물 감염병이었기 때문인 것으로 생각된다. 반면 일부 미생물은 면역체계를 강화하여 병원균에 대한 방어기능을 향상시키는 역할도 한다.

미생물은 지구 생성 이후에 최초의 생명체로서 오랜 시간 동물, 식물 등과 공존하면서 지구 생태계(ecosystem)를 유지하며 물질 순환과 생물 다양성 등에 중요한 영향을 미치고 있으며 발효를 통한 식품의 제조 및 저장 등 다양한 역할을 수행해 왔다. 특히 최근 생명공학의 급속한 발전에 따라 미생물에 대한 다양한 연구가 활발하게 진행되고 있으며 식품, 의학, 농학, 환경 등 많은 분야에서 활용되고 있다. 그리고 기후 변화 등의 환경적 요인, 국가 간 교역 증대로 인한 세계화로 지리적인 국경의 개념이 약해지는 시대에 새로운 병원성 미생물이나 바이러스의 출현 등은 미생물 연구에 대한 중요성을 더욱 강조하고 있다.

미생물들의 가장 중요한 특징은 대부분 크기가 매우 작아 주로 현미경을 통해서만 확인이 가능하다는 것으로 미생물에 대한 연구는 현미경과 함께 시작되었다고 볼 수 있다. 로버트 훅(Robert Hooke, 1635~1703)은 영국을 대표하는 과학자 중의 한 명으로, 현대 현미경학의 기본 본질이 되는 마이크로그라피아(Micrographia)를 출판하였으며 세포(cell)라는 용어를 최초로 사용한 사람이다. 현미경은 미생물학의 아버지라 불리는 네덜란드의 박물학자인 레벤후크(Anton van Leeuwenhoek, 1632~1723)가 발견하였다. 그는 현미경을 통해 미생물을 확인하여 그 존재를 증명하였으며 이것은 미생물학 발전에 매우 중요한 계기가 되었다. 이후 고배율의 현미경이 지속적으로 개발되었으며 현재는 전자 현미경을 통해 바이러스뿐만 아니라 미생물 내의 구성성분까지 확인할 수 있게 되었다. 미생물은 크기는 종류에 따라 매우 다양한데 약 10㎚~1㎜의 크기를 나타낸다 [그림 1-1].

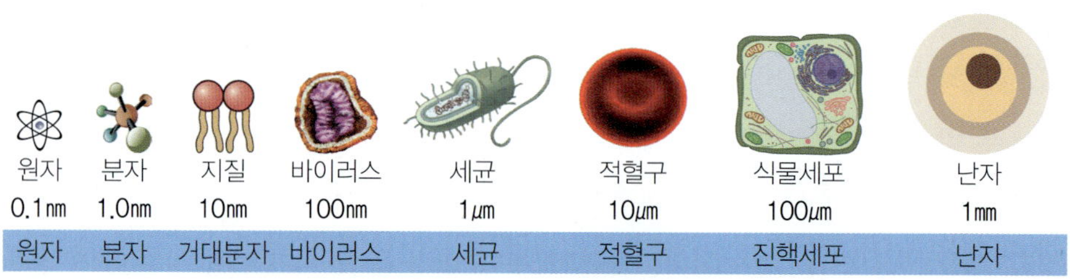

| 그림 1-1 | **미생물의 크기**

출처: scientist cindy(2014), https://www.scientistcindy.com/history-of-microbiology.html

미생물이 공통적으로 보이는 또 다른 특성으로는 식물이나 동물에 비해 세포의 구조가 간단하며, 대부분 실험실에서 유사한 방법으로 배양이 가능하다는 것이다. 일반적으로 미생물을 생육하는 방법은 미생물 종류별로 개발되어 있는 배양용 배지 및 한 종류만의 미생물을 키우는 순수배양 기술에 기반을 두고 있다. 과거에 비해 미생물 배양 기술은 지속적으로 발전하고 있지만 아직까지 95% 이상의 미생물은 배양할 수 없는 것으로 알려져 있어 새로운 미생물을 탐색하고 키우는 기술은 매우 중요한 것으로 여겨진다. 앞서 언급한 것처럼 미생물은 지구 생태계에서 매우 중요한 역할을 하고 있으며 현재 과학적으로 확인된 것들은 존재하는 미생물의 약 1~5%로 매우 적은 수준으로 알려져 있다. 따라서 아직 확인되지 않은 미지의 미생물들이 식품 또는 환경에 오염될 경우에는 사람에게 해로운 병원체로 작용할 가능성도 있다. 하지만 적절한 연구가 지속적으로 이루어져 미생물의 생육을 조절할 수 있으면 농업, 식품, 산업 또는 의학적으로 활용도가 우수한 미생물로 이용할 수 있을 것이다.

2. 미생물과 인류

1) 미생물과의 동행의 역사

레벤후크에 의해 미생물의 존재가 처음 확인된 17세기 이전에는 미생물의 존재 및 작용에 대한 이해가 매우 부족했다. 대부분의 미생물들은 현미경을 사용해야 확인할 수 있었기 때문에 눈으로 보이지 않는 미생물에 대한 연구는 진행되지 않았다. 이는 고대 그리스 시대부터 18세기까지 대다수의 과학자들이 믿고 있었던 "생물이란 무기물에서 자연적으로 생물의 종자 없이 발생한다"는 '자연발생설'에 영향을 받은 것도 사실이다. 아리스토텔레스는 자연발생설을 고등척추동물에게까지도 적용을 시켰는데 실제 자연발생설은 17세기 말부터 논쟁이 시작되었음에도 19세기 후반에 프랑스의 미생물학자인 루이 파스퇴르(Louis Pasteur, 1822~1895)가 S자형 플라스크를 사용하여 자연발생설을 부정하는 실험을 성공시키기 전까지는 완전히 부정되지 않았다.

비록 연구는 활발하게 진행되지 않았으나 식품, 의약 소재, 환경 등 다양한 분야에서 미생물은 경험적으로 이용되면서 인류의 삶과 매우 밀접하게 연계되어 왔다. 미생물의 존재를 확인하고 그 기능과 역할이 밝혀지기 이전부터 미생물은 역사적으로 인류에게 유익하거나 또는 유해한 영향을 주었다.

미생물이 주는 유익한 부분으로는 식품 발효 및 의약 소재 등으로 활용한 예를 들 수 있다. 발효식품의 경우는 인류의 역사와 함께 발전해 왔다고 해도 무방할 정도로 오랜 역사를 갖고 있다. 발효(fermentation)란 미생물들이 식품에서 생육하면서 다양한 유기 화합물들과 유용 성분들을 생산하는 것을 의미한다. 조지아의 동굴유적에서 발견된 토기는 기원전 6,000년 전부터 포도주가 제조되었다는 것을 나타내고 있으며 식초는 메소포타미아 지역에서 기원전 5,000년부터 사용한 증거가 나오고 있다. 이때 식초는 대추야자 무화과 과일 등을 발효시켜 제조하였으며 조미료와 방부제로 사용되었다고 알려져 있다. 효모를 사용하여 제조하는 맥주와 빵의 경우를 보면 맥주는 기원전 4,000년 경 메소포타미아 지방에서 수메르 민족에 의하여 빵을 물과 함께 섞어서 만들어졌다고 하며 빵은 기원전 10,000년 경 신석기시대의 곡물을 구운 납작한 빵과 기원전 3,000년 경 이집트에서 발효가 된 빵을 굽는 기록이 남아있다. 이 외에도 치즈와 요거트 역시 기원전 6,000년 이전부터 제조된 것으로 추정된다.

발효식품은 오랜 역사 동안 다양한 의약적 효능이 알려져 있는데 식초는 고대 이집트에서는 방부제와 소독제로 사용되었다. 특히, 미라를 만들 때 시신을 방부 처리하는 데 식초가 사용되었다는 기록이 있으며 의학의 아버지로 불리는 히포크라테스는 식초를 의약 목적으로 사용한 것으로 유명하여 식초를 꿀과 섞어 다양한 질병을 치료하는 데 사용했으며 특히 기침과 감기, 소화 문제에 효과적이라고 주장했다. 또한 술의 경우도 알코올의 소독 및 진정효과가 밝혀져 소독제 및 감기 등의 질병치료제로 활발하게 사용되었다. 그 밖에도 요거트 형태의 발효된 우유가 소화에 도움이 된다는 사실과 빵곰팡이의 상처치료 효과 등이 고대로부터 인식되어 인류의 생존과 건강에 활용되었다.

하지만 미생물이 원인이 되어 인간에게 전염성 질환이 유발되거나, 가축 및 식물에 병이 발생한 유해한 경우도 다수의 기록으로 확인할 수 있다. 페스트라고도 불리는 흑사병은 쥐벼룩에 의해 전파되는 옐시니아 페스티스(*Yersinia pestis*)라는 균의 감염에 의한 유행성 감염질환으로 1347년부터 약 3년 동안 유럽 인구의 30%에 달하는 2,500만여 명이 사망하게 된 인류 역사상 최악의 전염병으로 기록된다. 이처럼 현미경이 개발되는 17세기 이전부터 미생물은 존재를 모르는 상황에서도 다양한 양상으로 인류의 삶에 작용하고 있었던 것이다. 미생물의 존재가 확인된 이후에도 1차 세계대전 직후에는 인플루엔자 바이러스에 의한 스페인 독감으로 인해 전 세계에서 2,500만~5,000만 명이 희생되었다. 그리고 1845~1846년에 아일랜드에서 발생한 식물역병인 감자병으로 주식의 공급이 어려워져 주민 약 150만 명이 기아로 사망했으며, 이로 인해 수십만 명이 북아메리카로 이주하기도 하였다. 이처럼 미생물의 존재는 다양하게 인류에게 양면성을 가지고 작용하고 있었던 것이다.

현대적 개념의 미생물학의 발전은 17세기 후반 몇몇 과학자들이 자연발생설을 부정하는 실험이 진행되면서 이루어졌으며, 이후 루이 파스퇴르의 백조목 플라스크 실험에 의하여 외부와의 접촉이 없는 상태에서 무생물로부터 미생물이 증식되지 않는다는 것이 밝혀짐으로써 자연발생설이 설득력 있게 부정되었다[그림 1-2]. 백조목 플라스크 실험 이외에도 파스퇴르는 프랑스 릴(Lille) 지역 양조가(釀造家)의 의뢰를 받고 발효와 부패에 관한 연구를 시작한 후 젖산발효는 젖산균과 관련해서 일어나며 알코올발효는 효모균의 생활과 관련해서 일어난다는 것을 발견하였고 포도주의 산패를 방지하기 위한 저온살균법을 고안하여 프랑스의 포도주 제조에 크게 공헌하였다. 1862년에는 알코올에서 아세트산으로 변하는 것과 아세트산발효에 대해 연구하여 식초의 새로운 공업적 제법을 확립하였다.

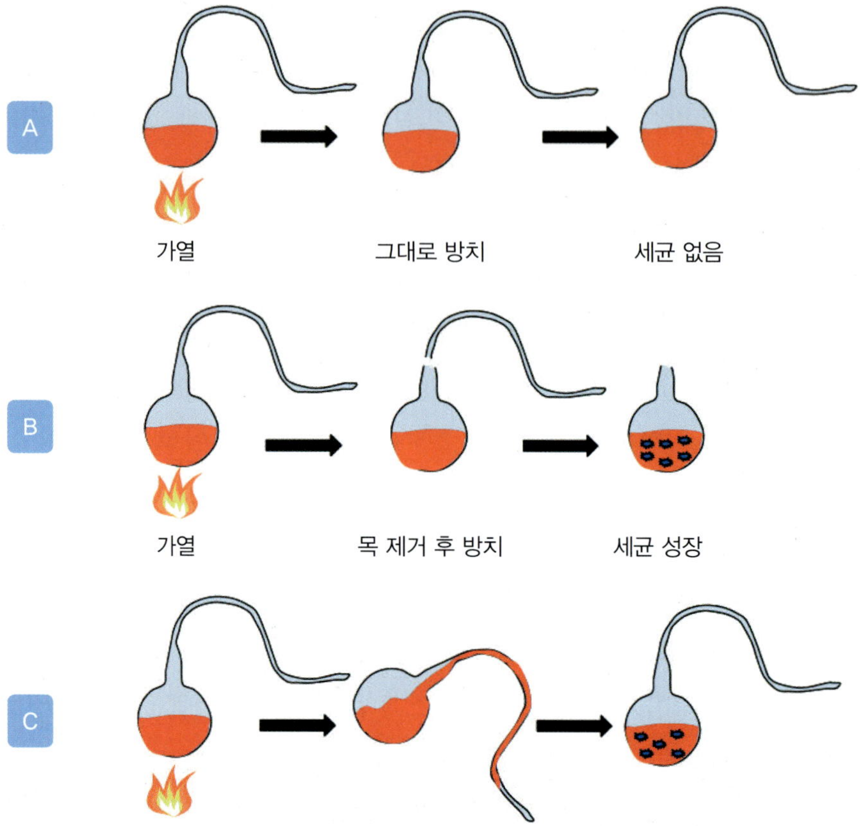

| 그림 1-2 | **파스퇴르의 백조목 플라스크 실험**

출처: Kgerow(2015), https://en.wikipedia.org/wiki/Swan_neck_flask

파스퇴르는 부패가 공기 중의 미생물 때문에 일어난다는 것을 실험적으로 증명함으로써 자연발생설이 잘못되었음을 확인하였고, "모든 생물은 이미 존재하던 다른 생물, 즉 부모로부터 발생한다"는 생물속생설(biogenesis)을 입증하였으며, 미생물에 대한 연구 및 발전에 선도적 역할을 하였다.

20세기에 본격적으로 미생물에 대한 연구가 진행되면서 미생물이 생산하는 이차 대사산물로 알려진 항생제가 개발되었다. 영국 스코틀랜드의 생명공학자이자 세균학자인 알렉산더 플레밍 경(Sir Alexander Fleming, 1881~1955)은 1928년 여름휴가를 다녀온 후 포도상구균을 기르던 접시에 푸른곰팡이가 자라 있고 곰팡이 주변의 포도상구균이 깨끗하게 녹아있는 모습을 발견하고 푸른곰팡이가 생성한 물질을 페니실린이라 명명한 후 페니실린이 여러 종류의 세균에 대해 항균작용이 있다는 것을 발견하였으며 인간의 백혈구에 해를 끼치지 않는다는 점과 생쥐에 주사하여도 거의 문제가 없다는 사실을 확인했다. 이렇게 항생제 연구는 푸른곰팡이의 일종인 페니실륨 노타툼(*Penicillium notatum*)이 생산하는 페니실린(penicillin)을 발견하여 개발한 플레밍에 의해 시작되었다.

항생제가 개발되기 전에는 주로 구전을 통한 천연 소재를 활용하거나 주술적인 방법으로 질병을 치료하려 하였으나, 항생제 개발은 질병치료에 화학적 요법이 도입되는 획기적인 계기가 되었다. 1940년대에 호주의 병리학자 하워드 플로리(Howard Florey, 1898~1968), 영국 생화학자 에른스트 체인(Ernst Boris Chain, 1906~1979) 등의 과학자들이 페니실린의 구조를 연구하고 대량 생산 방법을 개발하였으며 제2차 세계대전 중 부상병의 감염 치료에 효과적으로 사용됨으로써 페니실린은 "기적의 약"으로 불리게 되었다. 1943년 미국의 세균학자 셀먼 왁스먼(Selman Waksman, 1888~1973)이 개발한 스트렙토마이신(streptomycin), 그 후 다양한 박테리아 감염에 사용되는 광범위한 항생제인 테트라사이클린(tetracycline) 등 초기 항생제는 대부분 자연에서 발견된 미생물이 생성하는 물질을 기반으로 하였으나 최근 들어 천연항생제를 화학적으로 변형한 메티실린(methicillin), 옥사실린(oxacillin) 등의 반합성 항생제, 시프로플록사신(ciprofloxacin)과 같은 퀴놀론(quinolones) 계열의 항생제가 합성되어 사용되고 있다.

2) 미생물과 지구

미생물은 생물학적, 유전적 다양성 및 기능적 다양성을 보유하여 지구 생태계의 핵심적인 위치를 차지하고 있을 뿐만 아니라 인류에게 사회 · 문화 · 경제적 가치를 제공하고 있다. 특히 인간의 질병을 치료하기 위한 신약을 개발하는데 사용하는 등 건강한 생존에도 매우 중요한 존재로 인식되고 있다.

지구에는 다양한 환경과 생태계가 존재하는데 그중 토양은 암석의 풍화와 유기물이 혼합된 후 기후, 생물들의 작용을 받아 지속적으로 변화되는 자연체를 의미하며, 식물체의 지지 및 양분과 수분을 공급하고 식량생산, 정화 및 지하수 저장 기능 등을 보유하고 있다. 토양 속에 서식하는 미생물로 고세균, 세균(병원성 포함), 진균, 조류, 원생동물 등의 미생물이 서식하고 있으며 일반적으로 이들 미생물의 크기는 세균이 가장 작고 원생동물이 가장 크지만 개체수는 반대의 순서로 세균이 가장 많으며 토양표면에는 지구상 존재하는 미생물의 5% 내외가 분포하는 것으로 알려져 있다. 이렇듯 토양에는 수많은 미생물이 공존하고 있는데, 토양 미생물은 토양으로 유입되는 낙엽, 볏짚 등의 유기물들을 영양원으로 사용하여 포도당이나 아미노산과 같은 작은 물질로 분해한다. 그리고 이들은 호르몬(hormone), 비타민(vitamin), 식물 생장 촉진 물질 등을 생산하여 식물의 생장에 영향을 준다. 특히 토양 미생물은 식물과의 상호작용을 통해 다양한 역할을 수행하는데, 대표적으로 뿌리혹 세균(leguminous bacteria 혹은 근권 세균(rhizobacteria))이 질소고정화를 통해 암모니아에서 아미노산을 생산할 수 있으며 식물 호르몬(예: 옥신, 사이토키닌)을 분비하여 뿌리 생장과 발달을 촉진할 뿐만 아니라 식물뿌리를 병원체로부터 보호하고 식물 생장 촉진과 토양 오염 정화 기능을 하는 것으로도 알려져 있다.

지구 표면적의 약 70% 이상을 차지하고 있는 바다에서도 미생물의 역할과 기능은 매우 중요하다. 바다는 생명을 최초로 탄생시킨 곳이며 생물의 진화에 매우 중요한 역할을 하고 있다. 특히 해양 미생물은 바다의 환경적인 특성으로 인해 육지와는 다른 저온성, 저영양성, 호염성, 호냉성 등의 특성을 가지고 있으며 그 종류는 현재 알려진 것은 수십만 종 수준이지만 미발견 종이 훨씬 많을 것으로 추정되며 지구상의 미생물 중 68% 이상이 분포하고 있다. 해양 미생물 중 미세조류는 광합성을 통해 유기물을 생성하여 해양생태계의 기초 먹이원으로 작용하며 해양박테리아와 진균은 유기물 분해에 중요한 역할을 하여 해양생태계의 영양순환을 유지한다. 또한 다양한 종류의 바다 식물이나 동물의 표면이나 내부조직에 공생하면서 생육하는 미생물도 있다. 특히 공생 동물의 외부에 대한 방어 작용을 위해 생산되는 여러 가지 생리활성물질이 보고되고 있으며, 이 물질들은 항균작용, 항바이러스, 항암활성 및 면역 억제 효능 등 다양한 기능성을 갖는 것으로 알려져 있다.

담수 미생물은 호수, 강, 연못, 습지 등 담수 환경에서 발견되며, 이들 또한 담수 생태계에서 중요한 역할을 한다. 담수 미생물은 박테리아, 고세균, 진균, 원생생물, 바이러스 등을 포함하며 물의 흐름과 깊이, 양 등 수많은 요인에 의해 육지보다 다양한 미생물들이 존재하는 것으로 보고되고 있다. 담수의 미세조류는 광합성으로 유기물을 생성하여 수중 생물들에게 에너지를 공급하며 담수박테리아와 진균은 유기물을 분해하여 영양소를 재순환시키는 역할을 한다.

인간은 공기 호흡을 통해 살아가고 있다. 이런 대기에는 미생물들이 부착되어 있는데 이렇게 공기 중에 부유하는 생물학적 기원을 가진 입자들을 바이오에어로졸(bioaerosol)이라 한다. 이들은 살아있는 미생물(예: 박테리아, 바이러스, 곰팡이 포자)이나 미생물 유래 물질(예: 세포 조각, 독소), 그리고 기타 동물의 분비물과 꽃가루 등으로 구성되는데 크기, 모양, 밀도 등이 다양하며, 공기 중에 부유하거나 바람, 기류, 물방울 등에 의해 이동할 수 있다. 바이오에어로졸의 크기는 나노미터(nm)에서 수십 마이크로미터(㎛)까지 다양한데 예를 들어, 바이러스는 보통 20-300nm 크기이며, 박테리아는 0.5-5㎛, 곰팡이 포자는 2-10㎛ 크기를 갖는다. 바이오에어로졸에 포함된 바이러스, 세균, 곰팡이 이외에도 포자, 미생물들의 독소, 동 · 식물에서 발생한 알레르겐(allergen) 등은 호흡기를 통한 감염성질병이나 알레르기와 천식을 일으키는 건강에 영향을 주거나 새로운 지역으로 미생물을 운반하여 생태계의 변화를 초래할 수도 있다. 이러한 바이오에어로졸은 생태계에서 형성되어 방출된 후 다른 바이오에어로졸 입자와 상호작용하면서 대기 중에서 구름과 비를 통해 지면으로 내려오는 과정을 순환하는 것으로 알려져 있다[그림 1-3].

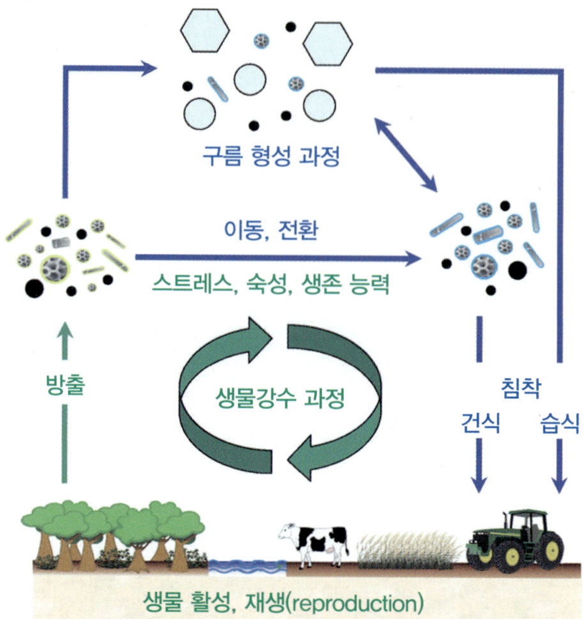

| 그림 1-3 | **바이오에어로졸의 지구 생태계 순환**

출처: Fröhlich-Nowoisky 외(2016).

바이오에어로졸은 생물, 자연, 산업 및 인간과 자연의 활동을 통해 다양하게 발생되며, 지역적인 특성과 환경 변화에 따라 미생물의 종류와 양이 다양하게 나타난다. 이러한 현상은 인간의 활동에 제한을 주고 몸의 면역 기능을 떨어뜨리며 각종 호흡기 질환의 원인이 되기도 한다. 최근 고농도의 황사 및 (초)미세먼지가 빈번하게 발생하기 때문에, 이것들과 함께 바이오에어로졸의 위해성이 중요하게 인식되고 있다.

미생물은 인간에게 있어서 건강을 위해 필수적이기도 하지만 질병을 일으키기도 한다. 사람의 피부, 호흡기관, 소화기관, 생식기관 등에 약 100조 이상의 미생물이 살아가고 있으며, 미생물의 유전자는 사람 유전자의 150배 이상인 것으로 알려져 있다. 특히 장내 미생물은 순수한 무게가 약 1kg 정도로 많은 양이 있는 것으로 알려져 있으며, 유익 미생물, 유해 미생물 및 중간 미생물이 함께 균형을 맞추며 생존하면서 사람의 건강과 매우 밀접한 관계가 있다. 대표적인 유익 미생물에는 프로바이오틱스(probiotics)로 알려진 유산균(lactic acid bacteria)과 비피더스균(*Bifidobacterium* 속) 등이 있다. 이들은 장내 균총(colony, 집락) 개선, 대사 개선, 항암 효과, 콜레스테롤 저감화 등 다양한 효과가 있으며, 최근에는 치매 등의 뇌질환 및 관절염 개선에도 영향을 미치는 것으로 보고되고 있다.

그리고 유해 미생물에는 황색포도상구균(*Staphylococcus aureus*), 대장균(*Escherichia coli*), 가스괴저균(*Clostridium perfringens*) 등이 대표적으로 알려져 있으며 주로 식중독, 장염에 따르는 설사, 복통 등의 질병을 유발한다. 중간 미생물의 경우는 전체 장내 미생물의 약 60% 수준으로 알려져 있으며, 이들은 상황에 따라 유익 미생물과 유해 미생물의 역할을 한다. 장내 미생물 중 특정 미생물이 직접적으로 사람의 건강에 관여하기보다는 장내 미생물총(microflora)의 균형과 불균형에 의하는 경우가 많다. 장내 미생물총은 초기 미생물총의 구성, 식품, 항생제 등의 의약품, 감염증, 스트레스, 생활습관, 나이 등에 따라 영향을 받게 된다. 장내 미생물총이 불균형을 이루고 있을 때는 소화기 질환(과민성 대장염, 대장암, 변비 등), 자가면역질환(관절염, 알레르기, 천식 등), 대사성 질환(만성 신장질환, 간질환, 비만 등), 신경정신질환(우울증, 섬유근육통, 치매 등) 등을 유발하는 것으로 알려져 있다.

| 표 1-1 | 사람의 기관에 생존하는 주요 미생물

기관	주요 미생물
입, 인두, 호흡기	스트렙토코쿠스 비리단스(*Streptococcus viridans*) 나이세리아 시카(*Neisseria sicca*) 칸디다 알비칸스(*Candida albicans*) 스트렙토코쿠스 살리바리우스(*Streptococcus salivarius*)
위	헬리코박터 파일로리(*Helicobacter pylori*) 박테로이데스 프라길리스(*Bacteroides fragilis*) 스트렙토코쿠스 서모필루스(*Streptococcus thermophilus*)

기관	주요 미생물
장	박테로이데스 테타이오타오미크론(*Bacteroides thetaiotaomicron*) 대장균(*Escherichia coli*) 락토바실루스 카세이(*Lactobacillus casei*) 락토바실루스 가세리(*Lactobacillus gasseri*) 락토바실루스 루테리(*Lactobacillus reuteri*)
피부	피티로스포룸 오발레(*Pityrosporum ovale*) 표피포도상구균(*Staphylococcus epidermidis*) 코리네박테리움(*Corynebacterium jeikeium*) 트리코스포론(*Trichosporon*)속 스타필로코쿠스 헤모리티쿠스(*Staphylococcus haemolyticus*)
비뇨생식로	유레아플라스마 파붐(*Ureaplasma parvum*) 코리네박테륨 아우리무코숨(*Corynebacterium aurimucosum*)

3. 미생물학의 발전

미생물에 대해 학습하고 연구하는 학문이 미생물학(microbiology)이다. 미생물학은 대상 미생물들의 종류에 따라 세균학(bacteriology), 균학(mycology), 원생동물학(protozoology), 바이러스학(virology) 등이 있다. 이들 학문은 각각의 대상 미생물들에 대한 구조, 생화학 및 생리적 특성, 분자생물학적 기작 등에 대해 세포 수준에서 이해하는 것이다. 그리고 이를 기반으로 하여 다양한 분야에 응용되고 있는데 대표적으로 의학, 농업, 산업, 환경, 식품 등에 활용되고 있다. 의학 미생물은 병리, 감염, 면역, 역학, 치료 등에 응용되며, 농업 미생물은 식물 질환 및 토양 미생물, 미생물농약 등에 활용되고 있다[그림 1-4]. 그리고 산업 미생물은 대사 작용을 통해 물질 생성 특성을 가진 미생물을 발효 공정, 생물 전환, 에너지 생산 등 분야에 이용하고 있으며, 환경 미생물의 경우에는 환경 정화, 기후 변화, 대체 에너지 개발 등에 이용하고 있다. 또한 식품미생물은 아주 오래전부터 식품의 부패, 식중독 등 부정적인 방향과 인간에게 유익한 방향인 발효를 통하여 식품의 저장 및 가공 등에 다양하게 관계되고 있다. 이 외에도 우주 미생물, 나노 기술 등 응용의 폭이 점차 확대되고 있는 추세이다.

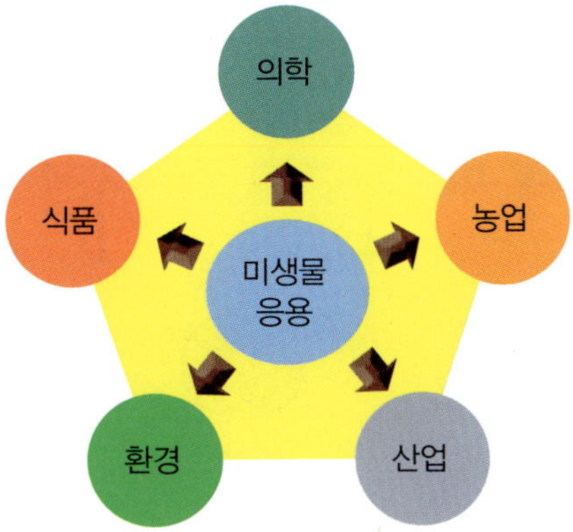

| 그림 1-4 | **다양한 미생물 응용 분야**

파스퇴르 이후 미생물학이 급속도로 발전하면서 다양한 질병들이 미생물에 의한 것임이 확인되었다. 현대 세균학의 창시자로 불리는 독일의 의사이자 미생물학자인 헤르만 로버트 코흐(Robert Heinrich Hermann Koch, 1843~1910)는 최초로 세균이 질병을 유발하게 된다는 것을 증명하는 '병원균설(germ theory)'을 확립하였다. 그는 질병을 유발하는 것이 세균이며, 세균의 감염을 통해 질병이 확산될 수 있음을 실험을 통해 밝혀냈다. 또한 여러 미생물이 공존하는 환경에서 각 질병을 유발하는 병원균만을 분리하여 독립적으로 배양하는 순수배양(pure culture)법의 기초를 설립하였다. 실험을 통해 탄저균(*Bacillus anthracis*)과 결핵균(*Mycobacterium tuberculosis*), 콜레라균(*Vibrio cholerae*) 등 전염병의 원인균을 발견하였으며 일련의 연구를 토대로 감염질환에서의 원인과 결과를 명확하게 연결하는 코흐의 가설(Koch's postulate)으로 알려진 기준을 마련하였다. 코흐의 병원균설은 다음의 기준에 의해 요약된다. ① 질병에 걸린 사람이나 동물의 모든 경우 병원균이 존재하며, ② 그 병원균은 숙주에서 분리하여 실험실에서 순수배양이 되어야 한다. ③ 순수 배양된 병원균을 건강한 개체에 접종할 경우 그 개체는 같은 질병에 걸려야 하며, ④ 실험적으로 감염된 개체에서 병원균을 재분리하면 원래의 병원균과 동일한 특성을 갖는다는 것이다[그림 1-5].

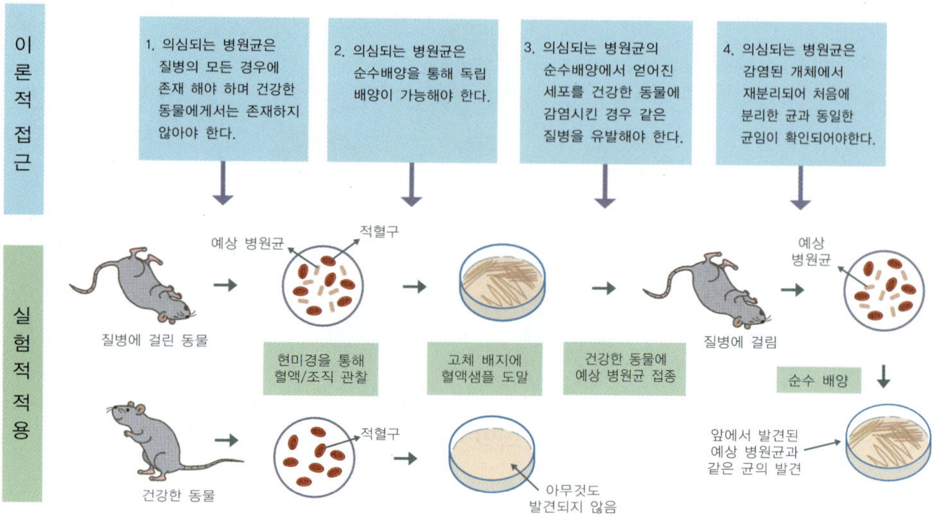

| 그림 1-5 | **코흐의 원칙**

1940년대 이후 현대 미생물학과 분자 생물학이 급속도로 발전하게 되었다. 미국의 유전생화학자인 조지 웰스 비들(George Wells Beadle, 1903~1989)과 에드워드 테이텀(Edward Tatum, 1909~1975)은 곰팡이를 이용한 실험을 통해 유전자가 효소의 합성에 관여한다는 이론인 1유전자 1효소설(one gene-one enzyme theory)을 제안하였다. 이들의 연구는 유전자가 단백질을 암호화한다는 현대 유전학의 기본 원리를 확립하는데 기여하였으며 이는 유전자 기능과 단백질 합성 간의 관계를 설명하는 중심원리(central dogma)를 이해하는 데 중요한 토대가 되었으며 이로써 특정 유전적 돌연변이가 특정 효소 결핍증을 초래한다는 것을 쉽게 설명할 수 있게 되었다. 또한 영국의 미생물학자인 프레더릭 그리피스(Frederick Griffith, 1877~1941)는 폐렴쌍구균(*Streptococcus pneumoniae*)을 이용한 실험으로 세균의 특성을 변화시킨 물질이 DNA라는 사실을 최초로 알아냈으며 이 실험을 기초로 하여 1944년 오즈월드 에이버리(Oswald Avery, 1877~1955) 등은 시험관 내에서도 DNA의 재조합으로 생물의 유전적 특성이 변한다는 사실을 증명하였다. 이것이 형질전환(transformation) 현상이며 DNA

가 유전물질이라는 사실을 직접적으로 증명한 최초의 연구업적이 되었다.

20세기 가장 큰 발견으로 알려진 DNA 이중나선구조의 규명은 미국의 생물학자 제임스 왓슨(James Dewey Watson, 1928~현재)과 영국의 분자생물학자인 프랜시스 크릭(Francis Harry Compton Crick, 1916~2004)에 의하여 이루어졌다. 왓슨과 크릭은 1953년 3월에 이중나선구조로 되어있는 DNA의 모형을 완성했고 4월에 학술지 Nature 171호에 그 결과를 발표했다. 이들은 경쟁자인 킹스칼리지의 모리스 윌킨스(Maurice Hugh Frederick Wilkins, 1916~2004)와 영국의 생물물리학자인 로잘린드 플랭클린(Rosalind Elsie Franklin, 1922~1958)의 도움을 많이 받았다. 프랭클린과 윌킨스는 X-선 회절을 사용하여 DNA의 구조를 연구했는데 프랭클린의 X-선 회절 사진, 특히 유명한 '사진 51'[그림 1-6]은 DNA가 나선형 구조를 가지고 있다는 중요한 증거를 제공했다. 프랭클린의 데이터는 DNA의 구조에 관한 왓슨과 크릭의 1953년 논문을 위해 실제로 사용되었다. 이들은 DNA의 X선 회절 사진을 통해 DNA의 구조가 두 가닥이 서로를 감싸는 이중나선구조를 보이며, 바깥에 인산염이 달린 형태라는 것을 확인하였다. DNA 구조의 규명은 분자생물학이 본격적으로 발전할 수 있는 계기가 되었으며, 이를 통하여 중심 이론(central dogma)인 DNA→RNA→단백질이라는 개념이 확립되었다.

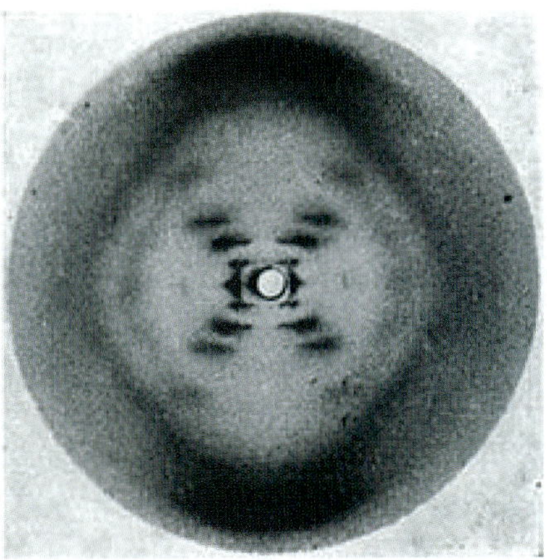

| 그림 1-6 | DNA의 X선 회절 분석

출처: https://www.pbs.org/wgbh/nova/photo51

자크 모노(Jacques Lucien Monod, 1910~1976)와 프랑수와 자코브(François Jacob, 1920~2013)는 1965년 노벨 생리학 및 의학상을 수상한 프랑스의 생물학자들로 유전자 발현 조절 기작인 오페론설(operon theory)을 제안하였으며, 효소 생성에 대한 원리를 설명하였다. 이는 현대 분자생물학의 기초를 이루는 중요한 개념으로 이들의 업적은 유전학, 생화학, 분자생물학, 의학 등 여러 분야에 걸쳐 깊은 영향을 미치고 있다. 그리고 미국의 생화학자 폴 버그(Paul Berg, 1926~현재)가 제한 효소(restriction enzyme)를 사용한 DNA 조작을 수행하여 재조합 DNA를 만들면서 이후 생명공학의 비약적인 발전의 밑거름이 되었다.

미생물학의 발전은 현재 진행형이며, 초창기 현대적인 개념의 미생물 연구를 기반으로 하여 식품, 의약품, 산업, 환경, 우주 등으로 응용 분야가 지속적으로 확대되고 있다. 미생물은 과거, 현재는 물론 미래에도 지구 생태계뿐만 아니라 인간에게 반드시 필요하며, 이를 다양한 분야에 적용하여 인류의 건강을 유지하고 경제적인 부가가치를 창출할 수 있을 것이다.

4. 미생물의 분류와 동정

분류학(taxonomy) 또는 생물분류학은 지구상에 살고있는 생물의 계통과 종속을 특정 기준에 따라 나누어 정리하는 생물학의 한 분야로 각 생물체에 대한 정보를 수집하여 그들의 계보 역사를 재구성하고 진화과정 및 분류체계를 설정한다. 미생물의 분류학은 다양한 종류의 미생물을 이해하는 데 도움이 되는 중요한 작업이지만 미생물에서 생물 분류에 주요하게 사용되는 형태학적인 유사성에 따른 분류방법을 사용하기가 어렵다. 돼지, 개, 고양이 등 동물의 경우에는 형태학적인 특성에 따라 분류가 가능하지만 미생물의 경우 유사한 막대 형태를 보이는 대장균, 유산간균, 고초균(*Bacillus subtilis*)이 모두 다른 세균으로 분류되기 때문에 형태학적 특성에 따른 미생물 분류는 제한적이다.

일반적으로 미생물의 분류학은 미생물의 분류(classification), 명명(nomenclature), 동정(identification)의 세 가지 측면에서 이루어진다. 분류는 미생물이 지니고 있는 다양한 정보를 특정 기준에 따라 구분하는 것이고, 명명은 미생물의 특징이 전달되도록 이름을 부여하는 것, 동정은 새로이 분리한 균주가 확립된 분류체계에서 어디에 속하는가를 알아내는 것이다.

1) 미생물 명명

미생물의 명명법(nomenclature)은 생물 분류학의 기초를 만든 린네(Carl von Linne, 1707~1778)가 제안한 이명법(binominal nomenclature)에 따라서 학명을 사용한다. 이명법은 첫 단어에는 속명(genus)과 두 번째에는 종명(species)을 조합하여 나타내는 방식으로, 속명의 첫 글자는 대문자로 표기하고 나머지는 소문자로 나타내며, 이탤릭체로 표기하거나 주변 글자들이 이탤릭체로 되어 구분이 필요할 경우에는 밑줄을 표시하거나 대문자를 사용한다. 과거부터 현재까지 다양한 미생물들이 새롭게 발견되면서 이명법을 통하여 명명할 경우 미생물 발견자 이름, 생육 특성, 발견 지역 등을 사용하기도 한다. 예를 들면, 대장균(*Escherichia coli*)의 경우는 이를 처음 발견하고 본격적으로 연구한 독일의 소아과 의사 테오도어 에셰리히(Theodor Escherich, 1857~1911)의 이름에서 속명이 유래되었으며, coli는 colon(대장)에서 주로 서식한다는 의미에서 종명을 명명하였다. 미생물 명명법은 꾸준히 발전하고 있어서 이름이 한번 정해지더라도 해당 미생물에 대한 새로운 과학적인 사실이 확인될 경우에는 변경되기도 한다. 스트렙토코쿠스 락티스(*Streptococcus lactis*)가 락토코쿠스 락티스(*Lactococcus lactis*)로 변경된 것이 대표적인 사례이다.

최근에는 16S rRNA 유전자 염기 서열 분석 등 분자생물학적인 방법을 통하여 기존에 명명되었던 미생물들이 새로운 학명으로 명명되기도 한다. 리보솜(ribosome)은 아미노산을 연결하여 단백질 합성을 담당하는 세포소기관으로 리보솜 RNA와 단백질로 이루어져 있는데 리보솜 관련 유전자는 세대가 지나도 크게 변이가 생기지 않고 비교적 잘 보존되는 특성이 있다. 특히 30S 소단위체를 구성하는 16S rRNA 유전자 염기 서열은 50S 소단위체의 5S rRNA 유전자와 23S rRNA 유전자에 비해 염기 서열 길이가 적절하여 주로 이용하고 있다[그림 1-7]. 또한 16S rRNA 유전자 염기 서열 분석은 동종 간에는 다양성이 거의 없는 반면에 타종 간에는 다양성이 나타나므로 미생물 동정과 계통학적 특성을 분석하는 데 유용하게 활용되고 있다.

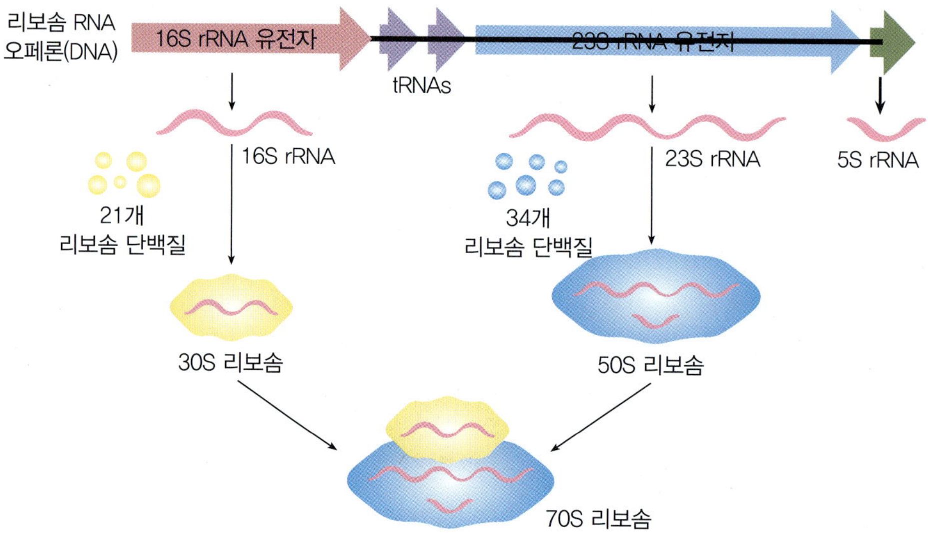

| 그림 1-7 | 70S 리보솜의 구성과 형성

이 외에도 미생물의 생화학적 반응 특성, 구조 및 DNA 혼성화(DNA hybridization), 유전자 지문(genomic fingerprinting) 등의 유전물질 분석 등을 종합적으로 판단하여 미생물을 새롭게 명명하게 된다.

2) 미생물 분류

미생물의 분류(classification)과정은 조직계층 시스템(hierarchical system)방식을 통해 이루어지며, 각각의 미생물들이 하위 분류군인 종(species)의 그룹을 모아 속(genus)을 이루게 되고, 유사한 속들이 모여 다시 과(family)를 구성한다. 그리고 보다 포괄적인 분류 부문을 사용하기 위해 관련 있는 과들이 모여 목(order)을 이루고 목이 모여서 강(class)을 구성하며 여러 강들이 모여 문(phylum)을 이루며 문들이 모여 계(kingdom)를 형성한다[그림 1-8].

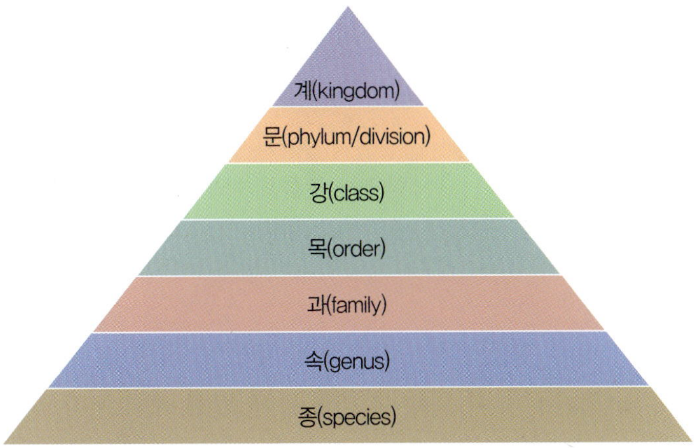

| 그림 1-8 | 계층 시스템에 따른 미생물의 분류

생물학의 기초를 만든 린네에 의하여 생물은 운동성의 유무에 따라 동물계와 식물계 즉 2계로 분류되었다. 19세기 말에 현미경의 발전과 함께 다른 생물이 발견되기 시작되었는데 대표적인 것이 원핵생물(prokaryote)이다. 이에 독일의 동물학자이자 의사, 철학가, 예술가 등 다양한 분야에 업적을 남긴 생물학자인 에른스트 헤켈(Ernst Haeckel, 1834~1919)은 원생생물계의 개념을 제창하며 3계의 분류체제를 도입했다. 즉 원생생물계는 동물계와 식물계에 모두 포함되지 않는 생물들로 분류하였으며 이때의 3계 분류체제에는 현재는 따로 분류되는 원생생물계의 조류와 균계의 균류가 식물계에 속해 있었다. 헤켈은 3계 분류체제의 확립 이외에도 수천 종에 이르는 많은 생물들에 학명을 붙이고 계통수(phylogenetic 또는 genealogical tree)를 그려 생물들 사이의 진화적 관련성을 정리했다[그림 1-9].

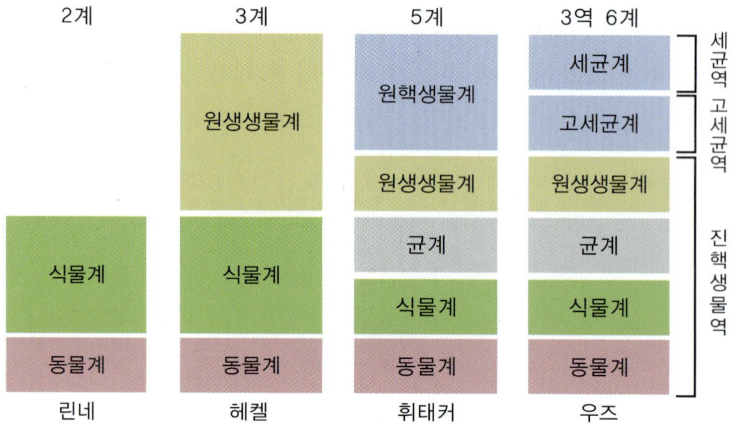

| 그림 1-9 | **생명체 분류체계의 변천사**

출처: 김영동(2022).

이후 현미경 기술의 발전으로 세포의 구조적인 특성에 따라 원핵 생물과 진핵생물로 구분이 가능하게 되면서 미생물에 대한 새로운 분류가 제시되었다. 미국의 생물학자인 허버트 포크너 코플랜드(Herbert Faulkner Copeland, 1902~1968)는 1956년도에 원생생물 중에서도 세포질 내에 DNA가 있는, 즉 핵막에 DNA가 싸여있지 않은 세균들을 원핵생물계로 따로 분류하는 4개 분류체계를 제안하였다. 이후 1969년도에 미국의 식물 생태학자인 로버트 휘태커(Robert Harding Whittaker, 1920~1980)가 곰팡이 같은 것을 균계로 따로 분류하는 5계 분류체계를 제안한다. 이는 영양방식을 기준으로 볼 때, 효소를 밖으로 분비해 사체 등을 분해하여 영양소를 얻어 살아가는 균류는 스스로 유기양분을 합성해 살아가는 식물과 같은 계에 포함될 수 없다고 판단한 것이다. 5계 이전에는 휘태커처럼 영양방식을 기준으로 하지 않아 균류는 광합성을 하지 않지만 운동성이 없기 때문에 식물로 분류하였다. 결과적으로 식물계(plantae kingdom)와 동물계(animalia kingdom)를 제외한 미생물은, 곰팡이와 효모 등의 균류는 진균류계(fungi kingdom), 세균은 원핵생물계(monera kingdom), 단세포 조류와 원생동물을 포함하는 원생생물계(protista kingdom)로 분류되는 5계를 구성하게 되었다.

1980년대에 들어오면서 DNA를 기반으로 하는 다양한 분자생물학적 기법을 통해 생명체를 세가지의 계통학적 계열로 분류하였는데 기존 5계 분류체계를 모두 포함하며 세균 영역(bacteria domain), 고세균 영역(archaea domain), 진핵생물 영역(eukarya domain) 등 세 개의 영역(domain)으로 분류하였다. 이러한 분류체계를 세 영역 분류체계라고 하며 일반적으로 "생명체 계통수"라고 한다 [그림 1-10].

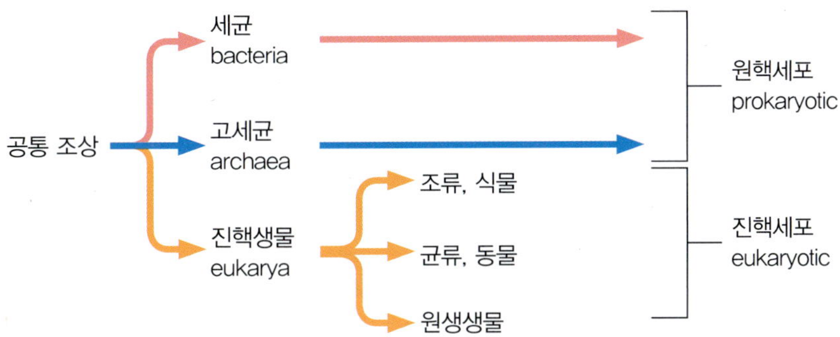

| 그림 1-10 | **생명체 계통수**

'진핵생물 영역'의 생명체는 원핵생물과 달리 핵막이 있으며, 미토콘드리아, 소포체, 골지체 등의 세포 내 소기관을 보유하고 있고 식물, 동물, 균류, 조류 및 원생동물이 있다. '고세균 영역'의 세균들은 일반적인 조건에서 생육이 가능한 것들도 있지만, 대체적으로 고온, 고염도 등의 극한 환경에서 생육이 가능한 미생물들로 알려져 있어 최근 유용한 효소생산 등이 가능하여 최근 식품산업계의 관심대 상으로 떠오르고 있다. 대표적으로 유리고세균(euryarchaeota)문에 속하는 메탄생성균(methanogen), 극호염성균(extreme halophile), 호열산성균(thermoacidophile)으로 분류되며, 크렌고세균(crenarchaeota)문에는 초고온균(hyperthermophile)이 잘 알려져 있다.

'세균 영역'의 진정세균은 세포소기관을 가지지 않은 대부분의 원핵생물이 여기에 속한다. 세균은 현재 80개 이상의 문(phylum)으로 분류되고 있으나, 많은 종류의 세균들이 배양되지 않아 주로 16S rRNA 염기 서열 분석을 통해서 확인되고 있다. 이 중 프로테오박테리아(proteobacteria)문은 3,000종 이상의 세균을 포함하는, 현재까지 명명된 모든 세균의 문 중에서 가장 큰 문이며 특성을 알고 있거나 배양된 세균 종들의 약 30%를 차지한다. 또한 형태적, 대사적, 생태적 다양성이 매우 크며 모든 종들이 전형적인 그람음성세균의 구조를 가진다.

이 세 영역 있는 생명체들을 비교하면 고세균은 진핵생물의 단백질 합성, DNA-히스톤(histone) 복합체, RNA 중합효소 등이 유사한 것으로 보고되어 있으며, 세균과는 염색체, 핵막, 리보솜, 오페론(operon) 등이 공통된 특성을 나타내는 것으로 알려져 있다.

| 표 1-2 | 3영역에 포함되는 미생물 특성

<table>
<tr><th>특징</th><th>세균</th><th>고세균</th><th>진핵생물</th></tr>
<tr><td>핵막</td><td colspan="2">없음</td><td>있음</td></tr>
<tr><td>염색체 형태</td><td colspan="2">고리형</td><td>선형</td></tr>
<tr><td>mRNA 인트론</td><td colspan="2">거의 없음</td><td>있음</td></tr>
<tr><td>리보솜</td><td colspan="2">70S(30S+50S)</td><td>80S(40S+60S)</td></tr>
<tr><td>오페론</td><td colspan="2">있음</td><td>없음</td></tr>
<tr><td>펩티도글리칸</td><td>있음</td><td colspan="2">없음</td></tr>
<tr><td>단백질 합성 개시</td><td>N-포밀메티오닌</td><td colspan="2">메티오닌</td></tr>
<tr><td>DNA-히스톤 복합체</td><td>없음</td><td colspan="2">있음</td></tr>
<tr><td>RNA 중합효소</td><td>한 종류</td><td colspan="2">여러 종류</td></tr>
<tr><td>tRNA 인트론</td><td>거의 없음</td><td colspan="2">있음</td></tr>
<tr><td>세포막 지질 결합</td><td>에스터</td><td>에테르</td><td>에스터</td></tr>
</table>

지구상에 있는 모든 생명체는 앞서 언급한 3영역과 6계에 포함되지만, 비세포성인 바이러스(virus)는 여기에 포함되지 않고 따로 분류한다. 바이러스는 살아있는 세포를 통해서만 생명활동을 하는 존재이다. 평상시에는 돌덩어리와 같은 비활성화된 상태로 있다가 살아있는 세포와 접촉하면 이에 기생하여 생명활동을 시작한다. 다른 세포가 가진 유전정보를 복제할 수 있는 능력은 있지만, 자체적으로 신진대사를 할 수는 없기 때문에 바이러스는 다른 생명체 없이 스스로 생명활동을 할 수 없다. 이 때문에 생물 분류 단계에서 세균 영역, 진핵생물 영역, 고세균 영역 그 어디에도 속하지 않는 미분류 상태로 현재는 생물과 무생물 사이 존재 정도로 취급되고 있다. 현미경과 함께 17세기 중반 존재가 알려지기 시작한 초현미경적 병원체로 크기는 0.01~0.2㎛ 정도이며 세균과 비교하여 너무 작아서 19세기 말에 와서야 작아서 보이지 않는 무언가가 병을 일으킨다는 것을 알았으며, 20세기 들어 전자현미경이 개발된 뒤에야 형태학적인 특성을 확인할 수 있었다.

구조는 매우 간단하여 유전 정보 물질인 DNA 또는 RNA를 보유하고 있고, 기본적으로 이를 보호하는 단백질 껍질인 캡시드(capsid)로 구성되어 있는 매우 단순한 형태를 나타낸다. 또한 일부 바이러스는 외피가 존재하며 외피에 당단백질이 존재하기도 한다. 특히 바이러스는 숙주 특이성이 매우 높으며, 숙주가 있어야만 증식이 가능한 기생생물로 숙주 없이는 증식을 못 하는 특성으로 인해 생명체의 범주로 편입된 것은 비교적 최근이다. 그리고 원핵생물과 진핵생물에 비해 계통학적 특성에 대한 연구가 상대적으로 미흡하고, 현재까지 진행 중이며, 일반적으로 형태학적 특성에 따른 분류, 숙주에 따른 분류, 핵산 또는 가닥과 복제 형태에 따른 분류 등으로 취급되고 있다.

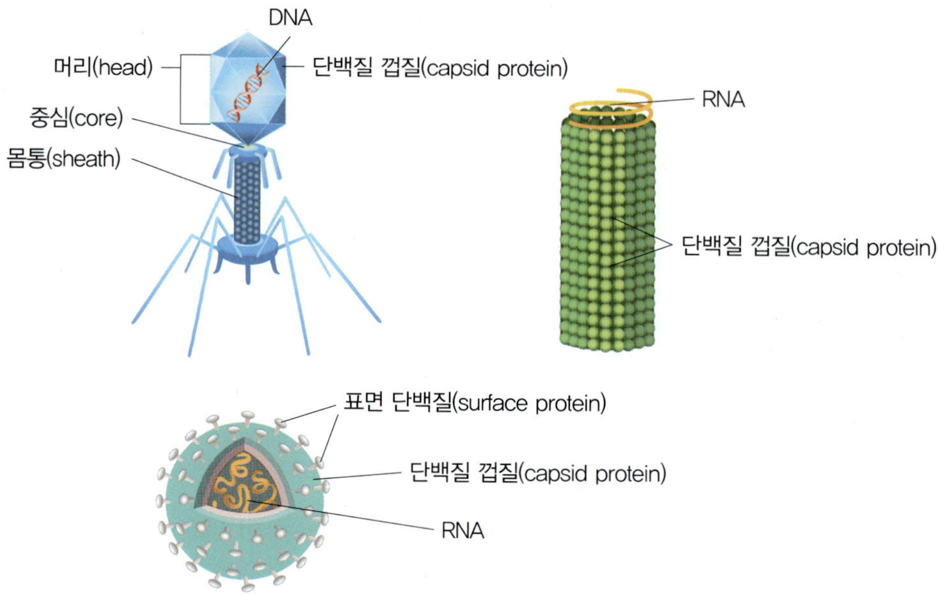

| 그림 1-10 | **바이러스의 일반적인 구조**

미생물을 분류하는 기본 원칙은 크게 '자연적 분류법'과 '인위적 분류법'으로 나뉘는 데 자연적 분류법은 미생물의 친화적 관계와 유전적 유사성을 기반으로 미생물을 분류하는 방법으로 자연적으로 나타내는 균종의 본질적인 성질을 비교하여 계통적으로 분류하는 것이고 유전자 서열분석 단백질 프로파일링 등의 분자생물학적 기법과 rRNA 서열분석 등을 이용한 계통발생적 분류를 이용하여 그룹을 형성한다.

이와는 달리 미생물의 계통관계를 고려하지 않고 생물의 형질 중에서 식별하기 쉬운 형태학적 특징을 선택하여 특징에 따라 체계화한 '인위적 분류법'이 있다. 미생물의 인위적 분류법은 생물의 자연적 유연관계를 반드시 반영하지 않고, 인간의 편의나 특정 목적에 따라 생물을 분류하는 방법으로 이러한 분류는 생물의 형태나 기능적 특성을 기준으로 하며, 반드시 진화적 또는 유전적 관계를 고려하지 않는다. 인위적 분류법의 예를 들면 미생물의 형태에 따라 구균,

간균 등으로 분류하는 형태학적 분류 호기성, 혐기성 미생물 등 미생물의 생리학적 특성에 따르는 분류 등이다.

자연적 분류법 중 '분자생물학적 분류법'은 미생물이 지니고 있는 DNA, RNA, 단백질 서열 분석 등을 통해 미생물 간의 유전적 유사성과 차이를 밝히는 방법으로 특히 16S rRNA 유전자 서열 분석은 미생물의 계통학적 위치를 결정하는 데 널리 사용되는데, 이러한 분류는 미생물의 진화적 기원을 탐구하고, 자연적인 유연관계를 정확하게 반영하게 된다. '생화학적 분류법'은 미생물이 가지는 다양한 생화학적 특성을 통해 미생물을 분류하는 방법으로 세포벽 조성분석, 여러 효소활성 유무, 미생물 지방산 분석 등을 통해 이루어진다. 또한 '혈청학적 분류법'은 미생물의 구성성분들에 대한 항원항체 반응 결과를 통해 분류하며, '수치적 분류법'은 미생물 간의 여러 성질에 대한 유사성을 통계적으로 분석하여 유사성이 높은 순위를 통해 분류하는 방법이다.

3) 미생물 동정

(1) 세균의 동정

세균은 고세균, 진핵생물과 더불어 생물의 3영역 중 한 영역을 차지하는 원핵생물의 대표적인 분류군이다. 현재까지 13,000종 이상이 알려져 있으며 매년 600여 종의 신종이 새로 보고되어 있어 그 수는 지속적으로 증가하고 있다. 세균은 지구상의 어느 곳에서든 발견될 만큼 그 분포에 있어서 다른 생물군을 능가하며 대사의 다양성 또한 경이로운 수준을 보여주고 있다. 세균은 핵막이 없는 상태로 세포질과 핵의 구분이 없으며 이분법에 의한 분열을 통해 빠르게 생육한다. 세균은 일반적으로 크기가 약 0.2~10μm 수준이며, 형태학적 특성에 따라 대표적으로 구형, 막대형, 나선형, 부정형 등으로 나타난다. 특히 식품에 있어서 발효 또는 생물전환 등을 통해 유익한 측면도 있으나, 다양한 종류의 식중독 세균과 감염성 세균들에 의해 사람에게 질병을 일으키기도 한다.

세균의 동정을 위해서는 전통적인 방법으로 증균배지, 선택배지 및 감별배지를 이용하여 세균을 분리하고 동정을 위해 그람염색 시험, 생화학적 분석, 혈청학적 특성, 파지 분별법 등을 수행한다. 또한 신속한 동정을 위해 키트를 사용하여 세균이 특정 기질을 분해하거나 특정 효소를 생산하는지 여부를 빠르게 테스트하거나 자동화된 미생물 동정 및 항생제 감수성 검사 시스템 등을 사용하기도 한다. 현재는 전통적인 배양법과 함께 세균 분류를 위해 DNA, RNA 및 단백질을 분석하여 미생물을 동정하고 있다[그림 1-11].

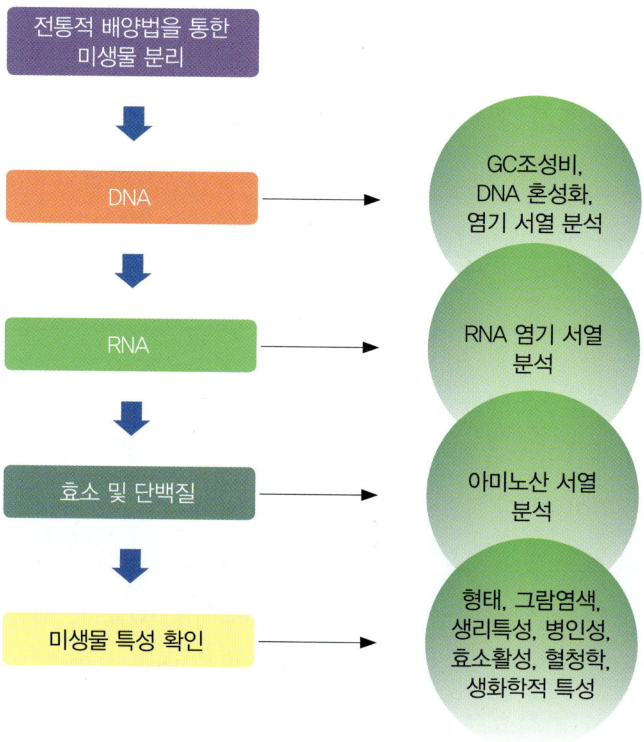

| 그림 1-11 | **세균 분류를 위한 과정**

(2) 효모의 동정

효모는 곰팡이와 달리 단세포 구조를 이루고 있으며, 크기는 약 3~4㎛에서 40㎛까지 다양하다. 세균보다는 훨씬 크고 형태학적으로 구형, 난형, 타원형 또는 막대형태이다. 효모는 주로 세포 표면에 작은 돌기가 생겨 점차 커지고 핵이 이동하면 원래 세포와의 사이에 경계가 생겨 새로운 세포를 형성하는 출아법(budding)에 의해 증식한다. 효모는 주로 과일의 과즙 또는 과피, 식물체, 토양, 바닷물 등에 광범위하게 서식하고 있으며, 알코올 발효능력이 우수하여 주류 발효, 제빵 등에서 활용되고 있다. 또한 균체를 단세포 단백질(single cell protein, SCP)로 식품이나 사료의 단백질원으로 사용하거나, 핵산 관련 물질의 생산을 통해 조미료와 비타민 생산에도 응용되고 있다. 일반적으로 효모는 세균보다는 낮은 수분활성도와 pH에서도 생육이 가능하여 식품의 부패에도 영향을 미치는 것으로 알려져 있다.

효모의 동정은 영양증식 형태, 세포의 형태, 그리고 위균사, 균사, 분절포자, 자낭포자 등을 관찰함으로써 균속을 추정할 수 있으며, 이 외에도 대표적 배지에서의 생육상태, 생육온도 등을 확인한다. 균종(species)의 동정은 주로 당류의 발효능, 탄소화물과 질산염의 동화능(자화능) 등 생리적 특징에 의해 행해진다. 생화학적 키트로 다양한 탄수화물 이용성을 평가하거나 분자생물학적인 방법으로 효모의 특정 유전자의 염기서열을 분석하는데 18S rRNA나 ITS(internal transcribed spacer)영역을 주로 사용한다.

(3) 곰팡이의 동정

곰팡이는 진핵생물의 균류이며, 광합성을 하지 못하는 편성호기성(절대호기성) 미생물로 유기물을 산화하여 에너지를 획득하는 종속영양생물이다. 곰팡이는 식품학적 측면에서 매우 중요한 미생물로 우리나라의 다양한 장류, 주류 발효에 중요한 종균으로 활용되고 있다. 곰팡이가 생산하는 효소들은 산업적으로 매우 유용하게 이용되고 있을 뿐만 아니라 의약품으로도 그 활용분야가 넓어지고 있다. 그러나 다른 한편으로는 곰팡이가 생산하는 독소인 마이코톡신(mycotoxin)에 의해 오염된 식품은 이를 섭취한 사람과 동물 등에 다양한 질환을 유발하거나 사망까지 이르게 한다. 곰팡이의 증식은 포자를 형성하는 방법에 따라 유성생식과 무성생식으로 구분되고, 균사와 포자의 형태 및 균총의 형태에 따라 곰팡이를 분류하는 매우 중요한 기준이 된다.

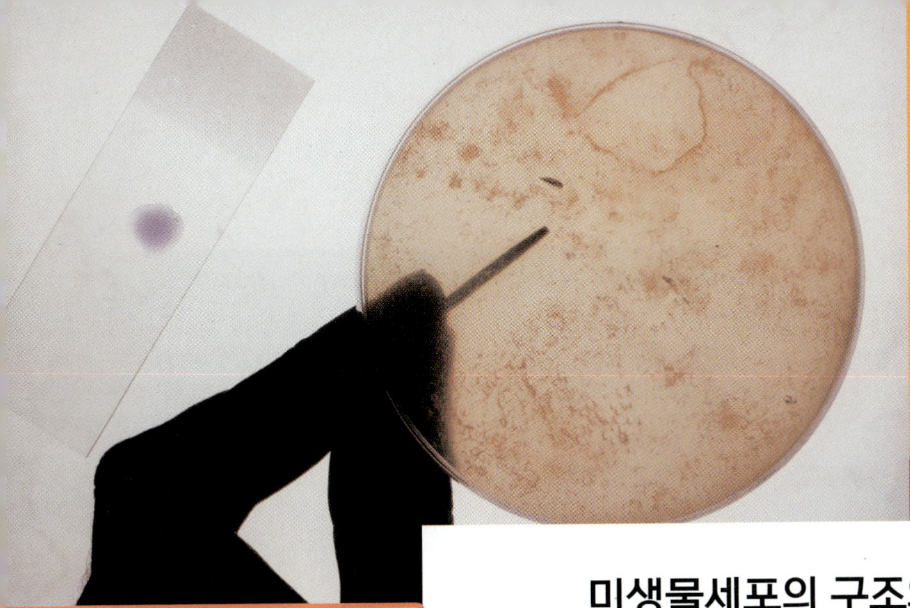

제2장

미생물세포의 구조와 기능

미생물은 매우 작아서 사람의 눈으로 알아볼 수 없는 미세한 생물체를 말한다. 19세기 근대 과학이 발달하기 전에 인류는 미생물의 존재를 몰라 눈에 보이는 것만 생명체로 인식하였다. 미생물은 17세기에 레벤후크(Anton van Leeuwenhoek, 1632~1723)가 현미경을 사용하여 최초로 세균을 관찰함으로써 알려지기 시작했다. 같은 시기에 영국의 수학자이자 자연사학자인 훅(Robert Hooke, 1635~1703)은 뛰어난 현미경 사용자로 현미경 관찰을 통한 곰팡이의 자실체 구조를 묘사하기도 했다. 19세기에 이르러 개량된 현미경이 제작되고 널리 보급되면서 미생물의 특징들이 확실해지기 시작하였다. 이렇듯 미생물학의 발전사에 있어 중요한 발견 중의 하나는 현미경으로 미생물의 관찰이 가능해진 것이다.

| 그림 2-1 | 최초의 현미경(1674)과 안톤 판 레벤후크(Anton van Leeuwenhoek)

출처: Jan Verkolie(1723), https://en.wikipedia.org/wiki/Antone-Van-Leeuwenhoek

1. 현미경의 종류와 원리

현미경은 눈으로는 볼 수 없는 매우 작은 물체나 물질을 확대하여 관찰하는 장치이다. 일반적으로 '현미경'이라 하면 광학현미경을 가리키는 경우가 많으며 대물렌즈, 접안렌즈, 조명 장치 따위로 된 광학현미경 외에 금속현미경, 위상차현미경, 편광현미경, 적외선현미경, 자외선현미경 및 전자현미경 등이 있다. 현미경은 제1세대 광학현미경, 제2세대 전자현미경, 제3세대 원자현미경으로 발전하였다.

1) 현미경의 종류

현미경은 육안으로 관찰할 수 없는 미생물이나 생물의 일차구조와 세포학적 특징을 연구하는 데 필수적인 기구로서 여러 종류가 있지만 가장 기본이 되는 구조와 원리로는 사용하는 광선에 따라 따라 광학현미경(가시광선 이용)과 전자현미경(전자빔 이용)으로 나눌 수 있다. 현미경의 종류는 다음과 같다.

(1) 광학현미경(light microscope, LM)

① 실체현미경(stereo microscope, SM)

생물현미경과는 달리 광원 장치가 물체 위에 있어서 물체를 통과한 빛이 아니라 물체의 표면에서 반사한 빛이 렌즈를 통과하는 형태로 물체를 직접 재물대 위에 올려 놓고 반사되는 빛을 보는 것으로 배율의 범위는 보통 10~60배 정도이다.

② 암시야현미경(dark field microscope, DFM)

어두운 방에 빛이 들면 먼지가 빛나 보이는 현상을 볼 수 있는데 후방의 배경이 되는 빛이 입자에 닿으면 빛이 산란되면서 미립자의 위치, 형태, 크기를 알 수 있게 된다. 그 원리를 이용하여 dark field ring을 condenser에 끼워 빛이 경사지게 들어오게 함으로써, 배경을 어둡게 하고 사물은 밝게 보이도록 하여 나선균과 같이 가늘고 배양이 어려운 미생물을 관찰할 수 있다. 주로 미립자나 혈액 속의 지방 입자를 관찰할 때 이용한다.

③ 위상차현미경(phase contrast microscope, PCM)

일반적인 광학현미경은 물체의 밝고 어두움이나 색깔의 차이를 이용하여 물체를 관찰한다. 만약 관찰하고자 하는 물체가 투명하다면 일반적인 광학현미경으로는 그 구조를 잘 관찰할 수 없으므로 이때 사용하는 현미경이 위상차현미경이다. 위상차현미경은 색이 없고 투명한 시료라도 그 내부의 구조를 관찰할 수 있는 특수한 현미경이다. 따라서 관찰하고자 하는 시료를 별도로 염색할 필요가 없기 때문에 위상차현미경은 살아 있는 세포에 들어 있는 작은 기관을 관찰할 때 매우 유용하게 이용된다.

④ 형광현미경(fluorescence microscope, FM)

짧은 파장의 자외선을 시료에 비추면 형광을 발하는 원리를 이용한 것이다. 시료에 형광물질을 처리하여 관찰하는 방법으로 염색한 미생물을 관찰할 때 사용한다. 특수 염색을 통해 세균, 진균, 기생충, 바이러스 확인에 사용한다. 형광 이소티오시안산염(FITC)은 자외선(UV)을 쪼이면 0.2㎛보다 긴 파장인 형광을 발하는 유기 화합물을 이용하여 조직학, 병리학, 면역학 등에 이용한다.

⑤ 공초점 레이저 주사현미경(confocal laser scanning microscope, CLSM)

표본 시료 내부의 깊이에 따라 초점이 맞는 부분만 두드러지게 밝게 촬영되는(초점이 맞지 않는 부분은 어둡게 나타남) 특성이 있어, 불필요한 산란광이 제거되기 때문에 콘트라스트가 증가하게 된다. 기존의 형광현미경에 비해 이론적으로 1.4배 해상력이 월등한 이미지를 얻을 수 있으며, 레이저를 사용하기 때문에 광 절편을 만들어 삼차원 이미지를 관찰할 수 있다. 최근 세포가 살아 있는 상태에서 실시간영상(real time imaging)을 관찰할 수 있다.

(2) 전자현미경(electron microscope, EM)

빛 대신 전자선을 이용하여 눈으로 직접 볼 수 없는 것을 사진이나 형광판에 나타난 상으로 관찰한다. 가장 정밀한 전자현미경은 100만 배까지 생물 혹은 소재에 대한 초극미시의 세계를 볼 수 있다.

① 투과전자현미경(transmission electron microscope, TEM)

전자를 투과시켜서 관찰하기 때문에 관찰하고자 하는 물체를 1,000분의 1㎜ 이하로 얇게 자르거나, 전자가 투과할 수 있는 필름에 얇게 발라 표본을 만든다. 음극선에서 발생한 전자빔이 표본을 통과할 때 생기는 굴절의 차이를 이미지로 전환하여 보여 준다. 시료의 얇은 단면을 볼 수 있으며 색깔이 나타나지 않고 명암으로 표시된다.

바이러스를 포함한 기타 미생물의 초미세구조 관찰에 사용하며 광학현미경보다 훨씬 높은 확대 폭과 해상력을 갖는다.

② 주사전자현미경(scanning electron microscope, SEM)

가시광선으로 관찰하는 것이 아니라 전자빔을 표본의 표면에 주사하여 생성되는 전자파를 통해 얻은 이미지를 컴퓨터로 재구성하여 물체(시료)의 표면을 입체적으로 보여 준다. 그러나 시료의 색은 볼 수 없다. 우리가 흔히 볼 수 있는 전자현미경 사진은 이해를 높이기 위해 염색을 한 것이다.

(3) 주사탐침현미경(scanning probe microscope, SPM)

원자현미경은 원자를 한두 개 크기 정도로 가까이 접근시켰을 때, 원자 사이에서 나타나는 전기의 흐름이나 작용하는 힘을 이용해서 원자의 모습에 대한 정보를 모아 컴퓨터로 사진을 합성하여 관찰한다. 따라서 원자 각각을 관찰할 수 있을 뿐 아니라 개개의 원자를 움직이거나 물질의 표면을 원자 단위로 정밀하게 변형시키는 일까지 가능하다. 종류는 원자간력현미경(atomic force microscope, AFM), 주사터널링현미경(scanning tunneling microscope, STM) 주사근접장광학현미경(scanning near-field optical microscope, SNOM) 등이 있다.

(4) X선현미경(X-ray microscope)

물질의 표면은 광학현미경으로 관찰할 수 있으나, 물질의 내부는 X선현미경을 사용한다. X선 이용 방법은 주로 밀착법, 투영법, 주사법 등이 사용된다. 이미지의 확대율은 광학현미경과 전자현미경의 중간 정도로 300~1만 배 정도까지이다.

(5) 초음파현미경(ultrasonic microscope, UM)

광선 대신 초음파를 이용하여 보통 광학현미경으로 볼 수 없는 물체까지 볼 수 있게 한 현미경이다. 특히 살아있는 상태의 생물체나 대상물질의 탄성, 밀도, 점성 등을 반영한 미세구조까지 관찰할 수 있다.

| 표 2-1 | 현미경 종류에 따른 미생물관찰 적용

분류	광학현미경	형광현미경	암시야현미경	위상차현미경	전자현미경
바이러스	⊖	⊕	⊖	⊖	⊛
세균	⊕	⊕	⊛	⊛	⊕
곰팡이, 버섯	⊕	⊕	⊖	⊛	⊕
기생충	⊕	⊕	⊖	⊛	⊛

⊕: 일반적으로 사용, ⊖: 사용하지 않음, ⊛: 제한적으로 사용

2) 현미경의 원리 및 취급방법

(1) 현미경의 원리

현미경은 원래 두 개의 렌즈의 결합으로 구성되어 있고 렌즈가 상을 만들기 위해 빛을 굴절하여 한곳에 집중시켜 초점을 맞추어 물체를 확대하여 볼 수 있다. 즉, 대물렌즈(objective lens)는 초점거리가 극히 짧은 렌즈이며 물체가 확대된 실상을 만들고, 접안렌즈(ocular 또는 eyepiece lens)는 그것을 보는 확대경이다. 대물렌즈는 물체를 대한다고 해서 대물렌즈이고, 접안렌즈는 눈과 접해 있다고 하여 접안렌즈라고 한다. 대물렌즈와 접안렌즈는 한 개의 원통의 양단에 장치되며, 그 원통의 길이는 기계통 길이라 한다. 현미경의 배율은 대물렌즈의 배율과 접안렌즈의 배율을 곱하여 셈할 수 있으며, 그 배율의 수치는 렌즈에 새겨져 있다. 현미경을 통한 미생물의 형태를 확인하는 것을 검경이라 하며, 검경할 때 미생물의 관찰을 위해서는 저배율에서 고배율로 점차 확대하면서 관찰한

다. 이처럼 현미경은 우리가 육안으로 관찰하기 힘든 미세구조의 관찰에 유용한 기구로서 작동원리 및 구조와 사용법을 아는 것이 무엇보다도 중요하다.

(2) 현미경의 구조

현미경의 구조는 기능에 따라 구분할 수 있고 광학부분, 조명부분, 기계부분 등으로 나눌 수 있다.

① 광학부분

현미경의 기본 요소인 렌즈부분으로 접안(대안)렌즈와 대물렌즈로 구분할 수 있다.

- **접안렌즈**

접안렌즈는 경통의 위쪽에 위치하며 눈으로 들여다보는 렌즈로 고배율일수록 길이가 짧다. 대물렌즈가 확대한 대상을 이차적으로 더욱 확대하는 확대경과 같은 역할을 하는 동공조절 장치로 관찰자의 시력을 보정하는 기능을 담당한다. 경통의 위쪽에서 빼어 교환한다. 기본배율은 ×5, ×10, ×15 등이 있다.

- **대물렌즈**

대물렌즈는 경통의 맨 끝에 장착되어 프레파라트(preparat)[1]에 접하는 렌즈로 관찰 물체를 일차적으로 확대한다. 관찰 물체의 해상능에 결정적으로 영향을 주며 고배율의 렌즈일수록 길이가 길다. 간단한 시료 관찰 시 대물렌즈 배율은 ×10, 비교적 큰 미생물 및 기생충을 관찰할 때 ×40의 배율, 세균과 같은 작은 미생물이나 비교적 크기가 큰 미생물의 세밀한 형태를 관찰할 때 ×100의 배율(immersion oil 사용)을 사용하며 이때 회전판을 돌리면 렌즈를 교환할 수 있다.

1) 관찰하려는 재료를 슬라이드글라스와 커버글라스 사이에 넣어 만든 표본이다.

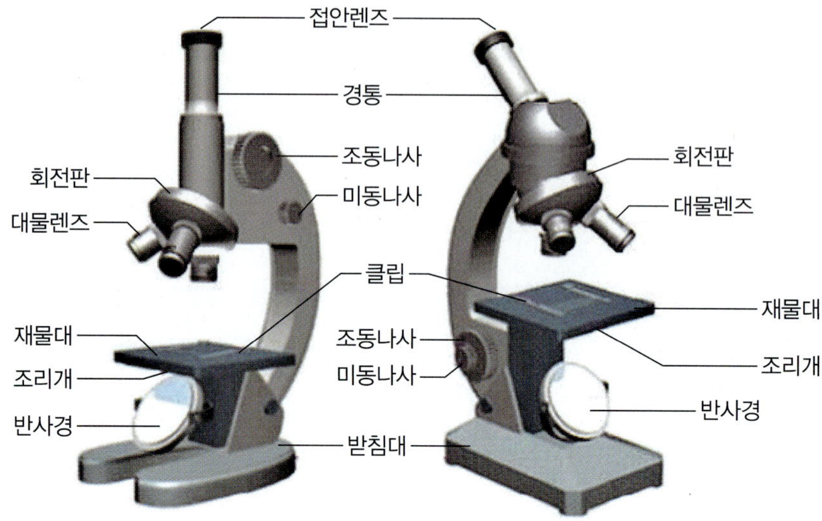

경통이 움직이는 현미경 재물대가 움직이는 현미경

| 그림 2-2 | 현미경 구조 및 명칭

출처: https://ko.wikipedia.org

| 그림 2-3 | 접안렌즈와 대물렌즈의 종류

출처: https://ko.wikipedia.org

② 조명부분

시야가 고르지 못한 곳을 제거하고 밝게 하여 높은 해상력과 정확한 배율의 상을 얻기 위해서는 빛이 필요하다. 조명부분에는 광선(light), 반사경(reflector), 조리개(diaphragm), 집광기(condenser), 광선 여과판(light filter) 등이 포함된다.

- **광원:** 거울이나 전구를 사용하며 광원은 현미경의 몸체에 달려 있다.
- **반사경:** 빛을 반사시켜 대물렌즈로 보내는 거울 역할을 한다. 한쪽은 평면거울, 다른 쪽은 오목거울로 되어 있다. 거울 대신 전등으로 대체하기도 한다.
- **조리개:** 빛의 양을 알맞게 조절하는 역할을 하는 것으로 반사경을 통하여 들어오는 광선의 강도를 조절하여 상을 분명하게 한다.
- **조리개(집광기):** 렌즈로 들어오는 빛의 양과 조리개 구멍의 크기를 조절하여 상의 밝기를 조절하여 상의 해상능력과 대조능력에 영향을 주어 상을 또렷하게 한다.
- **광선 여과판:** 광선의 조성을 변경시키는 데 사용한다. 인공광선을 이용하여 염색표본을 관찰할 때에는 보정을 위해 담청색 필터를 사용한다. 세균의 그람염색의 경우 필터를 넣지 않으면 양성, 음성 판정을 잘못할 위험이 있는데 이를 잘 구별하기 위한 목적으로 사용한다. 뿐만 아니라 인공광선을 이용하여 염색표본 관찰할 때 눈의 피로를 막기 위한 목적도 있다.

③ 기계부분

현미경에 들어오는 광선을 조절하고 초점을 정확하게 해서 또렷한 상을 관찰할 수 있도록 하는 장치이다.

- **경각(base):** 현미경 전체를 받쳐 주는 받침대이다.
- **경주(arm):** 재물대, 경통, 조명장치, 조정장치 등이 붙어 있다.
- **경통:** 접안렌즈와 대물렌즈를 연결하는 원통이며 대물렌즈로 들어오는 빛

이 지나가는 통로이다.

- **조동나사:** 경통 또는 재물대를 위아래로 크게 움직이며 상을 찾는 데 사용된다. 프레파라트와 대물렌즈 사이를 조절한다.
- **미동나사:** 초점을 정확하게 맞출 때 사용된다.
- **회전판:** 보통 대물렌즈가 세 개일 경우 배율을 바꿀 때 사용한다.
- **재물대:** 프레파라트를 올려놓는 판으로 중앙에 구멍이 뚫려 있어 빛이 통과된다.
- **클립:** 재물대 위에 있으며 프레파라트가 움직이지 않게 고정하는 장치이다.

※현미경을 사용할 때 주의점

① 현미경은 대단히 정교한 광학기구이므로 취급에 세심한 주의를 필요로 하며, 절대로 충격을 가하지 않도록 한다. 충격이 가해지면 빛의 경로가 흐트러져 상이 흐려지게 된다. 운반할 때는 한 손은 경각의 밑을, 한 손은 경주를 잡고 수직으로 운반해야 한다.

② 안정되고 평평하며 밝은 곳이 좋다. 직사광선과 습기가 닿는 곳은 피해서 설치해야 한다.

③ 산이나 염기 또는 알코올이 현미경에 묻지 않도록 주의한다.

④ 처음에는 가장 낮은 배율로 관찰하고, 필요에 따라 배율을 높여 관찰한다.

⑤ 경통을 내리거나 재물대를 올릴 때는 반드시 옆에서 본다.

⑥ 렌즈가 더러워지면 렌즈페이퍼로 닦고 절대로 손이나 손수건 등으로 렌즈를 닦지 않는다.

⑦ 현미경은 일정한 제습기 및 온도조절 장치가 설치되어 일정한 온도와 습도가 유지되고 먼지가 없는 곳에 커버를 덮어 보관한다. 온도는 20±2℃, 습도는 40±5%로 유지되고, 조명조정 장치가 설치된 암실이 좋다.

2. 세포의 구조

지구의 생명을 가진 미생물은 물론 동물·식물까지 모든 생물체는 생명현상을 유지하기 위해서 구조적·기능적 단위인 세포라는 기본단위로 구성되어 있다. 미생물은 아주 작은 유기물로 현미경을 통해서 그 형태를 확인할 수 있는 미세한 생물이다. 미생물의 미세구조는 전자 현미경 등을 통해 그 구조를 더 잘 알게 되었다. 미생물도 그 자체가 생물이기 때문에 종류에 따라서 외형, 대사형태, 생리와 생태 및 유전자 등이 다르다.

생물계는 린네(Carl von Linne, 1707~1778)에 의해 식물계(plants)와 동물계(animals)로 분류하고 일반미생물은 모두 식물계에 속하게 되었다. 헤켈(Ernst Haeckel, 1834~1919)은 미생물을 핵이 있기 이전의 미생물이라는 의미의 원핵세포(prokaryotic cell, 세포 내 핵막, 인, 미토콘드리아 없음)를 가지는 하등미생물과 진정한 핵을 가졌다는 의미의 진핵세포(eukaryotic cell, 핵막, 인, 미토콘드리아 존재)를 가진 고등미생물로 분류하였다[표 2-2].

| 표 2-2 | 원핵세포와 진핵세포의 차이점

구분	원핵세포(prokaryotic cell)	진핵세포(eukaryotic cell)
어원	pro=before, karyon=nucleus (핵이 있기 전 미생물 의미)	eu=real, karyon=nucleus (진정한 핵이 있는 미생물 의미)
크기	대부분 작은 세포(1~10㎛), 대부분 미생물	거의 큰 세포(10~100㎛), 일부 미생물이고 대부분 생물
핵	핵막 존재하지 않음	핵이 핵막에 싸인 형태로 존재
감수분열	없음	있음
유사분열	없음	있음
세포수와 조직	단세포생물로 조직 형성 없음	다세포생물로 분화된 조직 있음
세포 호흡계	미토콘드리아 없음. 대신 세포막의 변형으로 생긴 메소솜이 있음	미토콘드리아 있음
광합성기관	엽록체 없음	엽록체 있음

구분	원핵세포(prokaryotic cell)	진핵세포(eukaryotic cell)
세포벽	화학적으로 복잡한 구조	존재할 때 간단한 조직
편모 (운동 부위)	있음	없음
선모 (DNA 이동 통로)	있음	없음
소재	세균, 방선균, 시안세균(이전 남조류)	고등 동 · 식물, 원생생물, 조류(홍조류, 갈조류), 균류(곰팡이, 버섯, 효모)

1) 원핵세포

원핵세포(prokaryotic cell)는 진핵세포에 비해 진화가 덜 되어 단순하고 원시적인 구조로 크기가 작다. 핵막으로 구성된 핵이 없어 DNA는 세포질에 퍼져서 분포하는 핵양체(nucleoid)로 존재한다. 세포호흡을 통한 세포 에너지 생성에 관여하는 세포소기관인 미토콘드리아가 없고 세포막 부위의 메소솜(mesosome)에 호흡 관련 효소가 분포하는 미생물인 하등 미생물(lower protista)로 분류하며 세균, 방선균, 남조류 등이 여기에 포함된다. 원핵세포는 유사분열(mitosis)하는 진핵세포와 다르게 이분열법으로 증식한다.

(1) 원핵세포 구조

원핵세포로 구성된 하등미생물은 방선균을 포함한 세균(bacterium, 복수: bacteria)으로 그 형태, 화학적 조성, 영양 요구성, 생화학적 기능, 에너지원 등의 차이로 세균을 분류할 수 있다. 세균의 외부구조는 편모(flagellum, 복수: flagella), 선모(pilus, 복수: pili), 점질층(slime layer) 또는 협막(capsule), 세포벽(cell wall) 등이 있고, 내부구조는 핵양체(nucleoid), 세포막(cell membrane), 리보솜(ribosome), 염색체 DNA(chromosomal DNA), 가스포(gas vacuole), 내생포자(endospore) 등으로 구성되어 있다[그림 2-4].

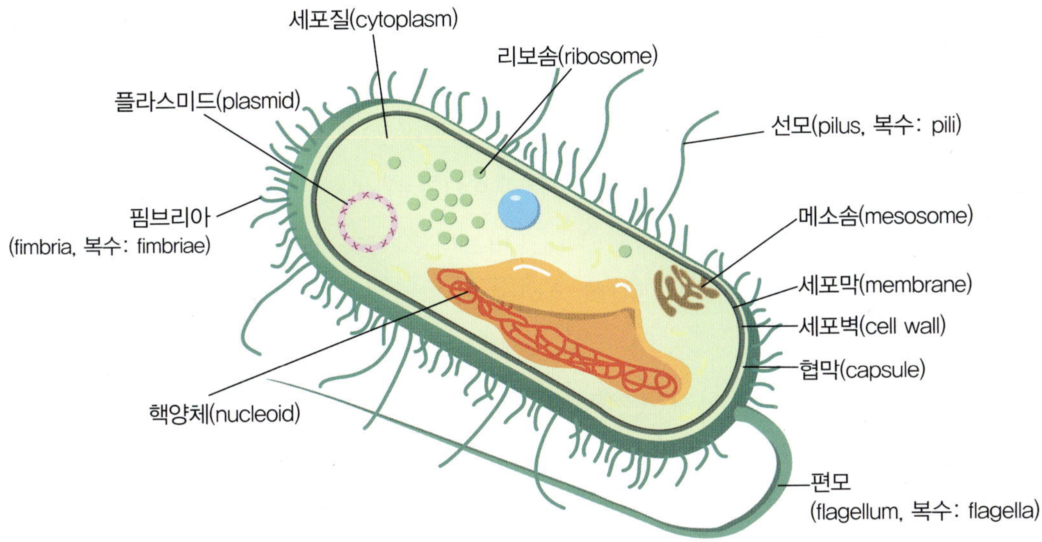

| 그림 2-4 | **원핵세포 구조**

(3장 세균의 구조와 기능(68p) 설명 참조)

① 점질층과 협막

많은 종류의 원핵세포들은 세포벽의 외부에 점질물(slime layer)과 협막(capsule)에 싸여 있다. 점액물질이 세포벽에 약하게 결합하여 쉽게 분리되어서 세포 주위로 확산된 점액물질을 점질층이라 하고 반면에 점액물질이 세포벽에 단단하게 결합되어 있으면 협막이라 한다. 점질층과 협막은 균종에 따라 화학적 조성이 상이하고 다당류와 폴리펩티드(polypeptide) 등으로 다양한 물질조성을 나타낸다. 점액층 물질은 꼭 필요한 기본물질이 아니기 때문에 제거하여도 생명에 영향을 미치지 않는다. 점질층과 협막의 기능은 세균의 건조나 독성물질로부터 자신을 보호하고 숙주의 식균세포나 조직세포부터 포식되거나 소화됨을 방어한다. 그리고 세균의 기질에 부착 또는 세균끼리의 부착, 탈수 및 항생물질과 영양결핍으로부터 세포보호, 파지로부터 세포를 보호하는 기능을 갖고 있다(3장 당질피질(71p) 설명 참조).

② 세포벽

원핵세포 미생물은 대부분 세포벽(cell wall)을 가지며 그 세포벽은 외부 자극으로부터 세포를 보호하는 두껍고 단단한 구조로 되어 있어 세포의 형태를 유지, 화학반응에 대한 세포질 보호, 삼투압으로부터 세포파괴를 보호한다. 원핵세포의 세포벽 구조는 진핵세포의 세포벽보다 화학적 조성이 복잡하다. 세균은 세포벽의 조성과 그람염색성의 차이에 따라 그람양성균과 그람음성균으로 분류한다.

원핵세포에서 만들어지는 세포벽 구성성분은 거대분자인 펩티도글리칸(peptidoglycan)[2]이다. 그람양성균(Gram positive bacteria)의 세포벽은 20~80㎚ 정도로 매우 두꺼우며 그중 15~70㎚는 펩티도글리칸으로 둘러싸여 있고 세포막과 그사이에 여러 가지 약제의 감수성, 파지의 수용체, 세포 외 효소 분비 등의 기능을 하는 산성다당류인 테이코산(teichoic acid)이 견고히 결합되어 있다. 따라서 그람염색 시 염기성 염색액인 크리스털 바이올렛(crystal violet)의 탈색이 잘 되지 않아 보라색을 띈다.

그람음성균(Gram negative 또는 diderm bacteria)은 세포벽이 약 10㎚(1~7㎚)의 펩티도글리칸으로 되어있는데, 최근에는 그 세포벽을 펩티도글리칸에 2중막으로 구성되어있는 외막[outer membrane, 인지질 1층과 지질다당 1층(지질 A+중심다당+O항원다당)]을 포함하여 제시하는 자료들이 간혹 있다. 따라서 그람염색 시 제1염색액 크리스털 바이올렛의 탈색이 쉽고 대조염색액 사프라닌-O(safranine-O)에 염색되어 붉은색을 띤다. 얇은 펩티도글리칸층은 외막으로 둘러싸여 있고 이는 인지질인 지질다당류(lipopolysaccharide, LPS)와 지단백질(lipoprotein) 등 복잡한 구성의 이중 이층 구조를 이룬다. 그람음성균의 외막 지질다당류(LPS)는 숙주의 면역작용을 피할 수 있는 역할을 한다. LPS의 O항

2) 펩티도글리칸(peptidoglycan, murein): 세균의 단단한 세포벽의 주성분으로, 뮤코펩티드(mucopeptide)로 서로 교차결합을 하고 있으며, 뮤코펩티드는 테트라펩티드(tetrapeptide)로 이당류인 N-아세틸글루코사민(acetylglucosamine)과 N-아세틸뮤라민산(acetylmuramic acid)이 결합되어 있다.

원은 형태를 계속 바꿔가며 숙주의 방어작용을 피해간다. 따라서 숙주에 LPS는 내독소(endotoxin)로 작용할 수 있다. 라이소자임(lysozyme)은 펩티도글리칸의 글리칸(glycan) 사슬을 끊어 세균을 사멸시키는 효소로 세균을 용해하는 항균성 물질, 외막이 있는 그람음성균보다 그람양성균에 대하여 살균효과가 더 크다. 항생제 페니실린은 펩티도글리칸층이 구성될 때 가교 역할을 하는 펩티드 형성을 차단함으로 세포벽 합성을 억제하여 분열 중인 세균증식을 제어한다(3장 세포벽(68–70p)설명 및 그림 참조).

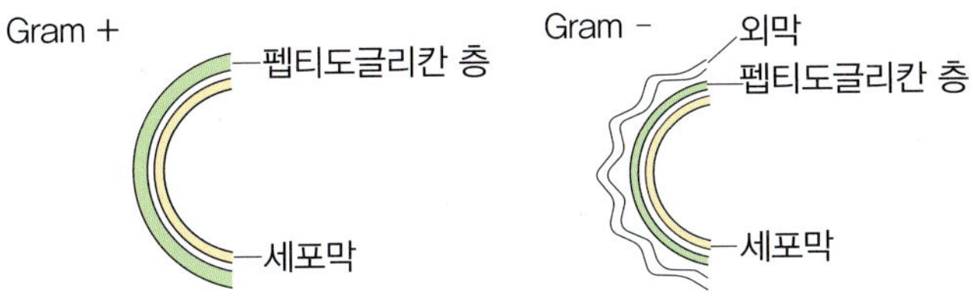

| 그림 2–5 | **그람양성균과 그람음성균의 세포벽**

| 표 2-3 | 그람양성균과 그람음성균의 세포벽 차이점

주요 특징	그람양성(G+)	그람음성(G-)
세포벽 두께	20~80㎚	약 10㎚(1~7㎚)
펩티도글리칸 함량	>50%	10~20%
세포벽 층수	1개(펩티도글리칸)	2개(펩티도글리칸, 외막)
외막	없음	있음
포린단백질	없음	있음
주변세포질 공간	없음	있음
테이코산	있음(세포벽 결합, 세포막 지질 결합)	없음
독성 형태	외독성	내독성과 외독성
지질과 지질 단백질 함량	0~3%	58%
단백질 함량	0%	9%
지질다당류 함량	0%	13%
라이소자임 감수성	높음	낮음
페니실린 감수성	높음	낮음

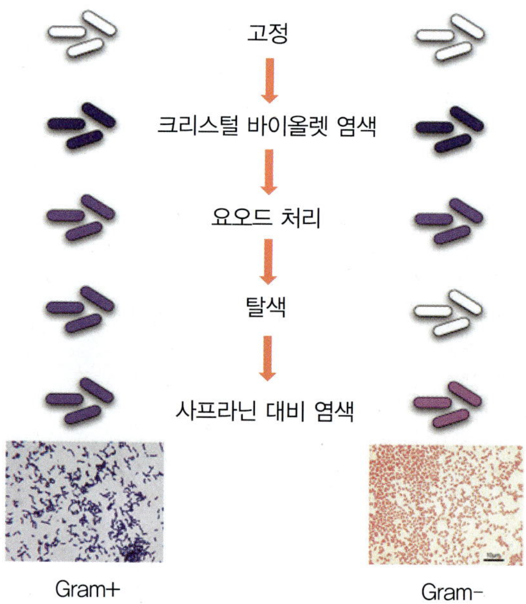

| 그림 2-6 | 그람양성균과 그람음성균의 세포벽 구조 및 그람염색성의 차이

출처: 한영숙 외(2009).

③ 세포막

세포막(cell membrane)은 세포벽의 안쪽에 위치하며 세포질(cytoplasm)을 둘러싸고 있는 얇은 막으로 지질 2중층과 단백질로 구성되어 있다. 세포의 내부와 내부 사이에 물질을 선택적 투과시키는 기능으로 물질교환 및 세포 외부의 신호를 전달한다. 원핵세포의 세포막의 기능은 대사활성의 중심이 되고, 특이한 촉매기능의 다양한 단백질을 함유하며 단백질 분비, DNA 관여, 세포벽 구성성분 합성, 에너지 생산 기능을 하고, 반투성 막으로 이온이나 대사물질 이동의 조절 기능을 한다.

세포막과 세포막의 특정 부위가 세포질 쪽으로 함입된 부분인 메소솜(mesosome)은 원핵세포의 호흡을 담당하며 호흡 효소계가 존재한다. 그람양성균, 간균, 나선균 및 방선균은 메소솜이 호흡기능을 한다(3장 세포막의 구조(75p) 참조).

④ 세포질

세균의 세포질(cytoplasm)은 약 75% 수분, 단백질(효소단백질), 탄수화물, 지방, 무기질, 대사폐기물 등의 유기물로 구성된 액상의 콜로이드성 세포 내 공간이다. 그리고 세포 염색체, 리보솜이 존재한다.

⑤ 편모

세균에서 편모(flagellum, 복수: flagella)는 운동기관으로 편모의 수와 부착 위치는 균의 종류에 따라 다르다. 편모는 플라젤린(flagellin)이라고 불리는 단백질로 구성된 길고 딱딱한 섬유가닥으로 코일 또는 나선형처럼 구부러진 모양이다. 편모가 부착되는 형태에 따라 주모와 극모 두 가지로 나눌 수 있다[표 2-4]. 주모(peritrichous flagella)는 세포 표면 전체에 편모가 존재하고 극모(polar flagella)는 세포의 긴 끝에만 존재한다. 세균의 편모 부착 위치에 따른 분류로 단성균은 단극모로 편모 한 개가 끝에 있고, 양극성균은 양극모로 양쪽 끝에 편모를 가지고, 속모성균은 한쪽 끝이나 양쪽 끝에 말총 모양의 여러 편모를 가진 속극모를 가지고, 주모성균은 편모가 세균 표면 전체에 퍼져 있다. 같은 속에 속하는 세균은 편모의 배열이 일정하므로 매우 중요한 세균의 동정 지표로 이용된다(3장 편모(71–72p) 설명 및 그림 참조).

| 표 2-4 | 세균의 편모 위치에 따른 분류

극모(polar flagella)			주모(peritrichous flagella)
단극모 (monotrichous flagella)	속극모 (lophotrichous flagella)	양극모 (amphitrichous flagella)	
	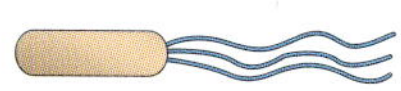	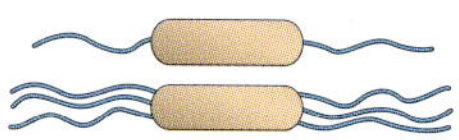	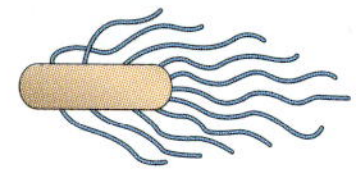
Vibrio cholerae	*Pseudomonas fluores–cences*	*Alcaligenes faecalis*	*Escherichia coli*

⑥ 선모

선모(pilus)는 다수의 그람음성균과 일부의 그람양성균의 세포 표면에 존재하며 편모보다 얇고 운동성과 관계없는 필린(pillin)이라는 단백질 분자의 관 모양의 짧고 가는 섬유상 구조물이다. 선모의 두 가지 기능은 세포나 조직 표면에 부착하는 기능과 유전자 DNA의 이동통로 기능을 갖는다(3장 핌브리아와 선모(73–74p) 설명 및 그림 참조).

⑦ 리보솜

리보솜(ribosome)은 세포소기관으로 리보솜 RNA와 단백질로 이루어진 단백질 합성 장소이다. 진핵세포와 원핵세포 모두에 존재하지만 서로 다른 두 가지 RNA 단위체를 갖는다. 원핵세포의 리보솜은(70S)은 50S의 큰 단위와 30S의 작은 단위로 구성되며, 진핵세포의 리보솜(80S)보다 크기가 작고 밀도가 낮다.

⑧ 내생포자

대부분의 그람양성균은 환경조건에 따라 영양세포 형태로 자라고 성숙하고 번식하다가 영양소가 고갈되거나 다른 외부압력(고온, 건조, pH, 감마선, 화학약품 등의 유해 환경)의 존재 시 저항력이 강한 포자 생성을 시작한다. 그람양성 간균으로 호기성인 바실루스(*Bacillus*)와 혐기성균인 클로스트리듐(*Clostridium*), 그리고 구균인 스포로사르시나(*Sporosarcina*)속의 균은 세포 내에 포자를 형성하는데 이를 내생포자(endospore)라 한다. 이 포자는 외부환경이 좋아지면 포자의 보호층이 깨어지고 포자가 영양세포로 발아하게 된다(3장 내생포자(76–81p) 설명 및 그림 참조).

내생포자는 포자를 형성하는 균의 종류에 따라 영양세포의 끝부분(terminal spore), 세포의 중간 부분(central spore), 세포의 끝과 중간 부분의 사이(subterminal spore)에서 형성된다. 이러한 포자낭(sporangium)의 위치는 균의 종류에 따라 다르므로 세균을 동정하는 지표 중 하나이다. 바실루스형(bacillus type)은 포자 형성에 있어서 세포의 모양이 변하지 않는 것, 클로스트리듐형(clostridium type)은 세포의 중앙에 포자낭이 부푼 것, 곤봉형(plectridium type)은 포자낭이 세포의 끝에 부푼 것이다(3장 내생포자(78p) 참조).

내생포자에 관해서는 제3장(76p)에서 보다 자세하게 다루도록 하겠다.

2) 진핵세포

진핵세포(eukaryotic cell)를 가지는 미생물은 진화의 정도가 크고 세포의 크기도 크며 세포의 소기관이 다양한 형태로 존재하는 세포로 고등 미생물(high protista)이라 한다. 진핵세포의 구조는 원핵세포보다 복잡하게 분화되어 핵, 핵막과 인을 가지고 있고, 유전물질인 DNA와 RNA를 포함한다. 또한 세포소기관은 개별적 기능을 수행하며, 각 소기관은 막에 의해 구획이 나누어져 있다.

원핵세포와 달리 유사분열로 증식하며 곰팡이, 효모, 버섯, 조류(홍조류, 갈조류), 원생동물 등이 여기에 속한다[그림 2-7].

(1) 진핵세포의 구조

원핵세포에 비해 복잡하고 세포 내 기능의 분화로 세포질 내 세포소기관인 핵, 소포체, 골지체, 리소솜, 미토콘드리아, 리보솜 등으로 구성되어 있다.

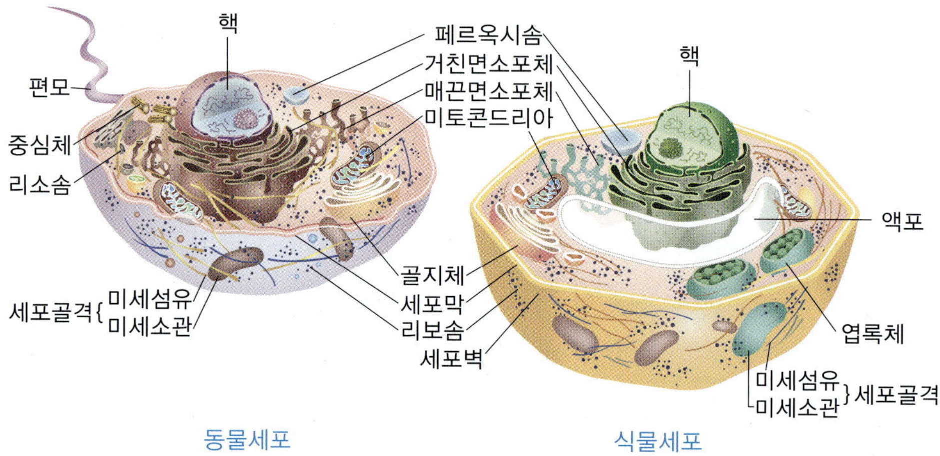

| 그림 2-7 | **진핵세포 구조-동물세포와 식물세포**

① **세포벽**

대부분의 진핵세포는 세균과 같이 세포벽(cell wall)이 없지만 고등미생물인 곰팡이, 효모와 같은 진균류는 고등식물과 같이 세포형태의 유지를 위해 단단하고 원핵세포보다 두껍고 견고한 세포벽이 있어 세포를 외부의 물리적 충격과 삼투압으로부터 보호한다. 진균류인 곰팡이의 세포벽은 키틴(chitin), 섬유소(cellulose)가 주성분이고, 효모는 만난(mannoprotein), 베타-글루칸(β-glucan)이 주성분이며, 조류(남조류 제외)의 세포벽은 섬유소가 주성분으로 원핵세포의 펩티도글리칸보다 화학적으로는 단순하다.

② 세포막

진핵세포는 원핵세포에는 없는 막 구조를 가지는 세포소기관이 존재하며 세포막(cell membrane)은 유동성의 인지질 이중층으로 구성되어 있다. 또한 여러 종류의 스테롤(sterol)을 함유하며 스테롤은 세포막의 구조적 안정성을 제공한다. 세포막의 기능은 세포질과 외부환경을 구분하여 세포의 내부를 보호하며 세포의 물질수송 및 외부의 신호를 감지하는 역할을 한다. 원핵세포와 달리 호흡효소가 세포막에 존재하지 않고 미토콘드리아 내막에 존재한다.

③ 세포질

세포질(cytoplasm)은 원핵세포와 마찬가지로 단백질(효소단백질 포함), 탄수화물, 지방, 무기질 등을 함유한 액상 콜로이드 용액이고 세포소기관인 핵, 인, 염색체, 리보솜, 미토콘드리아, 소포체, 골지체, 리소솜 및 액포 등이 포함되어 있다. 이렇게 세포소기관의 주위를 형성하고 생화학 반응이 진행되는 장소를 제공한다.

그리고 원핵세포에는 없는 요소인 세포골격(cytoskeleton)이 포함되어 있는데, 세포골격은 세포질 내에서 세포의 형태 유지를 위한 망상구조로 세포의 3차원 모양을 형성하고 물질수송을 용이하게 한다. 세포골격을 이루는 세 가지 성분은 미세섬유(microfilament), 미세소관(microtubule), 중간섬유(intermediate filament)가 있다. 미세섬유인 액틴과 미오신 섬유는 세포의 움직임과 형태를 변화시키고 미세소관은 원통모양의 구조로 세포 내 구조의 연결, 세포분열, 염색체의 이동, 세포의 운동성을 제공한다. 중간섬유는 핵막과 세포막 사이에 위치하며 세포소기관의 지지대 역할 및 세포골격의 위치를 유지해 준다.

④ 핵

진핵세포의 가장 큰 특징은 세포 내 기관(organelle)의 존재이다. 핵(nucleus)은 세포의 생명활동에 필수적인 유전정보를 저장하며 인지질 이중막으로 된 핵막에 의해 세포질과 구분되어 있다. 핵막에는 핵과 세포질 사이의 성분을 교환할 수 있는 핵공(nuclear pore)이 있다. 핵막의 내부에는 핵질(nucleoplasm)과 인(nucleolus)이 존재한다. 핵질은 젤라틴상 물질로 염색질(chromatin)의 단백질인 히스톤(histone)을 함유하여 세포분열할 때 DNA와 결합하여 염색체의 기본 단위인 크로모솜(chromosome)을 형성한다. 인은 리보솜의 구성물질인 rRNA를 합성하는 중요한 장소이고, 세포질에서 운반된 리보솜 단백질에 rRNA가 결합된 리보솜을 형성하고 다시 세포질로 분비되어 완전한 리보솜을 형성한다. 그리고 공 모양의 핵은 세포질 내에 존재하는 여러 세포소기관들과 밀접한 역할을 한다.

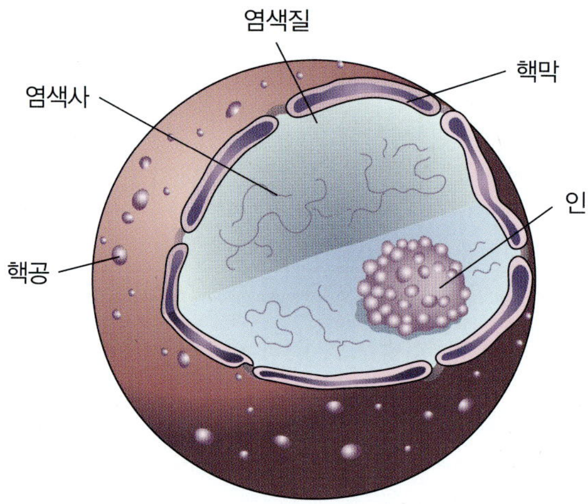

| 그림 2-8 | **핵 구조**

⑤ 소포체

소포체(endoplasmic reticulum, ER)는 긴 관 또는 주머니 모양의 막으로 된 구조물로 활발한 분비활동을 하는 세포에 발달되어 물질의 합성, 수송 및 저장을 하는 장소이며, 세포의 종류에 따라 각 기능이 다르다[그림 2-9]. 간에서는 해독기능과 물질대사, 성선세포에서는 스테로이드 호르몬의 합성, 위장 벽

세포에서는 염산 분비 기능을 한다. 핵막과 세포막 등과 연결되어 있고 형태에 따라 조면 소포체(rough-surfaced endoplasmic reticulum, RER)와 활면 소포체(smooth-surfaced endoplasmic reticulum, SER) 두 가지로 분류할 수 있다.

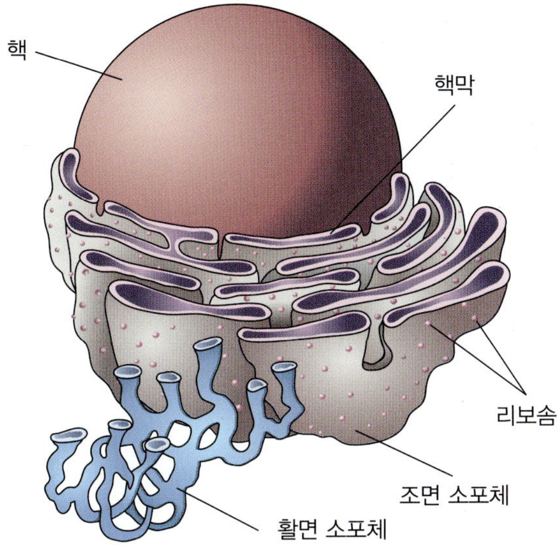

| 그림 2-9 | **소포체 구조 및 종류**

소포체 막의 바깥 표면에 리보솜이 많이 붙어 거친면을 갖는 조면 소포체는 주로 단백질합성이 일어나는 장소이며 리보솜이 부착되어 있지 않은 활면 소포체는 스테로이드와 같은 지방합성 장소이자 생합성 물질의 통로이며 많은 효소를 가지고 있어 영양물질 분해 대사 기능에 관여한다.

⑥ 골지체

골지체(golgi complex)는 4~8개의 납작한 주머니 모양의 시스터네(cisterna, 복수: cisternae)가 겹쳐진 형태의 세포소기관으로 주요 기능은 분비작용이다. 소포체와 밀접하게 기능하여 소포체에서 합성된 분비단백질을 저장하여 농축한 후 세포의 다른 부위나 세포 밖으로 방출하기 위해 운반, 포장하는 장소이다. 또한 세포벽 다당류, 당단백질의 합성과 운반을 담당한다.

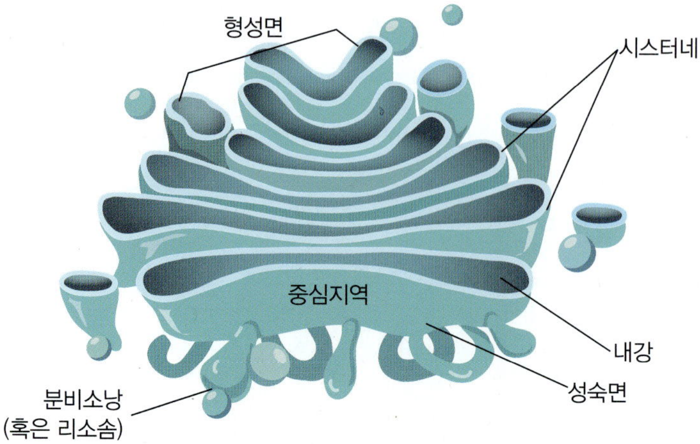

| 그림 2-10 | **골지체 구조**

⑦ **리소솜**

골지체로부터 분비된 소낭인 리소솜(lysosome)은 내부에 조면소포체에서 합성된 당, 단백질, 지질, 핵산 등을 분해하는 다양한 가수분해 효소를 함유하여 세포질 내의 외부로부터 들어온 물질, 손상된 조직 세포 등을 소화분해하는 기능을 한다. 반면에 리소솜 막은 이들 소화 효소가 투과할 수 없어서 세포를 소화 효소로부터 보호한다.

⑧ **미토콘드리아**

미토콘드리아(mitochondrion, 복수: mitochondria)는 진핵세포의 발전소 기능으로 세포호흡과 산화적 인산화반응으로 세포의 에너지인 ATP 생성기관이다. 미토콘드리아의 구조는 외막(outer membrane)과 내막(inner membrane)의 이중 구조이며 내막은 넓은 표면적을 얻기 위해 주름진 크리스테(crista, 복수: cristae) 구조를 가진다. 크리스테와 내막에는 전자전달계 효소가 존재하여 세포호흡, TCA 회로반응, ATP 생산, 산화적 인산화반응을 한다. 다량의 에너지가 필요한 세포일수록 더 많은 미토콘드리아를 가지고 자신만의 DNA와 70S 리보솜을 함유하여 단백질을 합성할 수 있다.

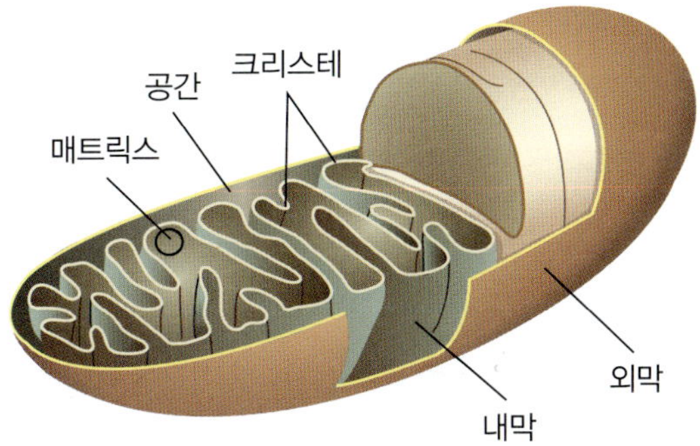

| 그림 2-11 | 미토콘드리아 구조

| 표 2-5 | 진핵세포 각 소기관의 기능과 역할

세포소기관	기능 & 역할
세포벽	세포의 모양 유지 및 세포 보호
세포막	세포의 경계, 물질의 선택적 투과성, 물질 분비, 세포 신호전달
세포질	시토졸(액상 부분), 세포소기관 포함, 다양한 대사작용 장소
세포골격	미세섬유, 미세소관, 중간섬유로 구성, 세포의 구조와 활동 담당
핵	유전정보 저장
인	rRNA 합성, 리보솜 합성
소포체	물질수송, 지질 합성
골지체	물질의 분비와 농축 포장, 리소솜 합성
리소솜	세포 내 소화
액포	물질 저장, 수송 및 소화, 세포수분 균형 유지
리보솜	단백질 합성
미토콘드리아	TCA 회로반응, 산화적 인산화반응, 전자전달 등을 통해 ATP 생산
엽록체	광합성 기관 · 빛에너지를 이용해 이산화탄소와 물에서 탄수화물 합성

| 표 2-6 | 원핵세포와 진핵세포의 형태, 구조 및 대사 비교

구분	원핵세포	진핵세포
세포구조	단순하고 원시적이며 작음	복잡하고 진화되고 큼
세포형태	단세포	단세포, 다세포
세포벽 성분	펩티도글리칸	섬유소, 키틴, β-글루칸
세포조직	세포벽, 세포막, 세포질, DNA, 리보솜	세포벽, 세포막, 세포질, DNA, 리보솜, 핵막, 인, 미토콘드리아, 세포골격, 소포체, 골지체, 액포
호흡계	세포막, 메소솜	미토콘드리아
세포분열	무사분열	유사분열
생물의 종류	세균, 방선균, 시안세균(이전 남조류)	고등 동·식물, 균류(효모, 곰팡이, 버섯), 조류(남조류 제외), 원생동물

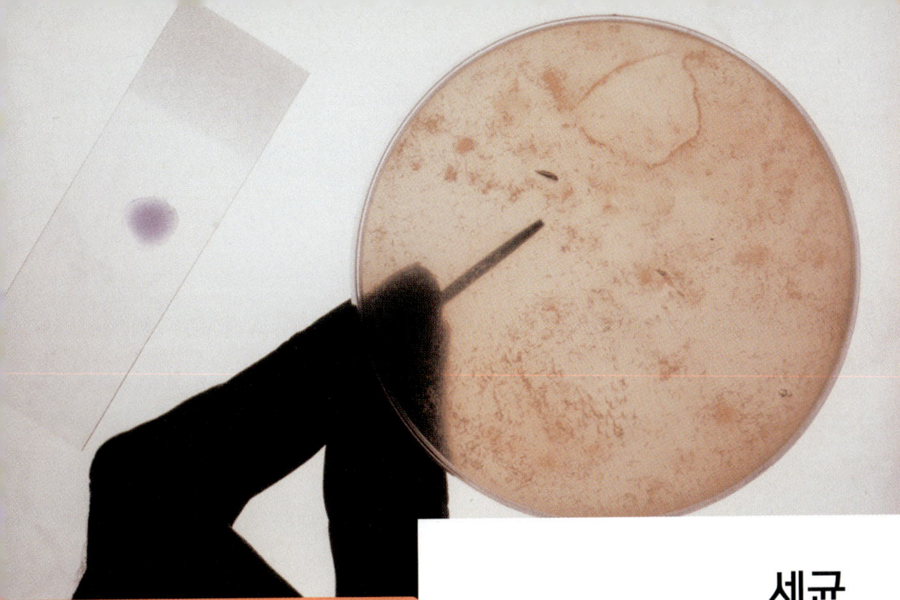

제3장

세균

원핵생물은 진정세균(true bacteria) 영역과 고세균(archaeon, 복수: archaea) 영역의 생물을 포함한다. 세균은 진정세균으로 분류되는 원핵생물로 구형 또는 막대기 형태의 단세포 생물이며, 분열에 의해 무성적으로 증식한다. 세균에는 모양이 단순한 일반 세균 외에 형상이 다른 점액세균(slime bacteria)을 비롯하여 세균과 곰팡이의 중간적인 특성을 갖는 방선균도 포함된다. 세균은 동물, 식물 등의 생명체뿐만 아니라 자연의 공기, 흙, 물 등에 널리 분포하고 있다. 세균은 세포 내 소기관이 없는 원핵생물로 비교적 단순한 세포구조를 갖고 있다.

1. 세균의 형태와 구조

1) 세균의 형태

세균의 기본 형태는 구균, 간균, 나선균의 세 가지 형태로 구분된다[그림 3-1]. 구형이나 타원형의 세균을 구균, 막대기 모양은 간균, 나선 모양은 나선균이라 한다. 일반적으로 구균은 직경이 0.5~1㎛, 간균은 0.5~1×1~3㎛의 크기를 갖고 있다.

(1) 구균

구형이나 타원형의 구균(coccus, 복수: cocci)은 분열 후에 세포가 분리되어 단구균으로 존재하기도 하지만 종류에 따라서는 분열 후 세포가 분리되지 않고 쌍구균, 연쇄상구균, 사련구균, 팔련구균, 포도상구균 형태의 특정한 배열을 이루기도 한다.

- **단구균(monococcus)**: 세포분열 후 세포가 떨어져서 존재
- **쌍구균(diplococcus)**: 분열 후 세포가 쌍으로 연결된 형태
- **연쇄상구균(streptococcus)**: 한쪽 방향으로 계속 분열하여 긴 사슬 모양으로 배열한 형태
- **사련구균(tetracoccus)**: 두 방향으로 분열하여 네 개의 세포군을 형성
- **팔련구균(octacoccus)**: 세 방향으로 분열하여 여덟 개의 세포군을 형성
- **포도상구균(staphylococcus)**: 여러 방향으로 불규칙하게 분열하여 포도송이 모양으로 배열한 형태

(2) 간균

막대 모양의 세균을 간균(bacillus, 복수: bacilli)이라 한다. 간균은 구균과 달리 각 세포가 하나씩 떨어져 존재하는 것이 많다. 균 종류에 따라 일부는 분열 후 서로 붙어 긴 사슬 모양을 이루기도 한다.

- **단간균(short rod)**: 길이가 짧고 폭이 넓은 형태로 그 모습이 구균과 매우 흡사한 형태
- **장간균(long rod)**: 길이가 폭의 2배 이상으로 긴 막대기 형태
- **연쇄상간균(streptobacillus)**: 연쇄상으로 배열된 긴 사슬 형태
- **코리네형 간균(corynebacterium)**: 세포가 V, Y, L자 모양으로 연결된 형태

(3) 나선균

나선균(spillum, 복수: spirilla)은 각각의 세포가 떨어져서 존재하며 배열하는 경우는 거의 없다. 보통 나선형의 균이 견고한 형태이면 스피로헤타(spirochaeta)라고 하며, 유연하면 나선균(spirilla)이라 부른다. 또한 비브리오(*Vibrio*)속처럼 그 모양이 짧아서 문장 부호인 콤마(comma)와 같은 형태를 한 것도 있다.

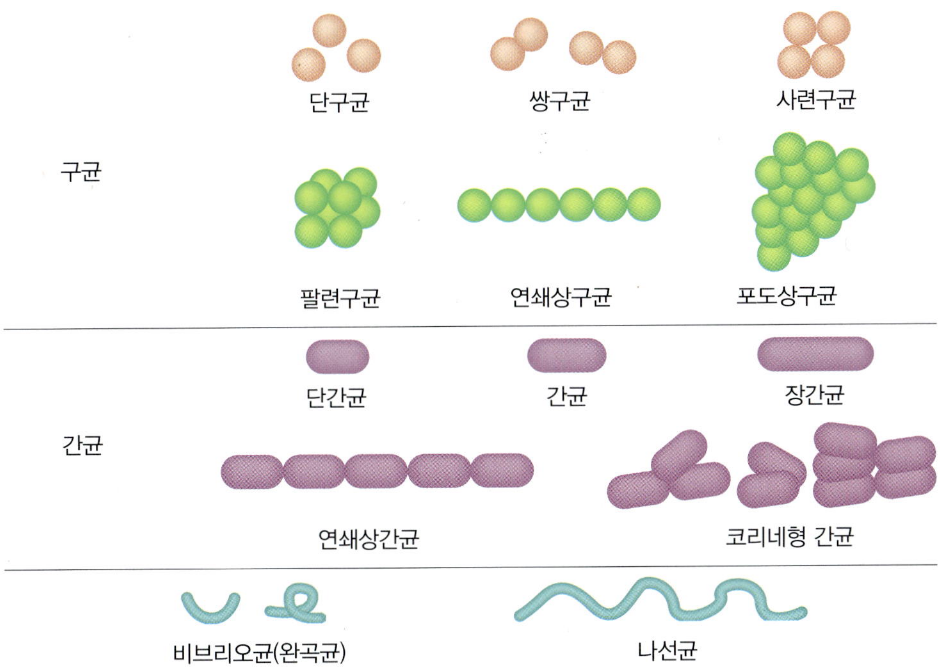

| 그림 3-1 | **세균 세포의 형태**

2) 세균의 구조와 기능

세균의 표면 및 내부구조는 [그림 3-2]와 같다.

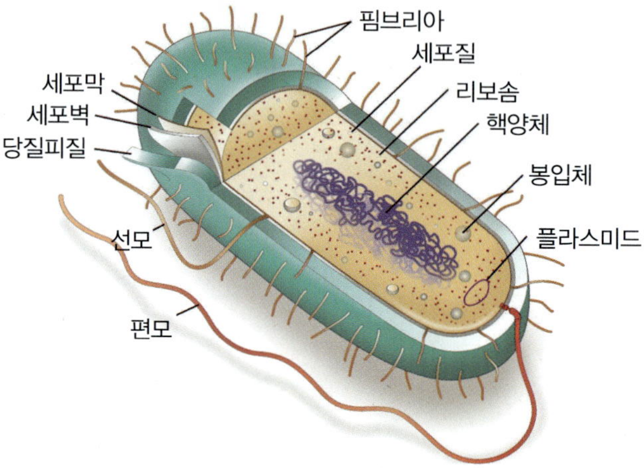

| 그림 3-2 | **세균 세포의 구조**

출처: Biology Libretext(2013), https://bio.libretexts.org/Bookshelves/Microbiology/Book%3A_Microbiology_(OpenStax)/03.3A_The_Cell/3.3%3A_Unique_Characteristics_of_Prokaryotic_Cells

(1) 세균의 표면구조

① 세포벽

세포벽(cell wall)은 세포막을 둘러싸고 있는 단단한 층으로 세포의 형태를 유지하고 삼투압이나 압력에 의한 파열을 방지하는 역할을 한다. 세균 세포벽은 뮤코펩티드(mucopeptide)라고 불리는 펩티도글리칸(peptidoglycan)으로 구성되어 있다. 대부분의 세균은 세포벽의 구조적인의 차이에 따라 그람염색(Gram staining)에 다르게 반응하며, 이에 따라 그람양성균(Gram positive bacteria)과 그람음성균(Gram negative bacteria)으로 구별할 수 있다[그림 3-3], [그림 3-4], [표 3-1].

• 펩티도글리칸

펩티도글리칸(peptidoglycan)은 사슬(chain) 형태의 아미노당을 뼈대로 하여 짧은 펩티드(peptide) 조각이 연결된 구조를 이루고 있다. 아미노당 골격은 N-아세틸글루코사민(N-acetylglucosamine)과 N-아세틸뮤라민산(N-acetylmuramic acid)이 β-1,4 글리코시드(glycoside) 결합에 의해 반복되는 단위로 구성되어 있고, N-아세틸뮤라민산에는 4개의 아미노산을 갖는 짧은 펩티드(tetrapeptide)가 연결되어 있다. 그람양성균과 그람음성균에 따라 펩티드를 구성하는 아미노산의 조성에 차이가 있다.

• 그람양성균의 세포벽

그람양성균의 세포벽은 두껍고 균일한 펩티도글리칸 층(20~80nm, 세포벽의 90% 내외)으로 구성되어 있으며, 세포벽이 외부로 노출되어 있다[그림 3-3]. 일반적으로 양성균의 세포벽에는 테이코산(teichoic acid)과 지질테이코산(lipoteichoic acid)이 존재한다. 테이코산은 펩티도글리칸 표면에 노출되어 세포가 음전하를 나타내게 한다. 테이코산은 세포벽에 음전하를 띠게 하여 세포의 응집을 막고 이온의 통과에 영향을 미치는 것으로 추정하고 있다. 지질테이코산은 테이코산과 유사하나 세포막의 지질 부분에 결합되어 있다.

• 그람음성균의 세포벽

그람음성균은 상대적으로 얇은 펩티도글리칸 층(1~3nm, 세포벽의 10% 내외)과 바깥에 외막(outer membrane)을 갖고 있다[그림 3-3]. 외막의 구조는 세포막과 유사하지만 외막에만 존재하는 특별한 종류의 지질다당류(lipopolysaccharide, LPS)와 지단백질(lipoprotein)을 갖고 있다. 외막의 LPS는 lipid A라고 불리는 지질분자가 다당체에 연결되어 형성된 것으로, lipid A는 외막 끝에 위치하고 다당류는 막 바깥으로 노출되어 있다. 병원성 세균의 경우 지질부분인 lipid A가 질병의 직접적인 원인이 되는데 이를 내독소(endotoxin)라 한다. 외막에는 포린(porin)이라는 단백질 채널이 삽입되어 있어 물질의 이동을 조절하고 있다. 저분자 물질은 포린을 통하여 외막을 통과할 수 있으나 단백질을 비롯한 대부분의 고분자 화합물은 통과하지 못한다. 그람음성균은 세포막과 외막 사이에 주변세포질 공간이 잘 발달되어 있으며, 이 공간에는 다양한 가수분해효소와 물질 수송에 관여하는 단백질이 존재한다.

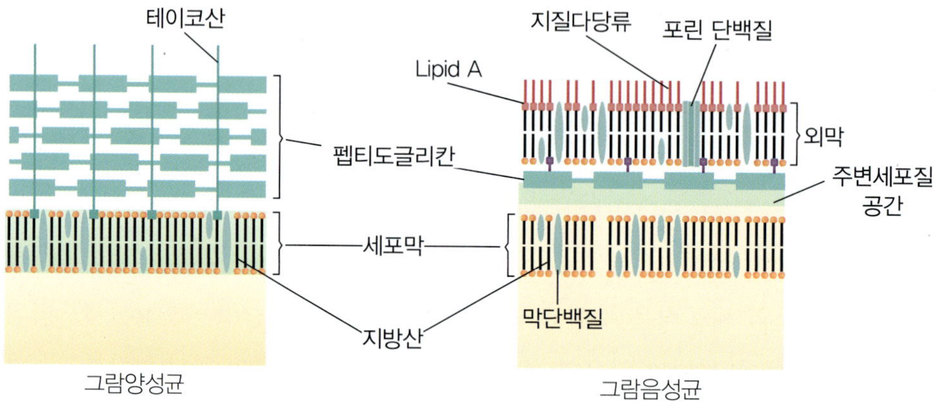

| 그림 3-3 | **그람양성균과 그람음성균의 세포벽 비교**

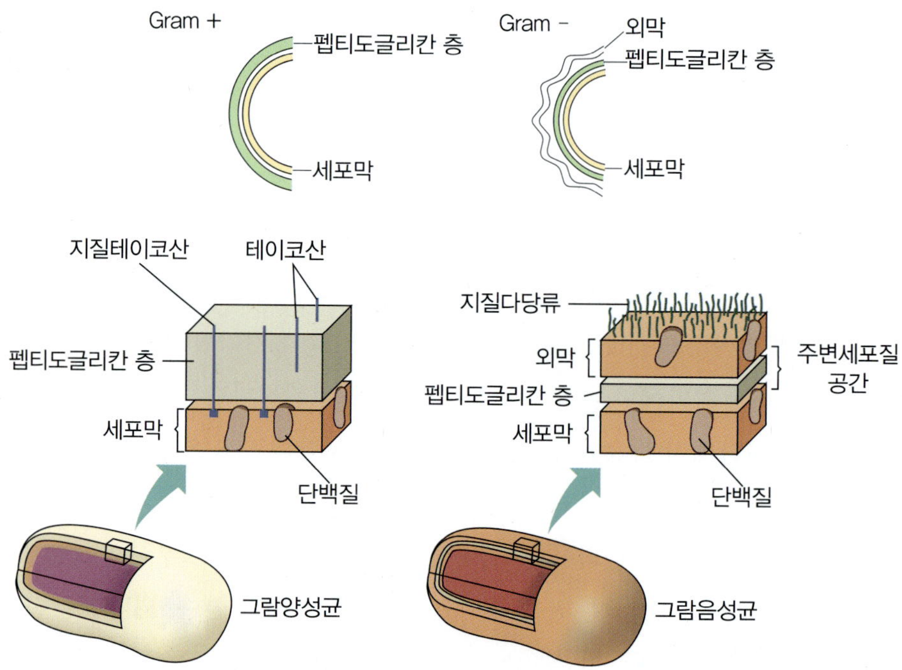

| 그림 3-4 | **그람양성균과 그람음성균의 세포벽 구조**

| 표 3-1 | 그람양성균과 그람음성균의 세포벽 비교

구분	그람양성균(G+)	그람음성균(G−)
펩티도글리칸	두꺼운 층(세포벽의 90%, 20~80㎚)	얇은 층(세포벽의 10%, 1~3㎚)
구성층 개수	1개(펩티도글리칸)	2개(펩티도글리칸, 외막)
외막	없음	있음
주변 세포질 공간	매우 좁거나 없음	잘 발달됨
화학적 조성	펩티도글리칸 테이코산 지질테이코산	펩티도글리칸 지질다당류 포린단백질

② 당질피질

당질피질(glycocalyx)은 세포 외부를 코팅하고 있는 점액성 물질로 세포가 물체의 표면에 부착하거나 외부로부터 세포를 방어하는 역할을 한다. 세균의 종류에 따라 당질피질의 구성과 화학적 조성이 다르다. 상대적으로 구조가 덜 치밀한 것을 점액층(slime layer)이라 부르며, 세포의 수분과 영양의 손실을 줄이는 역할을 한다. 협막(capsule)은 점액층에 비해 구조가 치밀하고 두꺼워 세균이 서로 응집해서 콜로니를 형성하는 데 중요한 역할을 한다. 일부 세균의 당질피질은 서로 응집하여 생물막(biofilm)이라는 복잡한 형태의 막을 형성한다. 특히 입에 존재하는 연쇄상구균(*Streptococcus*)속 세균은 점액성 물질을 합성하여 치아에 플라크(plaque)라는 생물막을 형성함으로써 충치나 잇몸병 등 치과질환의 원인이 되고 있다. 또한 의료용 삽입관, 인공 심장박동기, 인공 고관절 임플란트 등의 의료용 인공물에도 세균 감염에 의한 생물막이 형성될 수 있다.

③ 편모

운동성을 가진 세균들은 세포 밖으로 돌출된 편모(flagellum, 복수: flagella)에 의해 이동할 수 있다. 편모는 크게 기저체(basal body), 훅(hook), 필라멘트(filament)의 세 부분으로 구성되어 있다. 편모의 기저체는 세포벽과 막에 고정되어 있고 훅은 기저체와 필라멘트를 연결하고 있다[그림 3-5]. 필라멘트는 플라젤린(flagellin)이라는 가늘고 긴 실 모양의 단백질이 나선형으로 배열된 구조를 갖는다. 세균은 훅과 필라멘트를 360° 회전시키면서 이동을 한다.

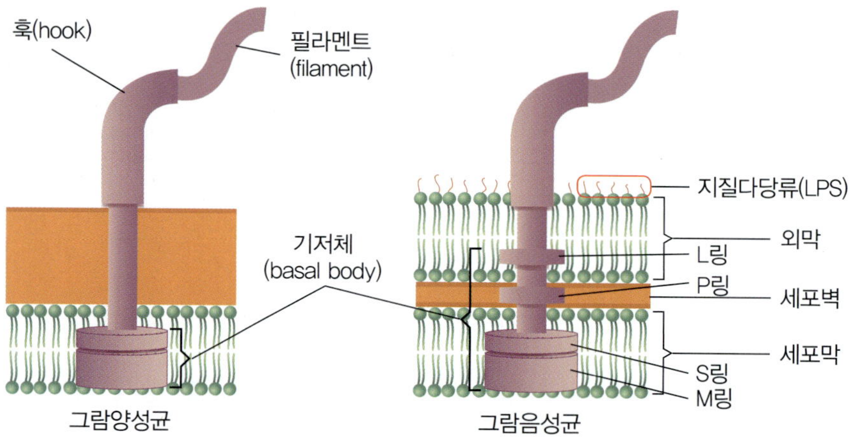

| 그림 3-5 | **세균의 편모 구조**

편모의 존재 유무, 부착 부위, 편모 수는 세균의 종류에 따라 다르므로 세균을 분류하는 중요한 지표가 된다[표 3-2]. 간균과 나선균의 절반 이상이 편모를 갖고 있지만, 구균에서 편모를 가진 것은 극히 드물다.

- **극모(polar flagella)**: 세포의 긴 끝 부위에만 편모가 존재한다. 세포의 한쪽 끝에 하나의 편모가 있는 것을 단극모, 여러 개가 달린 것은 속극모라 한다. 양쪽 끝에 편모가 달린 경우도 있는데 이를 양극모라 한다.
- **주모(peritrichous flagella)**: 세포 표면 전체에 편모가 존재한다. 살모넬라(*Salmonella*)속과 대장균(*Escherichia coli*) 같은 세균은 주모를 갖고 있다.

| 표 3-2 | 세균의 종류별 편모의 형태 비교

구분	형태	세균
극모 (polar flagella)	단극모 (monotrichous flagella) 	*Micrococcus grossus* *Sarcina aurescens* *Vibrio cholerae*
	속극모 (lophotrichous flagella) 	*Pseudomonas cerevisiae* *Pseudomonas dermatogens* *Spirillum volutans*
	양극모 (amphitrichous flagella) 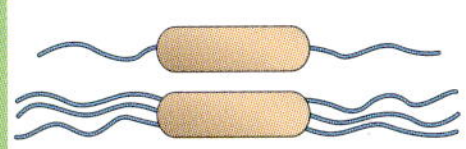	*Alcaligenes* 속
주모 (peritrichous flagella)	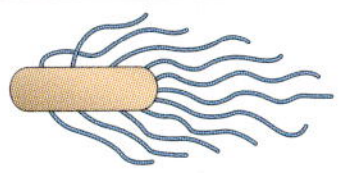	*Escherichia coli* *Salmonella* 속

출처: 이한창 외(2018).

④ 핌브리아와 선모

세포 외부로 돌출된 핌브리아(fimbriae)와 선모(pili)는 운동성과는 관계없고, 다른 세포 또는 물질과 상호관계를 이루는 데 관여한다. 핌브리아는 짧고 가는 실 모양의 구조로 나선형의 코일처럼 감겨진 단백질로 구성되어 있으며, 마치 동물의 털처럼 세포 표면에 많은 수가 부착되어 있다. 핌브리아는 세균을 숙주 세포 또는 물체의 표면에 부착시키는 역할을 한다. 또한 핌브리아는 다른 핌브리아와 서로 부착되어 콜로니 또는 생물학적 막 형성 등에 관여한다. 선모는 성선모(sex pili)라고도 하며, 세균의 접합(conjugation)과정에서 중요한 역할을 한다. 접합은 그람음성균에서만 관찰되며, 성선모를 통하여 한 세균의 DNA가 다른 세균으로 전달될 수 있다.

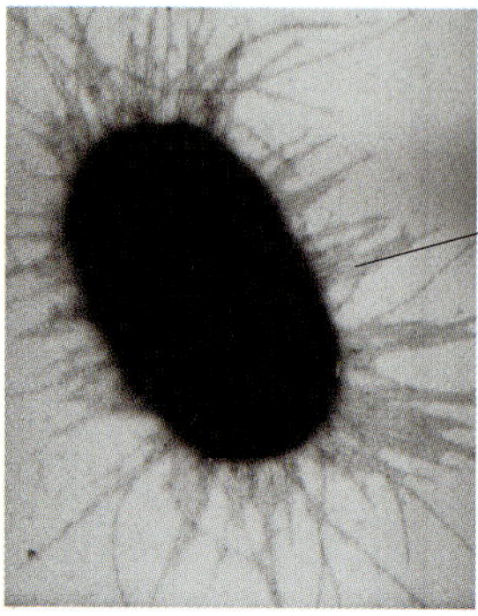

| 그림 3-6 | 핌브리아

출처: Manu Forero(2006), https://en.m.wikipedia.org/wiki/File:E._coli_fimbriae.png

⑤ 세포막

세포막(원형질막, cytoplasmic membrane)은 세포질을 둘러싸고 있는 얇은 막으로 선택적 투과성을 갖고 있다. 세포막은 유동적이고 지질층에 단백질들이 모자이크처럼 붙어 있기 때문에 유동 모자이크(fluid mosaic)라고도 부른다[그림 3-7]. 세포막의 지질은 친수성(hydrophilic)의 머리 부분과 소수성(hydrophobic)의 꼬리로 구성되어 있다. 친수성은 물을 향하고 소수성은 소수성끼리 작용하여 구조적으로 이중층을 이루고 있다.

세포막에는 투과효소(permease)라는 여러 수송단백질이 존재하여 세포막을 투과하기 어려운 물질의 수송을 돕는다. 세균은 세포막 부분이나 메소솜(mesosome)에 세포호흡에 관여하는 효소가 있어 진핵세포의 미토콘드리아 기능을 대신하여 에너지(ATP)를 발생시키는 역할을 한다. 메소솜은 세포막의 안쪽으로 함입된 작은 주머니 또는 층상 구조로 세포호흡 이외에도 세포분열 시 모세포(mother cell)에서 딸세포(daughter cell, 낭세포)로 염색체를 전달하는 역할을 한다.

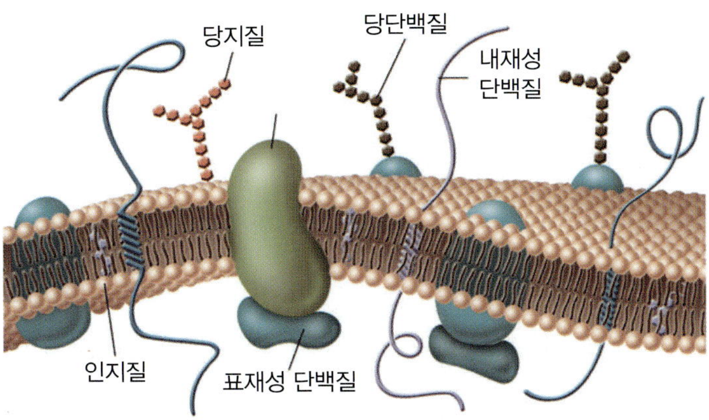

| 그림 3-7 | 세포막의 구조

출처: 조기성 외(2013).

(2) 세균의 내부구조

세균의 세포질은 세포막과 핵양체 사이의 물질로 약 70%는 물로 채워져 있으며, 진핵세포와 달리 지질이중층의 단위막으로 둘러싸인 소기관은 없다.

① 세균의 유전물질: 염색체와 플라스미드

원핵세포인 세균은 핵을 갖고 있지 않다. 세균의 DNA는 핵막에 둘러싸여 있지 않고 대신에 DNA가 불규칙한 모양으로 뭉쳐서 세포질 내에 응축되어 존재하며, 이를 핵양체(nucleoid)라 한다. 세균의 유전물질은 세균 염색체(bacterial chromosome)라 불리는 하나의 원형 DNA 형태로 존재한다. 대장균의 경우 세포의 크기(2㎛)에 비하여 DNA 분자의 길이는 1,100~1,400㎛ 정도로 약 500배 이상 길기 때문에 세포 내에 응축되어 코일형태로 뭉쳐서 존재한다.

많은 세균들은 염색체와는 독립적으로 플라스미드(plasmid)라는 작은 환형의 DNA를 갖고 있다. 플라스미드는 세균의 증식 시에 복제되어 딸세포로 전달된다. 생존에 필수적인 유전자는 염색체에 존재하지만, 플라스미드의 경우 생존과는 무관한 항생제 내성, 독소의 생산, 독성물질에 대한 내성 등을 부여하는 유전자를 갖고 있다. 플라스미드는 자가복제 특성을 갖고 있으며, 실험실에서 쉽게 증식 및 분리시킬 수 있고, 특정한 유전자를 삽입하여 다른 세포에 전달할 수 있기 때문에 현대 유전공학에 가장 필수적인 도구로 활용되고 있다.

② 리보솜

리보솜(ribosome)은 단백질 합성 장소로, 세균 세포는 단백질과 리보솜 RNA(rRNA, ribosomal RNA)로 구성된 수천 개의 리보솜을 갖고 있다. 세균의 리보솜은 진핵세포의 리보솜(80S)보다 작은 70S로 50S와 30S의 소단위로 구성되어 있다. 리보솜의 크기는 10~20㎚ 정도이며 60%의 rRNA와 40%의 단백질로 구성되어 있다. 반면에 진핵세포의 리보솜(80S)은 60S와 40S의 소단위로 구성되어 있어 원핵세포의 리보솜보다 크고 밀도가 높다.

③ 봉입체

봉입체(inclusion body)는 세포질 안에 유기물 또는 무기물을 축적하고 저장하는 곳으로 크기와 수, 저장물질은 매우 다양하다. 환경조건이 악화되어 주위에서 영양성분을 획득하기 어려워지면 봉입체에 저장한 영양물질을 이용하게 된다. 글리코젠(glycogen)과 폴리-베타-하이드록시부티르산(poly-β-hydroxybutyric acid, PHB) 등은 에너지가 풍부한 영양물질이 저장되어 있는 봉입체의 일종이다.

(3) 내생포자

일부 세균은 영양 물질이 고갈되는 등 환경조건이 바뀌면 악조건에서도 생존할 수 있는 저항성이 강한 내생포자(endospore)를 형성한다. 내생포자를 형성하는 세균의 대부분은 그람양성의 간균으로, 바실루스(*Bacillus*)와 클로스트리듐(*Clostridium*)속 균이 대표적이다. 구균에서는 드물지만 스포로사르시나(*Sporosarcina*)속 균이 내생포자를 형성할 수 있다.

내생포자 형성균(endospore forming bacteria)의 생활주기는 두 단계, 즉 영양세포(vegetative cell)와 내생포자로 구분된다. 영양세포는 대사가 활발히 진행되어 세균이 분열하고 증식하는 상태의 세포이다. 하지만 영양성분이 고갈되는 등 생존에 불리한 환경조건이 되면 포자 형성(sporulation) 과정을 통해 내생포자를 형성하게 된다. 형성된 포자는 대사활성이 거의 없는 휴면상태로 존재하며 영양세포와는 전혀 다른 독특한 특성을 나타낸다. 내생포자는 열, 건조, 동결, 방사선, 화학약품, 산 등 극한 환경에 강한 내성을 갖고 있으며, 포자 상태로 불멸에 가까울 정도로 오랜 기간 생존할 수 있다. 또한 내생포자는 주위의 환경이 좋아지면 발아해서 다시 영양세포로 전환되고 물질대사를 시작하여 분열·증식을 계속할 수 있다.

① 포자의 구조 및 형태

내생포자는 외피, 포자각, 피질, 포자막, 심부로 구성되어 있어, 영양세포와는 다른 매우 복잡한 다층의 구조를 갖고 있다[그림 3-8].

- **외피(exosporium, EX)**: 포자의 가장 바깥쪽에 위치한 얇고 섬세한 막이다. 외피는 바실루스 세레우스(*Bacillus cereus*), 바실루스 폴리믹사(*Bacillus polymyxa*), 클로스트리듐 스포로제니스(*Clostridium sporogenes*) 등 일부 세균의 포자에만 존재한다.
- **포자각(spore coat, SC)**: 외피의 안쪽에 있는 여러 겹의 두꺼운 단백질층이다. 포자각은 불투과성으로 화학물질에 대한 저항성을 부여한다.
- **피질(cortex, CX)**: 포자각의 안쪽에 위치하며, 포자 부피의 절반 정도를 차지한다. 영양세포의 세포벽보다 느슨하게 연결된 펩티도글리칸으로 구성되어 있다.
- **포자막(core wall, CW)**: 포자의 심부를 둘러싸고 있는 내막이다. 포자가 발아하게 되면 세포벽이 되는 부분이다.
- **심부(core)**: 포자막에 둘러싸여 있다. 심부는 포자 DNA가 있는 핵부위와

세포질로 구성되어 있으나 물질대사는 일어나지 않는다. 발아하게 되면 영양세포의 세포질이 되는 부분이다.

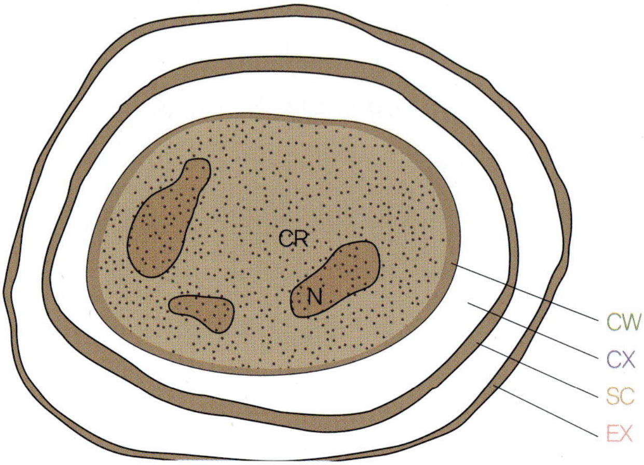

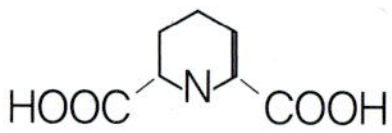

디피콜린산
dipicolinic acid

EX: 외피(exosporium)
SC: 포자각(spore coat)
CX: 피질(cortex)
CW: 포자막(core wall)
N: 핵(nucleus)
CR: 리보솜(ribosome)

| 그림 3-8 | 내생포자의 구조

출처: 한영숙 외(2009).

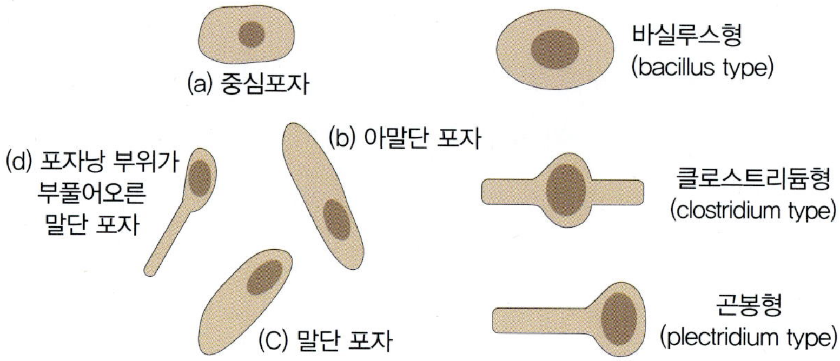

| 그림 3-9 | 내생포자의 형성 부위

내생포자의 벽은 굴절성이 있고 매우 두터워서 일반 염색법으로는 쉽게 관찰되지 않는다. 따라서 포자를 염색하는 특수 염료로 염색해야 광학 현미경이나 전자 현미경으로 포자를 관찰할 수 있다.

포자는 한 세포에 하나씩 형성되는데, 균의 종류에 따라 영양세포의 끝부분(terminal spore), 중간 부분(central spore), 중간과 끝 부분의 사이(subterminal spore)에 형성된다. 포자가 형성될 때 세포의 모양이 변하지 않는 것을 바실루스형(bacillus type), 세포의 중앙이 부풀어 방추형이 된 것을 클로스트리듐형(clostridium type), 끝부분이 부풀어 곤봉형이 된 것을 곤봉형(plectridium type)이라 한다[그림 3-9]. 포자낭(sporangium)의 위치는 균종에 따라 다르므로 세균의 분류에 이용된다.

② 포자의 저항성

내생포자가 열이나 그 밖의 환경적 스트레스에 강한 이유는 아직 정확히 알려지지 않았다. 디피콜린산(dipicolinic acid)은 영양세포에는 없고 내생포자에만 존재하는 특이한 화학물질이다. 포자의 중심에는 디피콜린산과 칼슘이 풍부하여 칼슘-디피콜린산 복합체가 다량 형성되고 이들이 물을 제거하여, 결과적으로 영양세포 수분함량의 약 10~30% 정도의 건조한 상태를 만든다. 이러한 중심부위의 탈수는 포자의 내열성을 증가시키고 건조한 환경과 여러 화학물질에 대한 강한 내성을 갖게 한다. 두껍고 치밀한 구조의 피질과 외피도 화학물질이나 방사선에 대한 저항성을 나타내는 것으로 보인다. 최근 분자량이 적은 특수한 DNA 결합단백질이 포자의 DNA와 치밀하게 결합하여 열, 방사선, 건조한 환경, 화학물질로부터 DNA를 보호하는 것으로 알려졌다.

③ 포자 형성

내생포자의 형성(sporulation)은 세포의 증식에 필요한 영양분, 특히 질소원의 결핍에 의해 유도되어, 비가역적으로 진행된다. 즉, 포자 형성이 개시된 이후에는 생육 조건이 회복되어도 계속 진행된다. 영양세포가 내생포자를 완전히 형성하는 데 걸리는 시간은 약 6~12시간 정도이다. 포자 형성 과정은 [그림 3-10]과 같다.

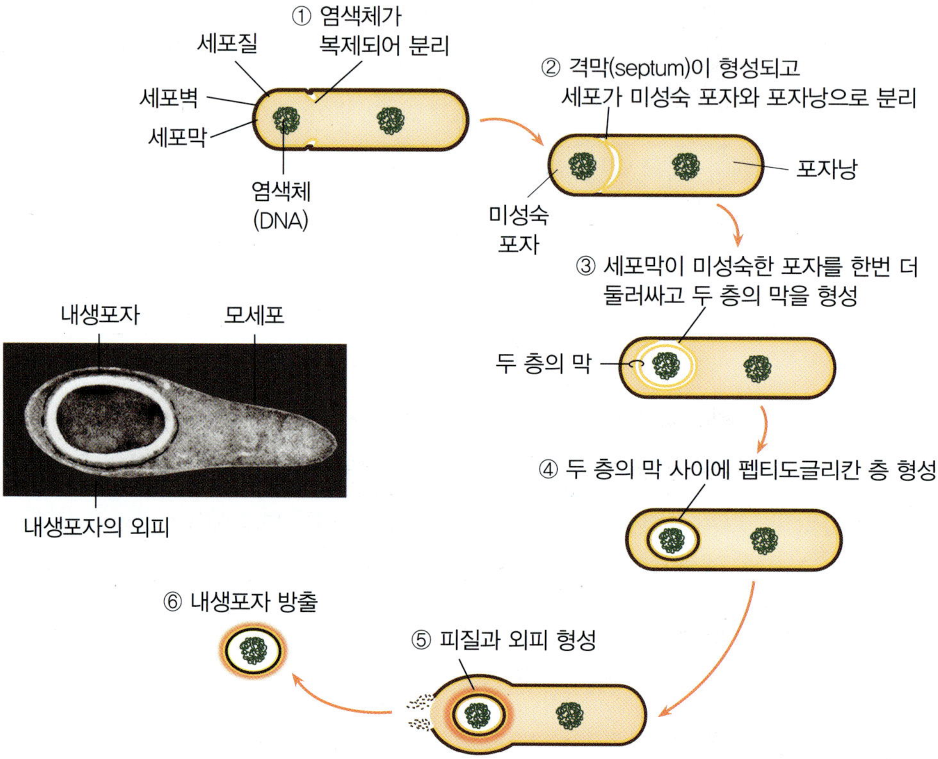

| 그림 3-10 | **내생포자의 형태와 포자 형성 과정**

④ 포자의 발아

휴면상태의 포자는 수분, 영양분, 온도 등의 생육 조건이 적합하게 되면 발아하여 영양세포로 전환된다. 이 과정은 활성화, 발아, 성장의 3단계에 걸쳐 일어난다. 발아 과정은 매우 빠르게 진행되어 약 한 시간 반 만에 완성된다.

- **활성화:** 포자가 발아하기 위해서는 화학적 또는 물리적 자극에 의해 휴면상태의 포자가 활성화되어야 한다. 대체로 반치사적인 온도에서 수 분간 열처리하면 쉽게 활성화되고, 영양조건이 충족되면 발아를 위한 상태가 된다.
- **발아:** 빠르게 진행되는 과정으로 세포벽이 급속도로 두꺼워지고 세포막이 발달된다. 발아 과정에서 포자의 굴절성이 없어지고, 대사활성이 증가되며, 열과 화학물질에 대한 내성을 잃는다.
- **성장:** 수분을 흡수하여 팽창하게 되고 DNA, RNA, 단백질 등의 합성이 일어난다. 세포는 더욱 크게 팽창되어 포자외피를 뚫고 나와 영양세포로 전환되어 세포분열을 시작하고 증식한다.

식품의 가공 과정에서 포자를 완전히 멸균할 정도의 충분한 열처리를 하지 않은 경우, 포자가 발아하고 새로운 영양세포로 전환되어 분열·증식하기 때문에 식중독이 유발될 수 있다. 따라서 식품 가공에서는 포자까지도 완전히 멸균되도록 온도와 시간을 조절하여 열을 가한다. 포자는 한 시간 이상을 가열하더라도 생존할 수 있기 때문에 고압멸균법을 통해 포자를 사멸시켜야 한다. 내생포자를 제거하기 위하여 실험실에서는 압력을 높여 121℃까지 온도를 올릴 수 있는 고압멸균기(autoclave)를 사용하고 있다. 내생포자를 형성하는 세균 중에는 병원성을 갖는 균이 여러 종류 있기 때문에 산업적으로 포자를 멸균하기 위한 적합한 방법이 요구된다.

2. 세균의 분류

세균은 분류학상 분열균류에 속하며 원핵세포로 구성되어 있다. 세균의 분류는 세포의 형태, 그람염색성, 산소 요구성, 카탈레이스(catalase) 활성, 당 발효성, 색소의 생성, 편모의 형태, 내생포자의 형성, 협막의 형성, 탄소원 자화성, 질소원 자화성 등 여러 가지 특성을 고려한다.

1) 그람(Gram)양성 구균

(1) 마이크로코쿠스(*Micrococcus*)속

그람양성, 호기성, 카탈레이스 양성인 구균으로 토양, 물, 식품 등 자연계에 널리 분포하고 있다. 대부분이 노란색, 황색, 분홍색, 빨간색 등의 카로티노이드(carotenoid) 색소를 생성한다. 내염성과 내열성이 강하고, 비교적 높은 염농도의 환경에서 생육하며 건조에도 잘 견딘다. 포도당을 산화적으로 이용하여 산을 생성하며 점질물을 형성한다. 각종 식품에서 많이 분리되지만 부패활성은 대체로 강하지 못하다.

- **마이크로코쿠스 할로데니트리피칸스(*Micrococcus halodenitrificans*)**: 내염성이 강하여 염지한 육제품에서 질산염을 아질산염으로 환원시켜 아질산을 생성하고 육류를 발색시킨다.
- **마이크로코쿠스 로세우스(*Micrococcus roseus*)**: 식빵 등 식품 표면에 번식하여 분홍색의 색소를 생성한다.

(2) 포도상구균(*Staphylococcus*)속

그람양성, 호기성 또는 통성혐기성 구균이다. 주로 한 쌍, 네 쌍 또는 포도상의 덩어리 모양으로 존재하며 운동성은 없다.

- **황색포도상구균(*Staphylococcus aureus*)**: 황색 색소를 생성하고 포도송이 모양으로 뭉쳐서 자라기 때문에 황색포도상구균이라 부른다. 혈액 응고효소(coagulase) 양성의 특징을 갖고 있다. 건강한 사람의 비강, 인후, 피부 등을 비롯하여 주위 환경에 널리 분포되어 있다. 사람에서 화농성 질환과 식중독을 일으키며, 장독소(enterotoxin)를 형성하는 대표적인 독소형 식중독의 원인균이다[그림 3-11].

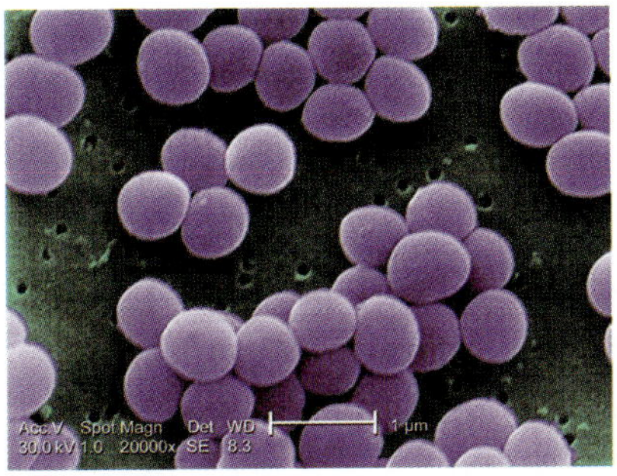

| 그림 3-11 | 황색포도상구균

출처: CDC(2009), https://en.wikipedia.org/wiki/Staphylococcus_aureus

- **표피포도상구균(*Staphylococcus epidermidis*)**: 혈액 응고효소(coagulase) 음성으로 병원성은 없다. 동물의 유방, 유두, 피부를 비롯하여 생우유, 치즈 또는 양조물(된장, 간장, 청주 등의 코지)에서 많이 분리된다.

2) 그람양성, 내생포자 형성균

내생포자를 형성하는 세균의 대부분은 그람양성의 간균으로 주로 토양에서 발견된다. 바실루스(*Bacillus*)와 클로스트리듐(*Clostridium*)속은 식품에서 발견되는 대표적인 포자 형성균이다. 내생포자 형성균은 증식조건이 나빠지면 내열성이 대단히 강하고 불리한 환경조건에서도 생존할 수 있는 포자를 형성한다. 포자는 물, 토양, 공기 중에도 부유하고 자연계에 널리 존재하여 식품에 혼입될 기회가 많다.

(1) 바실루스(*Bacillus*)속

그람양성, 호기성 또는 통성혐기성, 간균으로 카탈레이스(catalase) 양성이다. 토양, 공기 등 자연계에 널리 분포되어 있고 많은 균주들이 탄수화물, 단백질, 지질을 분해하는 세포 외 효소를 생산한다. 탄수화물과 단백질 분해능이 강하여 장류 제조와 효소 생산에 이용되는 것도 있다.

- **고초균(*Bacillus subtilis*)**: 강력한 아밀레이스(amylase)와 프로테이스(protease)를 분비하여 청국장, 된장, 간장 등 장류의 제조에 이용된다[그림 3-12]. 서브틸린(subtilin), 서브테놀린(subtenolin), 바실로마이신(bacillomycin) 등의 항균단백질을 생산하는 것도 있다. 비오틴(biotin)을 생육인자로 요구하지 않는다.

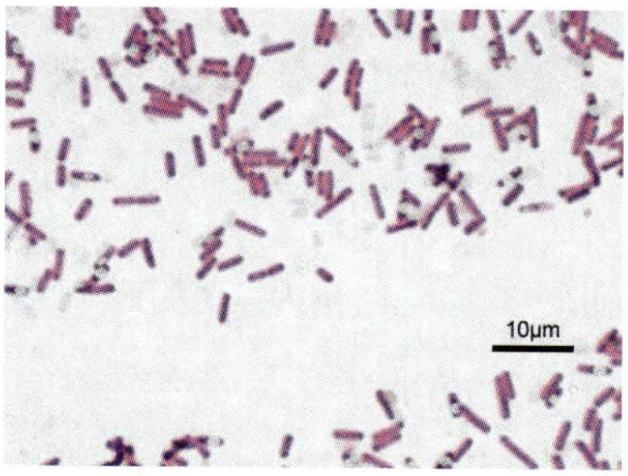

| 그림 3-12 | **고초균**

출처: Y tambe(2005), https://en.wikipedia.org/wiki/Bacillus_subtilis

- **낫토균(*Bacillus natto*)**: 고초균(*Bacillus subtilis*)의 변종으로 강력한 아밀레이스(amylase)와 프로테이스(protease)를 분비하여 일본 전통발효식품인 낫토의 제조에 이용된다. 삶은 콩에 잘 번식하여 끈끈한 점질물을 생성한다. 생육인자로 비오틴(biotin)을 요구한다.
- **바실루스 세레우스(*Bacillus cereus*)**: 주모성의 편모를 갖고 운동하는 통성혐기성균으로 설사형 또는 구토형 식중독의 원인균이다.
- **바실루스 코아귤런스(*Bacillus coagulans*), 바실루스 스테아로서모필루스(*Bacillus stearothermophilus*)**: 고온성으로 내열성 포자를 형성하기 때문에 열처리가 불완전한 통조림에서 플랫사워(flat-sour)[1] 변패를 일으키는 원인균이다.

1) 플랫사워(flat-sour): 통조림 등 밀폐 저장 중에 나타나는 변패 현상으로 가스가 발생하지 않아 뚜껑이나 밑면이 평평한 상태이지만 내용물이 변패된 상태를 말한다.

- **바실루스 메가테리움(*Bacillus megaterium*)**: 크기가 다른 균주보다 다소 큰 균으로 비타민 B_{12}를 생산한다.
- **탄저균(*Bacillus anthracis*)**: 인수공통전염병인 탄저(anthrax)의 원인균이다.

(2) 클로스트리듐(*Clostridium*)속

그람양성, 편성혐기성(절대혐기성), 간균으로 카탈레이스(catalase) 음성이다. 주모로 운동하지만 비운동성인 것도 있다. 포자는 세포의 중앙이나 말단에서 형성되고 포자낭이 그 위에서 부풀어 오르는 특성이 있다. 클로스트리듐(*Clostridium*)속의 포자는 열이나 건조에 대한 저항성이 강하기 때문에 적당히 가열처리한 가공식품에서 포자가 영양세포로 전환되어 증식하므로 식품위생상 중요하게 취급된다. 단백질을 분해하여 식품을 부패시키는 균종과 탄수화물을 발효시켜 낙산(butyric acid), 초산(acetic acid), 이산화탄소, 수소, 알코올, 아세톤을 생성하는 균종이 있다.

- **클로스트리듐 스포로제니스(*Clostridium sporogenes*)**: 육류와 어육 등 단백질이 풍부한 식품에서 부패를 일으키며, 특히 통조림의 부패 및 팽창의 원인균이다.
- **클로스트리듐 뷰티리쿰(*Clostridium butyricum*)**: 당을 발효하여 낙산(butyric acid)을 생성하는 낙산균(butyric acid bacteria)의 일종으로 토양에 널리 분포하며 치즈, 단무지 등의 식품에서도 분리된다.
- **클로스트리듐 아세토뷰티리쿰(*Clostridium acetobutyricum*)**: 아세톤-부탄올 발효균으로 전분 및 당을 발효하여 아세톤, 부탄올, 에탄올, 유기산, 이산화탄소, 수소 등을 생성한다.
- **클로스트리듐 보툴리눔(*Clostridium botulinum*)**: 보툴리누스균으로 독성이 매우 강한 신경독소(neurotoxin)를 생산하는 독소형 식중독의 원인균이다[그림 3-13]. 이 균의 포자는 내열성이 매우 강하여 통조림 살균이 불충

분하면 살아남는 경우가 있다. 따라서 통조림 살균은 이 균의 포자를 사멸시키는 데 목적을 두고 있다.

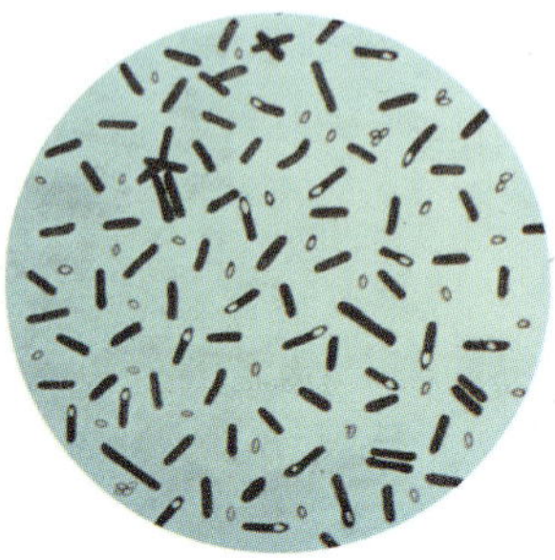

| 그림 3-13 | **클로스트리듐 보툴리눔**

출처: CDC(2007), https://en.wikipedia.org/wiki/Clostridium_botulinum

- **클로스트리듐 퍼프린젠스(*Clostridium perfringens*)**: 장독소(enterotoxin)를 생산하여 가스괴저를 유발하는 생체내독소형(중간형, 감염독소형)으로 식중독의 원인균이다.
- **클로스트리듐 테타니(*Clostridium tetani*)**: 병원성균으로 파상풍의 원인균이다.

3) 유산균: 그람양성 간균 또는 구균

유산균(lactic acid bacteria)은 그람양성균으로 간균 또는 구균 형태이다. 당류를 발효하여 에너지를 획득하고 다량(대사산물의 50% 이상)의 유산(lactic acid)을 생성하는 세균을 총칭하여 유산균이라 한다. 유산균은 젖산균으로, 유산은 젖산으로도 불린다. 유산균은 요구르트, 사우어크림(sour cream), 치즈, 케피어(kefir) 등과 같은 유제품 발효의 스타터(starter)로 이용될 뿐만 아니라, 김치, 사우어크라우트(sauerkraut), 피클, 발효버터, 소시지 등과 같은 다양한 발효식품의 제조에서 중요한 역할을 담당하고 있다. 유산균 발효는 식품에 다양한 풍미와 조직감을 부여하며, 주요 대사산물인 유산과 일부 유산균이 생성하는 박테리오신(bacteriocin)은 유해세균을 억제하고 식품의 보존성을 높이는 역할을 한다. 그러나 유산균은 일부 식품에서 변패를 일으키는 원인균으로 작용하는 경우도 있다. 우유와 육류 등에서 생성되는 신맛과 시큼한 풍미 등은 유산균에 의한 식품의 변질과 관련이 있다.

유산균의 일반적인 특성은 다음과 같다.

- 그람양성균으로 포자를 형성하지 않는다.
- 6탄당을 발효하여 기질 수준의 인산화에 의해서 에너지를 얻는다.
- 유산이 당 발효의 주된 최종산물이다.
- 일반적으로 내산성을 갖고 있다.
- 유산균 발효에 의한 산 생성은 식품의 저장성을 향상시킨다.
- 미호기성이고 카탈레이스(catalase) 음성으로 산소분압이 낮은 곳에서 잘 증식한다.
- 영양 요구성이 높아서 비타민 B군, 아미노산, 핵산 등이 풍부한 배지에서 주로 성장한다.
- G+C 함량이 50% 이하이다.
- 일부 유산균은 항균 단백질인 박테리오신을 생성한다.
- 유산균은 그라스(generally recognized as safe, GRAS)로 인정된다.

유산균의 생리활성으로 항균작용, 면역 증진, 유당불내증 개선, 항암작용, 정장작용 등이 보고됨에 따라 프로바이오틱스(probiotics) 미생물을 대표하는 균주로 주목받고 있다.

(1) 유산균의 대사

당을 발효하여 대사산물을 생성하는 방식에 따라 정상유산발효(homo lactic fermentation) 유산균과 이상유산발효(hetero lactic fermentation) 유산균으로 구분한다.

- **정상유산발효 유산균:** 해당작용인 Embden-Meyerhof-Parnas(EMP) 대사경로를 통하여 포도당을 발효하고 유산만을 생산한다. 대표적인 정상유산발효균으로는 연쇄상구균(*Streptococcus*) · 페디오코쿠스(*Pediococcus*) · 락토코쿠스(*Lactococcus*) · 엔테로코쿠스(*Enterococcus*)속과 일부 락토바실루스(*Lactobacillus*)속 등이 있다.
- **이상유산발효 유산균:** 5탄당 인산경로(pentose phosphate pathway)를 통하여 유산 이외에 에탄올, 초산, 이산화탄소 등의 대사산물을 생성한다. 일반적으로 류코노스톡(*Leuconostoc*) · 오에노코쿠스(*Oenococcus*) · 웨이셀라(*Weissella*)속 및 일부 락토바실루스(*Lactobacillus*)속 유산균은 이상유산발효를 하며, 그 외의 유산균은 대부분 정상유산발효를 한다.

(2) 주요 유산균

① 락토바실루스(*Lactobacillus*)속

그람양성, 통성혐기성 또는 미호기성, 간균으로 발효식품에 이용되는 주요 유산균이다. 산에 대한 내성이 강하여 pH 4~5 부근에서도 잘 생육한다. 대부분 정상유산발효균이나 일부는 이상유산발효균으로 분류된다. 락토바실루스(*Lactobacillus*)속 균주는 요구르트, 치즈, 사우어크라우트, 발효버터, 김치, 발효소시지, 와인, 음료 등의 생산에 광범위하게 이용되고 있다.

- **락토바실루스 아시도필루스(*Lactobacillus acidophilus*):** 정상유산발효균으로 발효유의 일종인 아시도필루스 밀크(acidophilus milk) 제조에 이용된다. 내산성이 강하여 pH 4~5 이하에서도 생육할 수 있다[그림 3-14]. 사람의 장이나 질 내에 정착하여 유해균을 억제하고 면역을 조절하는 등 유익한 작용을 한다고 알려져 있다.

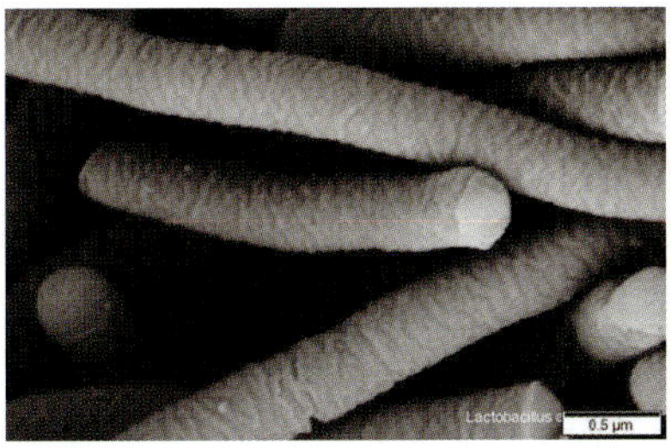

| 그림 3-14 | 락토바실루스 아시도필루스

출처: Mogana das murtey 외(2016), https://en.wikipedia.org/wiki/Lactobacillus_acidophilus

- **락토바실루스 카세이(*Lactobacillus casei*)**: 정상유산발효균이나 일부는 이상유산발효를 하기도 한다. 산업적으로 유제품의 발효에 이용되며, 우유단백질인 카세인(casein) 분해 능력이 있어 치즈의 숙성에 관여한다.
- **락토바실루스 플란타럼(*Lactobacillus plantarum*)**: 정상유산발효균으로 김치, 피클, 사우어크라우트(sauerkraut) 등의 채소발효식품과 사워도우(sourdough) 등에서 가장 흔히 분리되는 균이며, 치즈, 발효소시지 등에서도 종종 분리된다. 김치의 발효와 숙성에서 중요한 역할을 하는 유산균으로 내산성이 강하여 발효 중기와 후기에도 왕성하게 존재한다.
- **락토바실루스 브레비스(*Lactobacillus brevis*)**: 이상유산발효균으로 발효 중에 이산화탄소를 생성하는 특성이 있다. 김치, 피클, 사우어크라우트 등의 채소발효식품에서 많이 분리되며, 특히 내산성이 강하여 김치의 발효 후기에 많이 검출된다.
- **락토바실루스 불가리쿠스(*Lactobacillus delbrueckii* subsp. *bulgaricus* 또는 *Lactobacillus bulgaricus*)**: 정상유산발효균으로 산업적인 요구르트 생산 공정에서 스트렙토코쿠스 서모필루스(*Streptococcus thermophilus*)와 함께 스타터로 첨가된다. 호열성으로 생육 최적온도가 42℃이다. 산 생성능이 강하여 우유단백질을 응고시키고 요구르트에 조직감을 부여한다.

- **락토바실루스 델브루에키이(*Lactobacillus delbrueckii* subsp. *delbrueckii* 또는 *Lactobacillus delbrueckii*)**: 정상유산발효균으로 젖산 생성능력이 강하여 전분당화액이나 당밀로부터 산업적인 유산(젖산)의 제조에 이용된다.
- **락토바실루스 호모히오치(*Lactobacillus homohiochii*), 락토바실루스 헤테로히오치(*Lactobacillus heterohiochii*)**: 저장 중인 청주에서 백색의 혼탁과 악취를 유발하는 변패균이다.
- **락토바실루스 레이크만니(*Lactobacillus leichmannii*)**: 영양 요구성 균주로 비타민 B_{12}를 정량하는 데 이용된다.

② 스트렙토코쿠스(*Streptococcus*)속

정상유산발효균으로 당을 분해하여 유산만을 생성한다. 흔히 두 개가 쌍을 이루거나 연쇄상 사슬 형태로 존재한다.

- **스트렙토코쿠스 서모필루스(*Streptococcus thermophilus*)**: 호열성으로 생육 최적온도가 40~45℃이다. 락토바실루스 불가리쿠스(*Lactobacillus bulgaricus*)와 함께 요구르트의 제조 시 스타터로 이용된다[그림 3-15]. 구연산을 분해하여 우유 발효 시 향기성분인 디아세틸(diacetyl)을 생성한다.

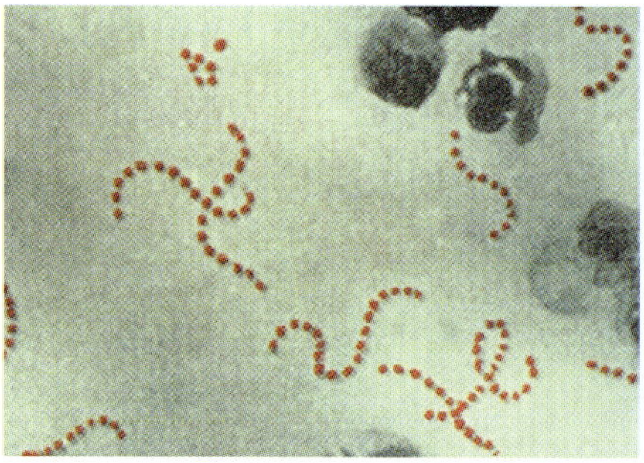

| 그림 3-15 | **스트렙토코쿠스 서모필루스**

출처: CDC(2013), https://es.wikipedia.org/wiki/Streptococcus_pyogenes

- **화농성 연쇄상구균(*Streptococcus pyogenes*)**: 화농성 질환의 원인균으로 사람에 대한 병원성이 강하여 성홍열, 류머티스열의 원인이 되기도 한다. 식품에서 육류의 초기 부패에 관여하는 것도 있다.

③ 류코노스톡(*Leuconostoc*)속

이상유산발효균으로 당을 분해하여 유산 이외에 초산, 에탄올, 이산화탄소 등을 생성한다. 쌍구균 또는 연쇄상구균으로 존재한다. 야채, 과일 등 식물에 많이 분포되어 있고 우유에서도 발견된다. 김치, 피클, 사우어크라우트 등 채소발효식품의 숙성에 도움을 주며, 고농도의 당에서 견디는 것도 있다. 점질물인 덱스트란(dextran)을 생성하여 김치에 점성을 부여한다. 영양 요구성 균주로 대부분의 종이 성장을 위해 니코틴산(nicotinic acid), 티아민(thiamine), 비오틴(biotin)을 필요로 한다.

- **류코노스톡 메센테로이데스(*Leuconostoc mesenteroides*)**: 내염성으로 김치, 사우어크라우트, 피클 등 채소발효식품의 숙성에 관여하는 대표적인 유산균이다. 김치 발효 초기부터 김치가 가장 맛있다고 느껴지는 숙성 초기까지 주된 역할을 한다. 발효 초기에 증식하여 산을 생성하고 김치를 혐기 상태로 만들어 다른 세균의 생육을 억제한다. 한편 설탕으로부터 다량의 덱스트란(dextran)을 생산하므로 제당공장에서는 파이프를 막히게 하는 유해균이기도 하다.
- **류코노스톡 덱스트라니쿰(*Leuconostoc dextranicum*)**: 우유 중의 구연산을 발효하여 방향성분인 디아세틸(diacetyl)을 생성하며, 유산구균의 생육을 촉진하므로 버터, 치즈의 스타터로 이용된다. 덱스트란 생성능이 강하여 산업적인 덱스트란의 생산에 주요한 역할을 한다.

④ 페디오코쿠스(*Pediococcus*)속

정상유산발효균으로 쌍구균 또는 사련구균으로 존재한다. 내염성을 갖고 있어 5~10%의 식염에서도 잘 증식한다. 간장, 된장, 김치 등의 발효에 관여하는 유산균이지만, 맥주 양조에서는 변패를 일으키는 유해균으로도 알려졌다. 락토바실루스(*Lactobacillus*)속, 류코노스톡(*Leuconostoc*)속의 균주와 함께 김치, 사우어크라우트 등 채소발효식품의 숙성에 관여한다.

- **페디오코쿠스 할로필루스(*Pediococcus halophilus*)**: 간장 발효에 중요한 역할을 하는 유산균으로 20% 이상의 식염에서도 생육할 수 있다.
- **페디오코쿠스 소제(*Pediococcus sojae*)**: 개량식간장 코지(koji) 중에 존재하는 내염성 유산균으로 온화한 산미의 유산을 생성하여 간장덧의 pH를 약산성으로 유지하고 유해한 미생물의 증식을 억제한다.
- **페디오코쿠스 세레비시에(*Pediococcus cerevisiae*)**: 맥주를 탁하게 하고 pH를 낮추며 불쾌한 냄새를 생성하므로 맥주 제조과정에서는 일반적으로 오염균으로 간주한다.

⑤ 락토코쿠스(*Lactococcus*)속

정상유산발효균으로 쌍구균 또는 긴 연쇄상구균으로 존재한다. 전통적으로 치즈, 버터, 요구르트의 생산에 이용되어 왔다.

- **락토코쿠스 락티스(*Lactococcus lactis* subsp. *lactis*)**: 치즈, 버터, 일부 요구르트 등의 제조에 스타터로 이용된다. 일부 균주는 항균활성을 가진 단백질인 나이신(nisin)을 생성한다.
- **락토코쿠스 크레모리스(*Lactococcus lactis* subsp. *cremoris*)**: 치즈, 버터의 제조에 스타터로 이용된다.

4) 그람음성 호기성 세균

(1) 초산균

알코올(ethanol)을 산화하여 초산(acetic acid)을 생성하는 세균을 초산균(acetic acid bacteria)이라 한다[그림 3-16]. 초산균은 특성에 따라 아세토박터(*Aceto-bacter*)·글루코노박터(*Gluconobacter*)속 두 부류로 분류된다. 그람음성, 편성호기성, 간균으로 비운동성인 것이 많으나 운동성을 가진 것도 있다. 액체배양 시 공기가 풍부한 액면에서 잘 번식하여 피막을 형성하고, 에탄올을 산화하여 초산을 생성하는 능력이 있어 식초 양조에 이용된다.

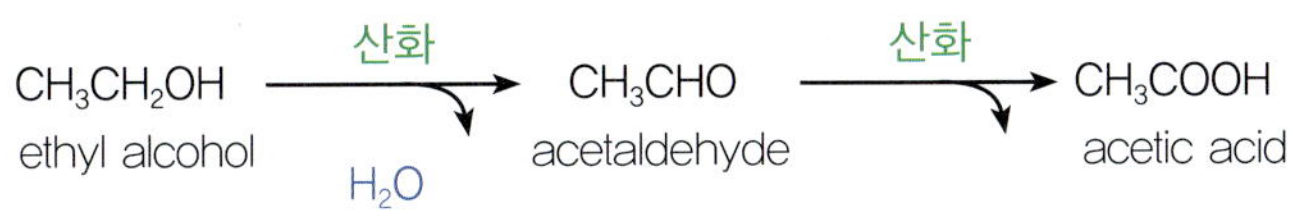

| 그림 3-16 | 초산(acetic acid) 발효

초산균은 식초 제조공정에서 주발효균으로 유용한 역할을 하지만, 맥주, 포도주, 막걸리 등 주정 발효 공정에서는 에탄올을 감소시키고 산패를 유발하는 유해균으로 작용한다.

① 아세토박터(*Acetobacter*)속

초산 생산력이 강하여 식초 양조에 주로 이용된다. 초산을 이산화탄소로 산화하는 능력이 있다. 식초 양조에는 아세토박터 아세티(*Acetobacter aceti*), 아세토박터 파스테리아너스(*Acetobacter pasteurianus*) 등을 이용한다.

- **아세토박터 아세티(*Acetobacter aceti*)**: 전통적으로 식초 양조에 이용되고 있는 균이다.
- **아세토박터 파스테리아너스(*Acetobacter pasteurianus*)**: 최대 20% 이상의 초산 농도에서 생존할 수 있어 고농도의 식초를 생산하는 데 이용된다.

- **아세토박터 자일리눔(*Acetobacter xylinum*)**: 식초 발효액에 두꺼운 균막을 만들어 혼탁을 일으키고 생성된 식초산을 분해하여 악취를 발생시키므로 식초 양조에서 유해균으로 작용한다.

② 글루코노박터(*Gluconobacter*)속

초산을 생성하는 능력이 있어 식초 양조에도 이용되지만, 아세토박터속 균주에 비하여 초산 생성력이 약하다. 포도당을 강하게 산화하여 글루콘산(gluconic acid)을 다량 생성하는 특성이 있다. 일부 균주는 솔비톨(sorbitol)을 산화하여 비타민 C의 제조 원료인 소르보스(sorbose)를 생성하는 능력이 있다.

- **글루코노박터 로세우스(*Gluconobacter roseus*)**: D-솔비톨(D-sorbitol)을 산화하여 L-소르보스(L-sorbose)를 높은 수율로 생산할 수 있어 비타민 C의 제조에 이용되고 있다.
- **글루코노박터 옥시단스(*Gluconobacter oxydans*)**: 채소, 과일 등의 식품에 신맛을 부여하는 부패균이다.

(2) 슈도모나스(*Pseudomonas*)속

그람음성, 호기성, 카탈레이스(catalase) 양성인 간균으로 일반적으로 운동성이 있고 한 개 또는 여러 개의 극성 편모를 갖는다. 형광색소 또는 청색, 황색, 적색, 갈색 색소를 생산하는 특성이 있다. 담수, 해양, 토양 및 식물 표면 등 자연계에 널리 분포하며, 동 · 식물의 병원균, 식품의 부패균인 것이 많다.

슈도모나스속 균은 어패류, 육류, 육가공품, 우유, 달걀, 채소 등 많은 식품에서 부패를 일으키는 원인균이다. 특히 저온에 강하여 7℃ 이하의 냉장에서도 균체의 증식이 가능하고, 식품의 단백질과 지질을 분해하여 이용하고 성장한다. 따라서 호기적 상태에서 냉장 보관된 식품의 부패에 가장 큰 역할을 한다. 저온성 세균들은 초기 균 수가 적더라도 식품을 냉장 저장하는 동안 빠르게 증식하여 점차 우점하게 된다. 하지만 슈도모나스속 균은 건조와 열에 약하고

42℃ 이상에서는 거의 생육하지 못한다. 산소가 적은 곳에서는 증식이 억제되며, 저온살균법으로 처리하면 사멸된다.

슈도모나스속 균은 다음과 같은 특성을 갖고 있어서 식품 변패의 원인균으로 중요시된다.

- 저온에 강하여 냉장온도에서 잘 증식한다.
- 단순한 질소화합물을 이용하고, 생육인자 및 비타민류의 자기 합성능력이 있다.
- 증식속도가 빨라 식품의 표면 등에서 신속하게 증식한다.
- 단백질 분해력이 강하여 다량의 암모니아를 생성한다.
- 당, 유기산, 방향족 화합물을 강력히 산화한다.
- 황록색의 형광색소 또는 황색, 적색, 갈색의 색소를 생성한다.
- 여러 종류의 방부제에 대한 강한 저항성을 나타낸다.
- pH 5.0~5.2의 약산성 환경에서 생육 가능하다.

식품 부패와 가장 밀접하게 관련이 되어 있는 종으로는 슈도모나스 플루오레스센스(*Pseudomonas fluorescens*), 슈도모나스 에루지노사(녹농균, *Pseudomonas aeruginosa*), 슈도모나스 퓨티다(*Pseudomonas putida*), 슈도모나스 프라기(*Pseudomonas fragi*) 등이 있다.

- **슈도모나스 플루오레스센스(*Pseudomonas fluorescens*)**: 호냉성의 부패균으로 녹색 형광색소를 생산한다. 특히 살균 과정에서도 파괴되지 않는 내열성 단백질 분해효소(protease)를 생산하기 때문에 우유의 카제인을 분해시켜 쓴맛을 발생시키고, 멸균된 우유에서 겔(gel)화의 원인이 되기도 한다.
- **슈도모나스 에루지노사(*Pseudomonas aeruginosa*)**: 녹농균으로 알려져 있는 기회성 감염균(opportunistic pathogenic bacteria)으로 상처의 화농 부위에 증식하여 푸른색이나 청색 색소를 형성한다. 우유를 청변시키는 등 식품의 변패에도 관여한다.

(3) 알칼리제네스(*Alcaligenes*)속

그람음성, 호기성, 간균으로 주모성 편모로 운동을 한다. 우유와 치즈를 점질화(ropiness)시키는 등 단백질이 풍부한 식품의 변패와 관련이 있다. 증식하게 되면 생육배지를 알칼리화하는 특성이 있다.

(4) 캄필로박터(*Campylobacter*)속

S자 또는 나선형의 그람음성균으로 양모 혹은 단모로 운동을 한다. 산소농도 3~15%의 미호기성 환경에서 성장하며 생육 최적온도는 42℃이다. 대부분의 캄필로박터속 균은 장을 통한 감염과 관련이 있으며 식중독을 유발시킬 수 있다.

- **캄필로박터 제주니(*Campy lobacter jejuni*)**: 사람의 장에서 급성 설사병과 위장염을 유발시키는 식중독 원인균으로 불완전하게 조리된 가금류에 의해 빈번히 전파된다.
- **캄필로박터 콜리(*Campylobacter coli*)**: 검출빈도는 높지 않으나 설사증 환자에게서 검출되고 있다.

(5) 플라보박테리움(*Flavobacterium*)속

그람음성의 호기성, 구형에 가까운 간균 또는 긴 간균으로 운동성은 없다. 생육 최적온도는 20~25℃의 저온성으로 균주에 따라 4℃의 저온에서 증식하는 내저온성균(psychrotroph)도 있다. 어패류, 달걀, 버터, 우유 등의 부패균으로 알려져 있다. 부패활성은 강하지 않으나 황색, 적색, 황갈색 등의 수용성 색소를 생산하여 육류표면을 착색시킨다.

(6) 할로박테리움(*Halobacterium*)속

그람음성, 호기성, 간균으로 극모를 갖고 있어 운동성을 나타낸다. 염(NaCl) 농도가 높은 곳에서 잘 증식하고 생육 최적 식염농도는 28~32%이다. 낮은 식염농도에서는 세포가 붕괴되기 때문에 생육 조건으로 최저 12%의 식염이 요구된다. 적색 카로티노이드(carotenoid) 색소를 생성하므로 염장 생선과 고식염 식품 등을 적색으로 변색시킨다.

5) 그람음성 통성혐기성 간균

(1) 대장균(*Escherichia*)속

그람음성, 통성혐기성, 간균으로 유당을 분해하여 산과 가스를 생산한다. 온혈동물의 장관에 서식하는 장내 세균과(*Enterobacteriaceae*)에 속한다. 사람의 대장에 서식하여 비타민 K를 생성하는 특성이 있다.

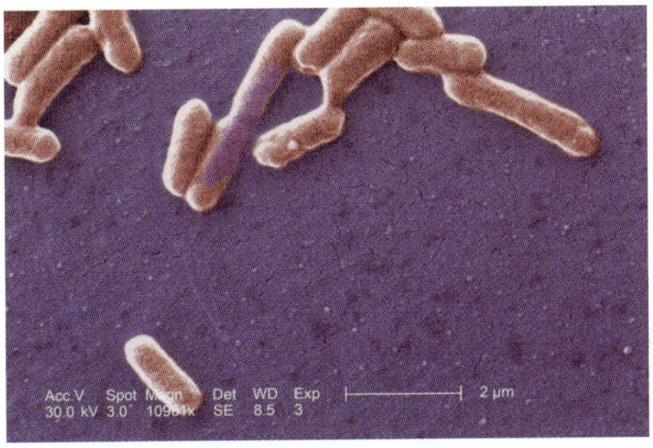

| 그림 3-17 | **대장균**

출처: Janice Haney Carr(2017), https://en.wikipedia.org/wiki/Escherichia_coli

- **대장균(*Escherichia coli*)**

대장균으로 불리는 장내 세균으로 생육 최적온도는 37℃이며 주모로 운동을 한다. 유당을 분해하여 산과 가스를 생성하는 통성혐기성균으로 사람과 동물의 장관에서 정상적인 미생물총(microflora)을 구성하는 세균이다[그림 3-17]. 장에 서식하는 대장균은 비병원성으로 비타민 K를 생산하는 등 숙주에 이로움을 주기도 한다.

대장균은 사람이나 포유동물의 장관에 존재하며 분변으로 계속 배출된다. 식품이나 음료수에서 대장균이 검출된다면 사람이나 동물의 배설물에 직·간접적으로 오염되었다고 간주할 수 있다. 따라서 대장균이 검출된 식음료의 경우 장관에서 번식하는 병원균이 존재할 가능성이 있기 때문에, 대장균은 식품위생에서 분변의 오염지표균으로 이용되고 있다.

최근에는 일반대장균과 구분되는 병원성 대장균이 중요한 식품매개성 질병 미생물로 인식되고 있다. 1945년 영국에서 유아에게 설사를 일으키는 대장균이 발견된 이후로 병원성 대장균을 일반대장균과 구분하여 분류하고 있다. 대장균 간에는 항원성에 차이가 있는데 균체(O), 협막(K), 편모(H) 항원의 특이성에 의해 구별된다. 병원성 대장균은 비병원성 대장균과 생화학적 성상은 비슷하나 항원성에서 차이가 있다. 병원성 대장균 중에서도 장관출혈성 대장균으로 알려진 *Escherichia coli* O157:H7은 최근 식품위생상 큰 문제를 일으키고 있다. 이 균은 대장에서 베로독소(verotoxin)를 생성하여 대장 점막의 궤양으로 인한 출혈성 설사, 빈혈, 용혈성 요독증후군 증세 등을 일으킬 수 있다.

(2) 엔테로박터(*Enterobacter*)속

장내 세균과(*Enterobacteriaceae*)에 속하는 세균이다. 그람음성, 통성혐기성, 간균으로 주모를 갖고 있어 운동성을 나타낸다. 장관 내에 서식하는 균은 병원성이 없으나, 일부 균주는 기회감염에 의해 비뇨기와 호흡기에 감염을 일으킬 수 있다. 엔테로박터 애로진스(*Enterobacter aerogenes*)는 대장균과 특성이 유사하지만 사람과 가축 이외의 자연계에도 흔히 존재하는 세균으로 환경에 대한 저항성이 비교적 강하고 토양이나 물에도 널리 분포되어 있다.

(3) 살모넬라(*Salmonella*)속

장내 세균과(*Enterobacteriaceae*)에 속하는 세균이다. 그람음성, 통성혐기성, 간균으로 대부분 주모를 갖고 있어 운동성을 나타낸다. 자연계에 널리 분포하고 있는 균으로 현재 약 2,000여 종이 알려져 있다. 살모넬라 식중독은 전 세계적으로 광범위하게 발생되는 흔한 식중독으로, 약 50여 종의 식중독 관련 살모넬라균이 보고되고 있다.

- **살모넬라 티피무륨(*Salmonella* Typhimurium), 살모넬라 엔테리티디스(*Salmonella* Enteritidis)**: 감염형 식중독을 일으키는 대표적인 균으로 가금류, 돼지고기 등 식육, 달걀, 육가공품 등에서 자주 검출되어 식품위생상 문제가 되고 있다.
- **살모넬라 티피(*Salmonella* Typhi)**: 제2급 감염병인 장티푸스의 원인균이다. 오염된 물이나 음식물, 파리, 생과일, 채소 등의 매개물 또는 환자나 보균자와의 접촉에 의해 감염된다.
- **살모넬라 파라티피(*Salmonella* Paratyphi)**: 제2급 감염병인 파라티푸스의 원인균이다. 감염원은 장티푸스와 유사하다.

(4) 시겔라(*Shigella*)속

장내 세균과(*Enterobacteriaceae*)에 속하는 세균으로 세균성 이질균의 원인균도 있다. 그람음성, 통성혐기성, 간균으로 비운동성이다.

- **시겔라 디젠테리(*Shigella dysenteriae*)**: 세균성 이질균으로 급성 염증성 장염을 일으킨다.

(5) 세라티아(*Serratia*)속

장내 세균과(*Enterobacteriaceae*)에 속하는 세균이다. 그람음성, 통성혐기성, 간균으로 주모에 의해 운동을 하며 특유한 적색 색소를 생성한다. 우유, 수산물, 토양, 하수 등 자연계에 널리 분포한다. 적색 색소인 프로디지오신(prodigiosin)을 생성하여 식품의 표면에 적변을 일으킨다.

- **세라티아 마르세스센스(*Serratia marcescens*)**: 단백질 분해력이 강하여 육류, 생선, 어묵, 수산가공식품 등에서 심한 부패취를 유발하고 표면에 적변을 일으킨다.

(6) 프로테우스(*Proteus*)속

장내 세균과(*Enterobacteriaceae*)에 속하며, 그람음성, 통성혐기성, 간균으로 운동성이 있다. 사람과 동물의 장관을 비롯하여 토양과 물 등 자연계에 널리 분포한다. 단백질 분해력이 강한 부패균으로 육류, 해산물, 달걀 등에 증식하여 부패취를 유발한다.

- **프로테우스 모르가니(*Proteus morganii*)**: 알레르기성 식중독을 유발하는 균으로 알려져 있다. 히스티딘 탈탄산효소(histidine decarboxylase)를 갖고 있어 히스티딘(histidine) 함량이 높은 생선에 오염되면 히스티딘을 탈탄산하여 알레르기 유발물질인 히스타민(histamine)을 생성할 수 있다.
- **프로테우스 불가리스(*Proteus vulgaris*)**: 단백질 분해력이 강하여 식품에서 심한 부패취를 유발한다.

(7) 예르시니아(*Yersinia*)속

그람음성, 통성혐기성, 단간균으로 주모성 편모로 운동을 한다. 다수의 동물과 하천 등 자연계에 널리 분포한다.

- **예르시니아 엔테로콜리티카(*Yersinia enterocolitica*)**: 설사, 구토, 복통 등 급성위장염을 일으키는 감염형 식중독 원인균으로 다양한 식품에서 발견되며, 특히 돼지에서 주로 검출되고 있다. 4℃의 냉장온도와 진공포장 상태에서도 증식이 가능하므로 식품위생에서 문제가 되고 있다.

(8) 에르위니아(*Erwinia*)속

그람음성, 호기성, 간균으로 운동성이 있다. 대부분이 식물병원균으로 펙틴 분해효소(pectinase)를 분비하여 채소, 과일 및 그 가공품에서 변패를 일으킨다.

- **에르위니아 카로토보라(*Erwinia carotovora*)**: 펙틴 분해효소 활성이 강하여 청과물 시장에서 채소와 과일의 부패를 유발하는 주요 원인균으로 알려져 있다.

(9) 비브리오(*Vibrio*)속

작은 콤마 모양의 나선균으로 극모로 운동을 한다. 대부분은 수생미생물로 담수, 해수, 어패류 등에 널리 분포한다. 균의 증식에는 염분(NaCl)이 필요한 호염성균과 필요 없는 비호염성균이 있다.

- **장염비브리오균(*Vibrio parahaemolyticus*)**: 3~4%의 식염농도에서 잘 증식하는 호염성균으로 장염비브리오 식중독의 원인균이다. 주로 여름철에 익히지 않은 해산물을 먹었을 때 발생하는 감염형 식중독균이다.
- **콜레라균(*Vibrio cholerae*)**: 비호염성균으로 담수에서도 성장할 수 있다. 경구감염에 의한 위장장애, 급성 수양성 설사, 구토를 일으키는 전염병인 콜레라의 원인균이다[그림 3-18].

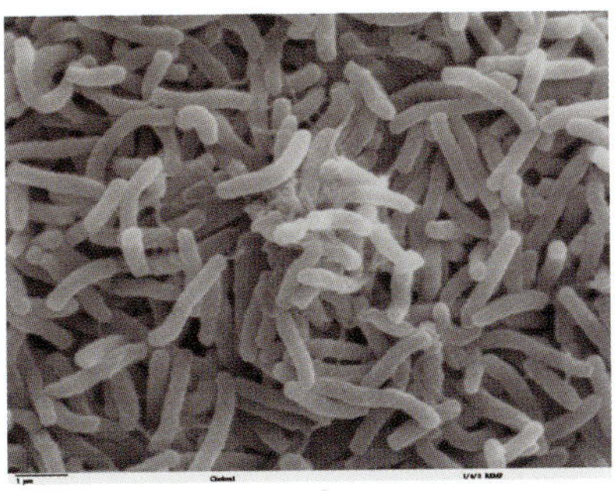

| 그림 3-18 | **콜레라균**

출처: T.J. Kirn 외(2000), https://en.wikipedia.org/wiki/Vibrio_cholerae

- **비브리오 피셔리(*Vibrio fischeri*)**: 생물발광(bioluminescence)을 하는 형광 세균으로 발광단백질을 생산하여 청록색 빛을 낼 수 있다.

3. 방선균

방선균(Actinomycetes)은 원핵세포인 하등미생물로, 분류학상으로 그람양성균에 속하며 이분법(binary fission)에 의해 증식한다. 세포의 크기와 생리적인 특성은 세균과 유사하지만, 많은 균들이 곰팡이처럼 분기된 다양한 형태의 균사를 형성하고 무성생식을 하는 포자를 갖고 있다.

방선균은 대부분 토양에 많이 분포하지만 식물체, 동물체 및 하천 등에서도 발견된다. 방선균은 토양 1g당 10^5~10^8의 세포가 존재하며, 토양에서 세균 다음으로 많이 검출되는 미생물이다. 다양한 종류의 방선균이 항생물질을 생산하고 있어 항생물질 제조 균주로 중요시되고 있다.

방선균은 토양에서 섬유소(cellulose)나 목질소(lignin) 등의 난분해성 유기물 분해에 중요한 역할을 하고 각종 동물과 식물의 사체를 분해하여 토양을 비옥하게 만드는 역할을 한다. 방선균은 식품과의 관련성은 적으나, 다양한 균주들이 스트렙토마이신(streptomycin)이나 테트라사이클린(tetracycline) 등과 같은 항생물질을 생산하기 때문에 의약품 제조에 이용되고 있다.

1) 방선균의 형태

방선균은 분류학상으로 그람양성균에 속한다. 방선균을 세균에 포함시켜 분류하는 이유는 균사의 미세구조가 원핵세포 형태로 세균과 같고, 세포벽의 화학구조가 그람양성 세균과 유사한 펩티도글리칸과 테이코산으로 구성되어 있기 때문이다.

균사의 지름은 0.3~1.0㎛ 크기로 곰팡이(3~8㎛)에 비하여 매우 가늘고 작다. 균사를 형성하는 모습은 곰팡이와 유사하다. 균사는 성장하고 분지하여 그물눈처럼 갈라진 실 모양의 망을 형성하는데, 이를 균사체(mycelium)라 한다. 방선균은 한천 배지에서 성장할 때 기질의 표면뿐만 아니라 기질 안으로도 자라서 균사체를 형성한다[그림 3-19].

- **영양성균사체(vegetative mycelium)**: 기질층 아래에서 성장하여 균사체를 형성한다. 균사는 격막을 형성하여 여러 개의 핵양체를 함유한 긴 세포(20㎛)로 분기하고, 오래된 균사는 간균과 구균으로 절단되어 증식한다.
- **공중균사체(aerial mycelium)**: 많은 방선균류는 영양성 균사체가 기질의 위까지 연장되어 공기 중으로 신장한다. 균사의 형태는 직쇄상, 파상, 속상, 나선상, 윤생상 등 다양한 모양을 나타낸다[그림 3-20].

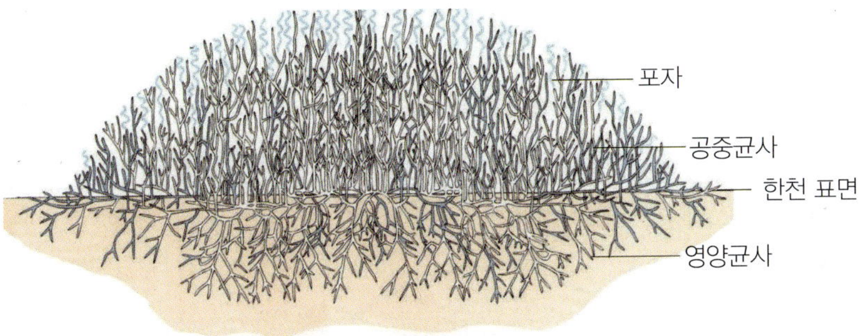

| 그림 3-19 | **방선균의 균사의 형태**

출처: Qinyuan Li 외(2015), https://www.intechopen.com/books/actinobacteria-basics-and-biotechnological-applications/morphological-identification-of-actinobacteria

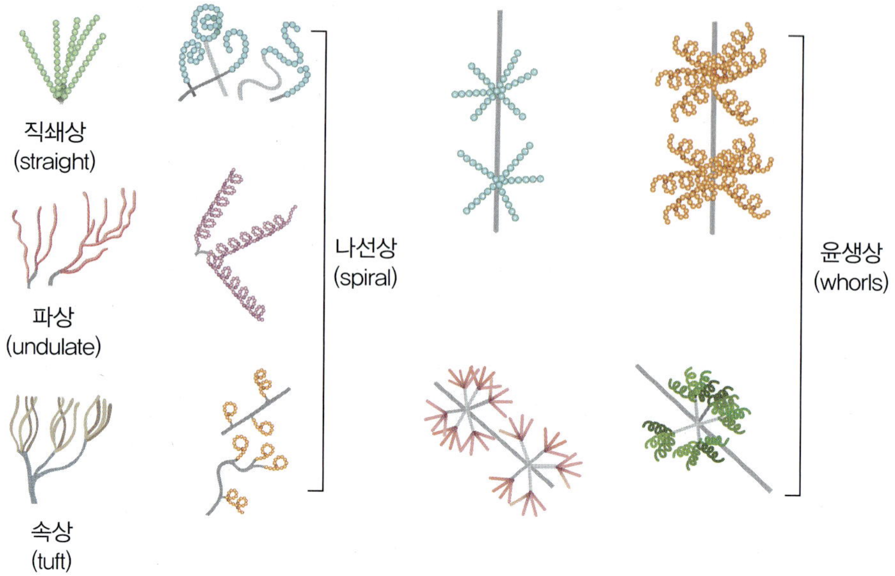

| 그림 3-20 | **방선균 공중균사의 여러 형태**

방선균의 포자는 주로 영양분이 고갈될 때 생성되며, 사상체의 끝에 분생포자(conidia)를 생성하고 무성적으로 증식한다. 균주에 따라 분생포자가 연쇄상으로 연결되어 있거나 단독으로 분생포자 또는 포자낭을 형성하는 것이 있다[그림 3-21].

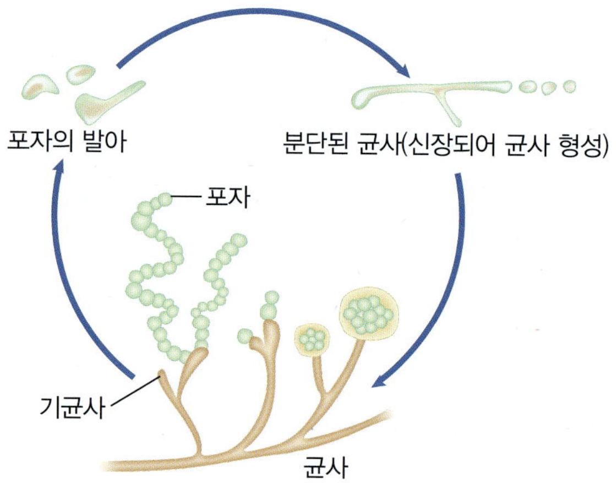

| 그림 3-21 | **방선균의 생활사**

출처: 이한창 외(2018).

2) 주요 방선균

방선균의 종류로는 스트렙토미세스(*Streptomyces*) · 노카르디아(*Nocardia*) · 마이크로모노스포라(*Micromonospora*)속 등이 있으며, 이 중에서 스트렙토미세스속이 주종을 이루고 있다. 방선균의 생육 최적온도는 28~37℃이지만, 일부 방선균은 55~65℃의 퇴비 더미에서 자라기도 한다.

(1) 스트렙토미세스(*Streptomyces*)속

편성호기성, 그람양성, 간균으로 방선균 중에서 매우 큰 속으로 분류되며 약 500여 종의 균주가 속해 있다. 대부분 토양에서 발견되며, 토양에서 분리하여 배양한 전체 미생물 중에 1~20% 정도 분포되어 있는 것으로 알려져 있다.

스트렙토미세스속 균주는 영양성 균사체로 생육하지만, 공중균사체를 만들어 성숙하게 되면 연쇄상으로 연결된 분생포자를 형성한다. 균사의 형태는 직선상, 굴곡상, 나선상, 다발상, 윤생상 등 다양하고, 포자는 구형, 난형, 원통형으로 균종에 따라 색소를 갖고 있다. 균체의 표면을 만지면 매끄럽거나 털이 난 것 또는 가시가 난 것 같은 느낌이 있다. 스트렙토미세스속 균주는 일반적으로 균사체의 색깔, 포자의 배열, 균체의 표면 특성, 탄수화물 이용, 항생제 생산 여부 등에 의해 분류된다.

축축한 토양의 냄새는 스트렙토미세스가 생성하는 게오스민(geosmin)과 같은 방향성 물질 때문이다. 또한 토양에 존재하는 펙틴, 리그닌, 키틴, 케라틴, 라텍스 등 난분해성 유기물의 분해에 중요한 역할을 한다. 특히 스트렙토미세스(*Streptomyces*)속은 스트렙토마이신(streptomycin), 클로람페니콜(chloramphenicol), 암포테리신 B(amphotericin B), 에리트로마이신(erythromycin), 네오마이신(neomycin), 테트라사이클린(tetracycline) 등 다양한 종류의 항생제를 합성하는 능력이 있어서 의학적으로 매우 유용한 미생물이다.

| 표 3-3 | 항생물질을 생산하는 스트렙토미세스속 방선균

생산 균주	항생물질(antibiotic)
스트렙토미세스 오레오파시엔스 (*Streptomyces aureofaciens*)	클로르테트라사이클린(chlortetracycline), 디메틸클로르(dimethylchlor), 테트라사이클린(tetracycline)
스트렙토미세스 칼불리게루스 (*Streptomyces clavuligerus*)	세팔로스포린(cephalosporin)
스트렙토미세스 에리스레우스 (*Streptomyces erythraeus*)	에리트로마이신(erythromycin)
스트렙토미세스 프라디에 (*Streptomyces fradiae*)	네오마이신(neomycin), 악티노마이신(actinomycin), 포스포마이신(fosfomycin), 데카마이신(dekamycin)
스트렙토미세스 그리세우스 (*Streptomyces griseus*)	스트렙토마이신(streptomycin)
스트렙토미세스 노도수스 (*Streptomyces nodosus*)	암포테리신 B(amphotericin B)
스트렙토미세스 노우르세이 (*Streptomyces noursei*)	니스타틴(nystatin)
스트렙토미세스 카나미세티쿠스 (*Streptomyces kanamyceticus*)	카나마이신(kanamycin)
스트렙토미세스 오리엔탈리스 (*Streptomyces orientalis*)	반코마이신(vancomycin)
스트렙토미세스 베네주엘레 (*Streptomyces venezuelae*)	클로람페니콜(chloramphenicol)
스트렙토미세스 비리디파시엔스 (*Streptomyces viridifaciens*)	테트라사이클린(tetracycline)

(2) 노카르디아(*Nocardia*)속

영양성 균사체를 형성하는 방선균으로 균사체가 간균과 구균으로 쉽게 분절된다. 여러 균주들이 기질 위로 자라는 공중균사체를 형성하고 성숙하게 되면 분생포자(conidia)를 생성한다.

노카르디아속 균주들은 토양에 분포하지만 수중 서식처에서도 발견된다. 석유, 탄화수소, 살충제 등 다양한 물질을 분해할 수 있는 능력을 가지고 있어 폐수나 해양 오염물질의 생물학적 처리에 이용되고 있다. 하지만 노카르디아 아스테로이디즈(*Nocardia asteroides*) 같은 종은 기회감염을 일으키는 병원균으로 사람이나 동물에 노카르디아증(nocardiosis)을 일으킨다.

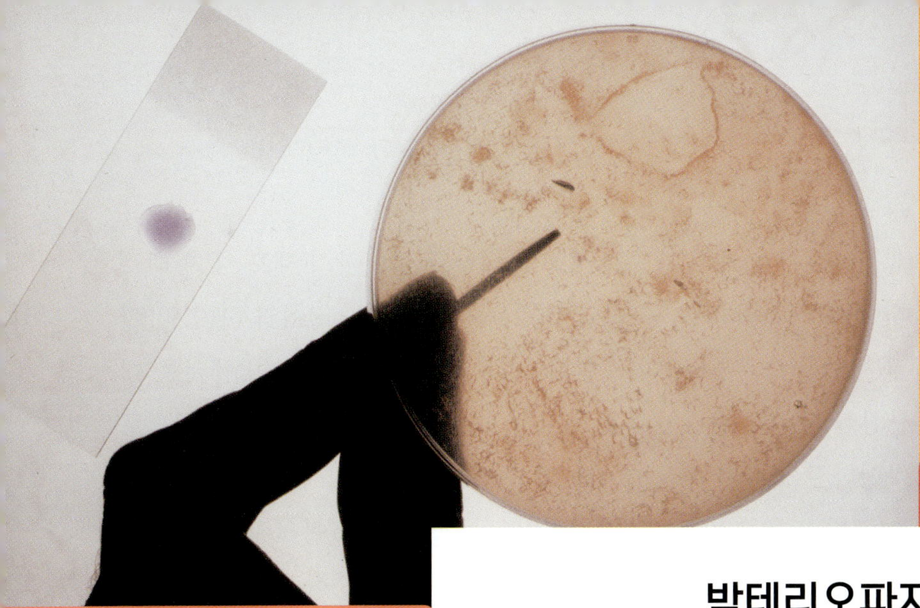

제4장

박테리오파지

1. 바이러스

라틴어로 '독(poison)'을 뜻하는 '비루스(virus)'에서 유래된 바이러스는 1892년 러시아의 생물학자 이바노프스키(Dmitri Ivanovsky, 1864~1920)에 의해 최초로 알려졌다. 그는 담배 모자이크병에 감염된 담뱃잎의 추출액이 세균이 통과할 수 없는 필터로 여과한 후에도 여전히 감염력을 보유하고 있다는 사실을 발견하고, 여과성 바이러스(filterable virus)가 담배 모자이크병을 일으킨다고 제안하였다. 얼마 후 여러 학자들에 의해 여과성 바이러스가 동물과 식물에서 질병을 일으킨다는 것이 확인되었고, 오늘날에는 단순히 '바이러스'라고 부르고 있다.

바이러스는 세포 내 절대기생체(obligate intracellular parasite)로 항상 살아 있는 세포 내에서만 증식할 수 있다. 바이러스는 동물, 식물, 세균, 조류, 진균류, 원생동물 등 거의 모든 종류의 세포에 기생하고 있다. 바이러스는 기생하는 숙주의 종류에 따라서 동물바이러스, 식물바이러스, 세균바이러스 등으로 분류하기도 한다. 이 중에서 특히 세균에 기생하는 바이러스를 박테리오파지(bacteriophage) 또는 파지(phage)라 부른다.

바이러스가 증식하기 위해서는 숙주세포의 내부로 들어가서 세포 내 형태로 존재해야 한다. 바이러스의 세포 내 침입 과정을 감염(infection)이라 하며, 바이러스에 감염된 세포를 숙주(host)라고 한다. 바이러스는 숙주세포 밖에서는 대사적으로 불활성인 상태로 생명현상을 유지할 수 없다. 바이러스는 독립적으로 대사기능을 수행하지 못하기 때문에 생물과 무생물의 중간적 형태의 비세포성 유기체이다. 이러한 연유로 바이러스를 '입자(particle)'라고도 부르지만, 증식과 유전이라는 생물 특유의 성질을 갖고 있으므로 생명체로 간주하기도 한다.

1) 바이러스의 구조와 종류

바이러스는 광학 현미경으로는 관찰할 수 없을 정도로 대단히 작은 초여과성 기생성 유기체로 일반미생물과는 전혀 다른 단순한 구조를 갖고 있다[그림 4-1]. 일반적으로 숙주세포 내에 존재하는 바이러스는 핵산(DNA 또는 RNA)과 그것을 보호하는 단백질로 구성되어 있다[그림 4-2]. 온전한 바이러스 입자가 비세포 시험관 내에 존재하면 비리온(virion)이라 부르며, 비리온의 크기는 보통 지름이 10~400nm에 이른다.

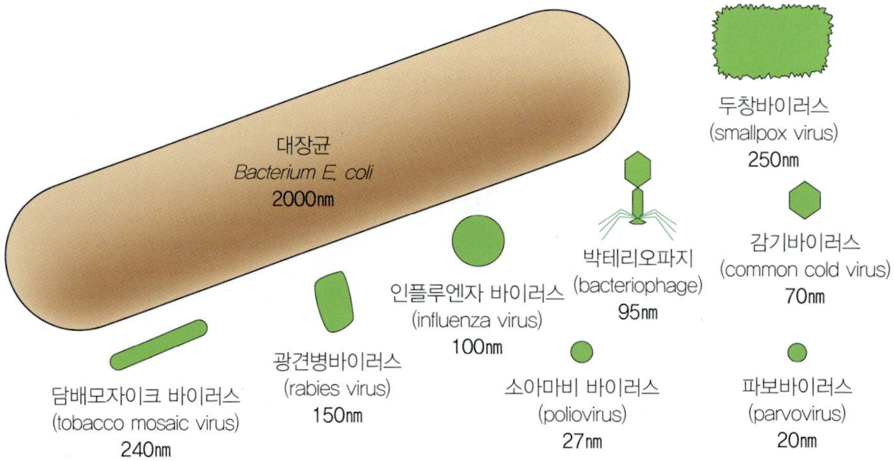

| 그림 4-1 | **바이러스의 크기와 종류**

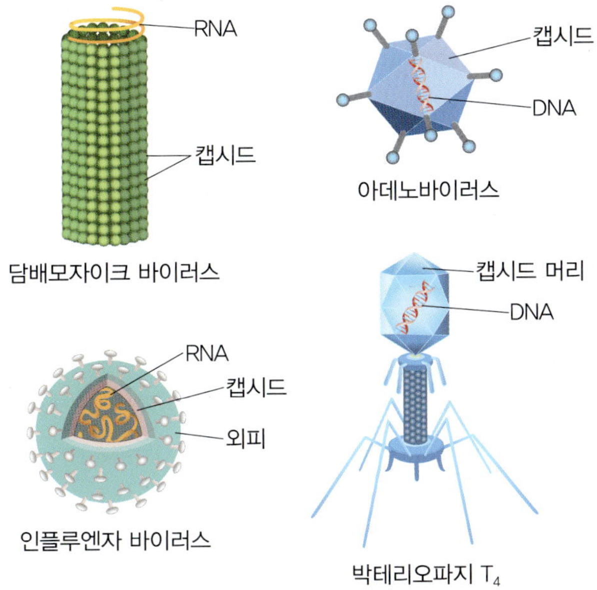

| 그림 4-2 | **바이러스의 구조**

(1) 핵산

바이러스는 유전물질로 DNA 또는 RNA 중 어느 한쪽의 핵산만을 갖고 있고 캡시드(capsid)라는 단백질 껍질에 의해 둘러싸여 있다. 바이러스는 핵산의 종류에 따라 DNA 바이러스와 RNA 바이러스로 구분된다. 핵산은 이중가닥 DNA, 단일가닥 DNA, 이중가닥 RNA, 단일가닥 RNA의 네 가지 형태로 존재할 수 있다. 대부분의 세균바이러스(박테리오파지)는 이중가닥 DNA, 식물바이러스는 단일가닥 RNA를 갖고 있다. 동물바이러스에서는 네 가지 형태의 핵산이 모두 발견되지만, 대부분의 경우 DNA는 이중가닥, RNA는 단일가닥을 갖고 있다.

(2) 단백질 껍질

핵산을 둘러싸고 있는 단백질 껍질을 캡시드(capsid)라 하며, 핵산과 캡시드의 복합체를 뉴클레오캡시드(nucleocapsid)라고 한다. 캡시드는 캡소머(capsomer)라 불리는 동일한 구조의 단백질 조각(subunit)들로 구성되어 있다. 바이러스는 캡시드의 구조에 따라 나선형(helical), 정이십면체형(icosahedral), 복합형(complex) 등의 형태로 분류한다[그림 4-2].

- **나선형 바이러스:** 막대모양의 캡소머가 모여서 나선형의 관 모양을 이룬다.
  예 담배모자이크 바이러스, 홍역 바이러스, 광견병 바이러스
- **정이십면체형 바이러스:** 규칙적인 다면체로 20개의 삼각면과 12개의 꼭지점을 갖고 있다. 전자 현미경에서는 구형의 모습으로 관찰된다.
  예 아데노바이러스, 소아마비 바이러스, 천연두 바이러스
- **복합형 바이러스:** 서로 다른 모양과 대칭성을 갖는 여러 부분으로 구성되어 있다. 박테리오파지(bacteriophage)는 다면체인 머리 부분, 나선형의 꼬리 부분, 꼬리섬유로 구성된 복합형 바이러스다.

(3) 바이러스 외피

감염된 숙주에서 방출되는 동안 일부 바이러스는 숙주세포의 세포막을 취하여 캡시드를 둘러싸는 외피를 추가로 보유한다. 이러한 바이러스를 외피보유 바이러스라고 한다. 바이러스는 뉴클레오캡시드(nucleocapsid)를 둘러싼 외피의 존재 유무에 따라 '외피보유 바이러스'와 '외피비보유 바이러스'로 구분할 수 있다.

- **외피보유 바이러스(enveloped virus):** 뉴클레오캡시드가 외피라고 하는 막에 둘러싸여 있다. 외피는 많은 동물바이러스와 일부 식물바이러스에서 발견된다. 바이러스가 숙주세포에서 방출될 때 숙주세포의 세포막을 취하여 캡시드를 둘러싸는 막을 추가로 만든다.
- **외피비보유 바이러스(nonenveloped 또는 naked virus):** 외피가 없고 뉴클레오캡시드(핵산+단백질)로만 구성되어 있다.

2. 박테리오파지

세균에 침입하여 기생하는 바이러스를 박테리오파지(bacteriophage) 또는 간단히 파지(phage, 그리스어로 '먹는다'는 의미)라 부른다. 파지는 달 착륙선과 유사한 모양의 복잡한 구조를 갖고 있다.

파지는 오직 세균에만 침입하고 숙주 세균의 대사를 이용하여 자신의 유전물질을 복제하고 증식한다. 파지는 각각 고유한 숙주 특이성이 있기 때문에 감염원이 되는 세균과 동일한 균주 또는 유사한 균주에만 감염한다.

1) 파지의 구조

대부분의 파지는 이중가닥의 DNA를 가지며 크기는 세균의 약 10분의 1 정도이다. 대장균에 감염하는 T_4 파지는 가장 많이 연구된 세균바이러스로 전형적인 박테리오파지의 구조를 갖고 있다[그림 4-3]. 일반적으로 박테리오파지는 정이십면체형의 머리(head)와 꼬리(tail) 부분의 복잡한 형태를 갖고 있다. 머리 부분은 DNA와 캡시드(capsid)로 구성되어 있고 이음고리, 덮개, 기저판, 꼬리침, 꼬리섬유가 연결되어 있다.

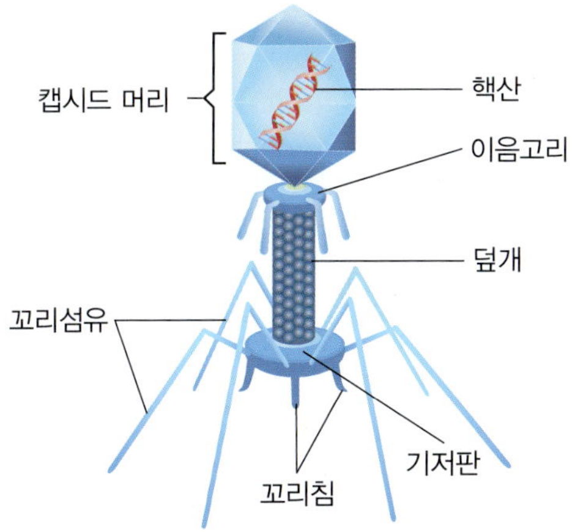

| 그림 4-3 | **박테리오파지의 구조**

2) 파지의 생활사

파지는 숙주에 대한 작용 방식에 따라 독성 파지(virulent phage)와 잠재성 파지(temperate phage)의 두 가지 종류로 구분된다. 독성 파지는 숙주 세균으로 들어가 증식한 후 세균을 용해시키고 방출된다. 잠재성 파지는 독성 파지와는 달리 숙주 세균을 파괴하지 않고 세균 염색체의 일부가 되어 숙주에 남을 수 있다.

파지의 일반적인 생활사는 [그림 4-4]와 같다.

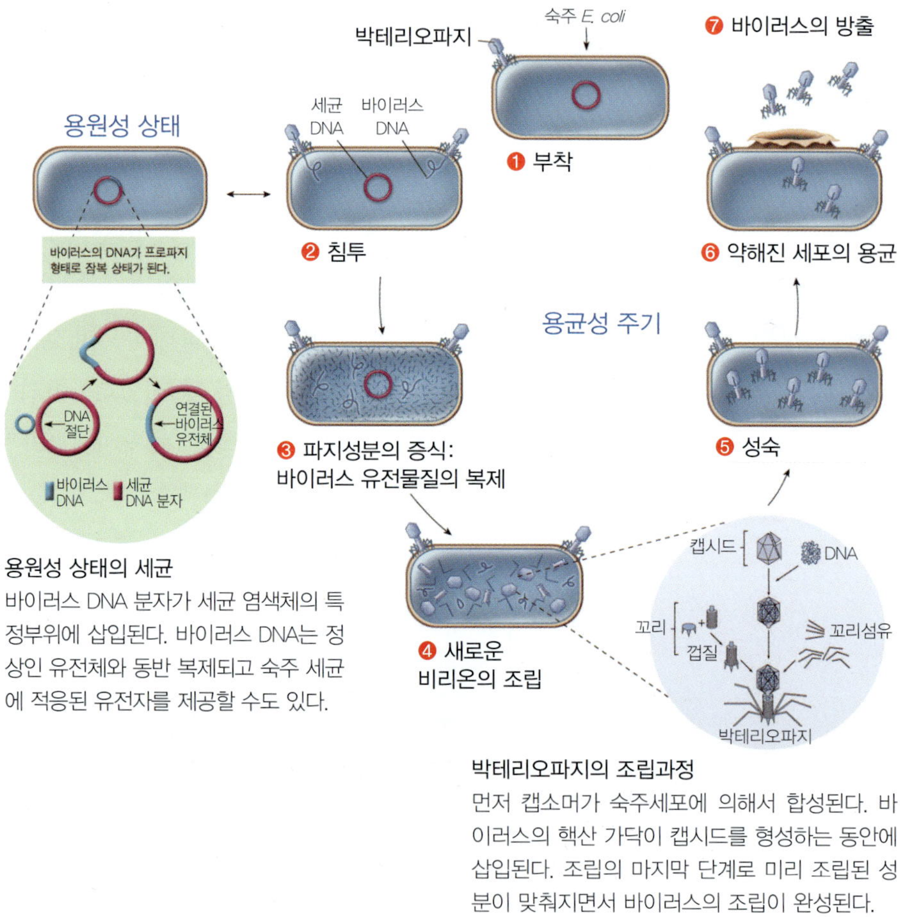

| 그림 4-4 | **파지의 생활사**

(1) 용균성 주기(lytic cycle)

파지가 숙주 세균에 흡착해서 DNA가 세포 안에 주입되면 세균 세포의 대사계를 이용해서 수백 개 이상의 새로운 파지를 생합성 한다. 얼마 후 숙주세포를 파열시키면서 새로운 파지가 방출되는데, 이러한 특성을 갖는 것을 독성 파지(virulent phage)라 한다. 새로운 파지 입자는 다른 세균을 감염시킬 수 있다. 독성 파지는 증식할 때 부착, 침투, 증식, 조립, 성숙, 방출의 용균성 주기를 거치게 된다. 파지가 흡착하여 방출될 때까지의 전 과정은 약 20~40분 정도 소요된다.

- **부착:** 파지의 꼬리섬유가 세균 세포벽의 특정 수용체에 부착하고 기저판(basal plate)이 세포벽에 결합(docking)한다. 기저판은 세포벽의 펩티도글리칸을 분해하는 라이소자임(lysozyme) 효소를 갖고 있다.
- **침투:** 파지 DNA가 세포벽을 통과하여 세균 세포 내로 전달된다. 캡시드는 더 이상의 기능이 없이 세포 밖에 남아 있다.
- **증식:** 숙주세포의 대사계를 이용하여 파지의 DNA와 몸체를 구성하는 단백질 성분들을 복제한다.
- **조립 및 성숙:** 복제된 DNA와 파지 성분들이 자발적으로 조립되어 수백 개의 파지 입자를 형성하고 세포 밖으로 방출되기 위해서 성숙된다.
- **방출:** 성숙된 파지는 숙주세포를 용균(lysis)시키고 밖으로 나온다. 새로운 파지 입자는 또 다른 세균 세포에 감염하여 새로운 용균성 주기를 시작한다.

파지는 세균의 평판계수법과 유사한 방법으로 셀 수 있다. 파지에 감염된 발효액을 한천 평판 배지상에 배양하면 세균이 용해되어 죽은 부분이 투명한 반점(투명환, clear zone)처럼 나타나게 된다. 이것을 플라크(plaque)라 하며 숙주세포를 용균시키는 파지의 특성을 나타낸다.

(2) 용원성 주기(lysogenic cycle)

잠재성(temperate) 파지는 숙주 세균에 침입한 후 파지를 복제하지 않고 잠복 상태로 존재한다. 즉, 세균 세포 안으로 들어온 파지 DNA가 숙주세포의 염색체에 삽입되어 염색체의 일부가 된다. 이렇게 삽입된 파지를 용원성(lysogenic) 파지라 하며, 용원성 파지에 의해 감염된 세균을 용원균(lysogenic bacteria)이라 한다. 용원균은 일반 세균처럼 분열하고 증식하여 파지의 DNA를 자손세포에 전달한다. 용원성 파지는 오랜 시간 세균에 잠복할 수 있지만, 자외선 조사 또는 화학물질에 의해 독성 파지로 전환될 수 있다.

3) 발효산업에서 파지의 피해 및 오염 방지 대책

세균을 이용하는 발효산업에서 파지에 의한 피해가 발생될 수 있다. 특히 요구르트, 치즈 등의 스타터(starter)로 이용되는 유산균과 항생물질의 생산에 이용되는 방선균에 파지 감염으로 인한 피해가 자주 발생한다. 파지에 의해 발효조 등의 생산설비가 오염되면 발효미생물이 용균되거나 증식이 저해되어 발효물질의 생성이 정지 또는 저해되는 현상이 발생할 수 있다. 따라서 파지의 오염을 방지하기 위하여 다음과 같은 방법들이 발효산업 현장에서 이용되고 있다.

- 우수제조관리기준(good manufacturing practice, GMP)을 준수하여 공장 주변, 공장 내부, 사용 설비 및 기구 등을 청결히 하고 살균 조작을 철저히 하여 파지의 오염을 차단한다. 20 ppm의 염소 처리로 파지를 사멸시킬 수 있다.
- 한 균주를 사용하는 대신 2~3종의 혼합균주를 사용하고, 로테이션하면서 사용한다. 만일 한 균주가 파지에 오염된 경우 그 균주를 스타터 미생물 풀(pool)로부터 제거하고 파지에 저항성이 있는 다른 균주로 교체한다.
- 저농도의 항생물질에 잘 견디고 정상적으로 발효를 수행할 수 있는 내성균주를 이용한다.

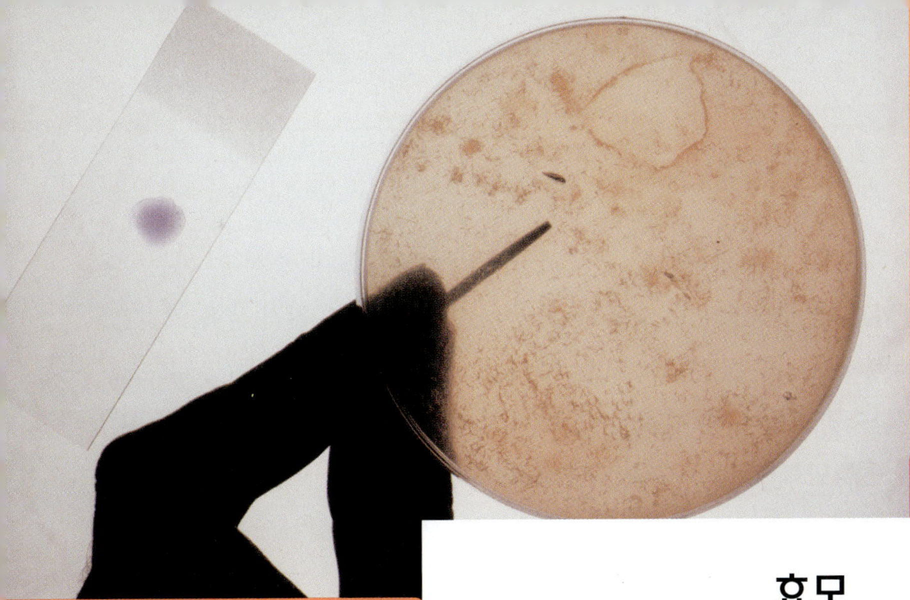

제5장

효모

1. 효모의 형태 및 구조

효모(뜸팡이, yeast)는 진핵세포(eucaryotic cell)로 구성되는 단세포(single cell)로서 크기는 대략 3~4㎛이며, 진균류(Eumycetes)로서 분류학상으로는 자낭균류, 불완전균류, 담자균류에 속하지만, 곰팡이에는 있는 조상균류(Phycomycetes)가 없다.

다양한 미생물 중에서 효모는 발효(fermentation)라는 단어를 지칭하며, 알코올 발효에서 나오는 거품(foam)에 대한 gist(네덜란드어, 효모 · 침전물)에서 유래하였다. 라틴어의 levare(부풀린다)에서 유래한 levure(프랑스어), levadura(스페인어), lièvito(이탈리아어, 효모 · 누룩)가 있으며, hefe(독일어)도 heben(부풀린다)에서 유래한 말이다.

생체촉매 단백질인 효소(enzyme)도 효모의 무세포 추출액에 존재(zymase, Buchner 발견)하는 'in yeast'라는 의미를 나타낸다. 또한 효모는 주로 과일 표피와 수액에 많으며, 곤충 체내, 꽃의 꿀샘(nectary), 토종꿀, 토양, 해양, 담수, 공기 등 자연계에 널리 분포하고, 대부분의 효모는 '영양체 증식'인 출아법으로 주로 번식 하고 일부는 분열법에 의한 무성적 번식을 한다. 또한 일부 효모는 영양소 불균형 혹은 결핍과 부적절한 생육조건에서는 '자낭포자 증식'을 하는 유성생식(유성포자)과 무성생식(무성포자)을 통하여 번식한다. 최적 생육 조건은 약산성(pH 6.0~6.6), 중간 온도(25~30℃)이고, 통성혐기성 미생물(facultative anaerobe)로 산소농도에 따른 산화적 대사(균체 증식)와 혐기적 대사(주정, 알코올 발효)를 병행한다(Pasteur effect). 양조효모 배양 및 식품 보존 과정에서 비정상적으로 야생효모나 혐기성(부패, 변질), 호냉성 및 내삼투압성(과즙 · 시럽 · 염장식품)의 유해한 효모가 혼입될 수 있다.

효모의 생육은 식품성분과 환경조건에 따라서 달라질 수 있겠지만, 대체로 세균보다는 단백질 분해성 효소가 적어서 부패능이 약하며, 각종 보존제와 방사능 조사, 동결 등에 대한 저항성이 세균보다 강하기 때문에 장기 보존에서는 더 심각한 영향을 미칠 수도 있다. 주로 단백질 식품에서 분포하는 내삼투압성 효모(*Saccharomyces rouxii, Zygosaccharomyces soya*), 토룰롭시스(*Torulopsis*)속, 칸디다(*Candida*)속에서 칸디다 리폴리티카(*Candida lipolytica*) 등이 알려져 있다.

1) 효모의 기본 형태

효모의 형태와 크기는 종류와 배양법과 시기(세포나이), 영양상태(종류와 과부족), 산소농도, 증식법 등에 따라서 다르다. 대부분이 곰팡이나 세균에 비하여 독특한 출아법으로 증식하며, 그 형태도 구형 · 달걀형 · 타원형세포가 가장 많지만, 소시지형 · 레몬형 · 삼각형도 있으며, 방선균이나 곰팡이와 유사한 위균사형 혹은 진균사형도 존재한다[그림 5-1].

① **토룰라(torula)형(구형 · *Torulopsis*형)**: 간장 후숙에서 맛 · 향기를 부여하며 내염성인 토룰롭시스 버사틸리스(*Torulopsis versatilis*)가 있다.

② **세레비시에형(cerevisiae)형(달걀형)**: 효모의 대표적 형태이며, 청주효모 사카로미세스 사케(*Saccharomyces sake*) · 빵효모와 맥주효모인 사카로미세스 세레비시에(*Saccharomyces cerevisiae*)등이 있다.

③ **엘립소이데우스(ellipsoideus)형(타원형)**: 포도주 효모인 사카로미세스 엘립소이데우스(*Saccharomyces ellipsoideus*)가 있다.

④ **파스토리아누스(pastorianus)형(소시지 · 오이형)**: 맥주 제조에서 불쾌한 냄새를 유발하는 야생효모인 사카로미세스 파스토리아누스(*Saccharomyces pastorianus*), 세포주기(cell cycle, 영양배지 2시간 내외)가 짧고 무성생식에서 이분법으로 증식하는 분열효모인 스키조사카로미세스 폼베(*Schizosaccharomyces pombe*)가 있다.

⑤ **아피쿨라투스(apiculatus)형(레몬형 · 방추형 · 모자형)**: 포도 등 과일이나 과즙에 많이 분포하는 사카로미세스 아피쿨라투스(*Saccharomyces apiculatus*), 포도주를 변질시키며 양극출아로 증식하여 위균사를 형성하는 클로케라 아피쿨라타(*Kloeckera apiculata*), 포도주에 악취와 휘발산을 증가시키는 야생효모인 한세니아스포라(*Hanseniaspora*)속 등에서 볼 수 있다.

⑥ **트리고놉시스(trigonopsis)형(삼각형)**: 항생물질, 당알코올 등의 유효성분 생산을 위한 생물전환 세포로 활용되는 트리고놉시스 바리아빌리스(*Trigonopsis variabilis*)가 대표적이다.

⑦ **칸디다형(candida)형(균사형)**: 생육 과정에서 길게 신장한 출아세포가 분리되지 않고 연결된 위균사형(pseudomycelium)과 진균사형(truemycelium)이 있으며, 식용 · 사료용인 칸디다(*Candida*)속이 해당된다.

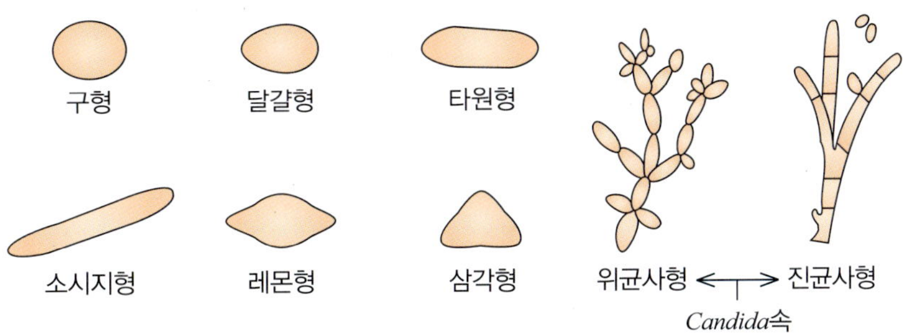

| 그림 5-1 | **효모의 형태**

출처: 하덕모(2007).

2) 효모의 내외부 구조

효모의 외부구조는 키틴을 함유하는 출아흔(bud scar)을 평균 24개 정도를 나타내며, 탄생흔(birth scar)은 모세포로부터 떨어져 나온 부위로서 다시 출아하지는 않는다. 내부구조로서 세포벽(cell wall)은 외층(mannan + protein 복합체)과 내층(glucan)으로 이루어지며, 세포막(cell membrane)은 지질과 단백질 복합체로 구성되어 있는데 세포 내외로 물질 이동에 중요한 역할을 맡고 있다. 특히 세포 내 지방 및 지용성 색소를 저장하는 지방립(유적, lipid granule)도 있으며, 그 외에도 글리코젠(glycogen)립, 액포(vacuole), 핵(nucleus), 리보솜(ribosome), 미토콘드리아(mitochondria) 등이 분포되어 있다[그림 5-2].

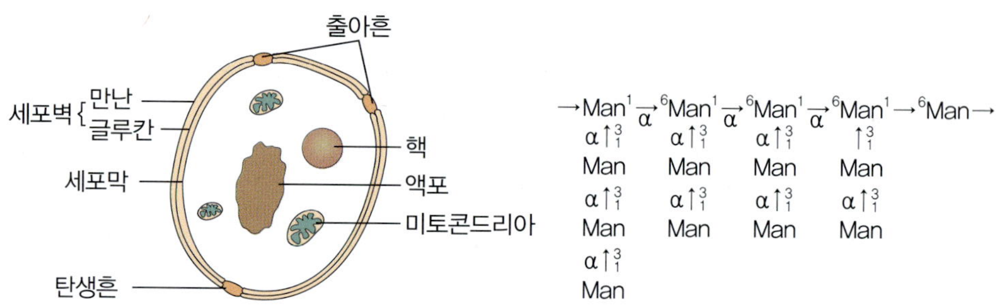

효모의 내부구조　　　효모세포벽 만난의 화학구조

| 그림 5-2 | **효모의 세포벽과 내부구조**

3) 효모의 증식방법

(1) 영양(체) 증식법

대부분 출아법(budding)으로 영양(체) 증식을 하며, 세균과 같이 분열법(fission, divide)으로 증식하거나 출아와 분열을 병행하는 출아분열법(bud fission)을 유지하는 경우도 있다[그림 5-3].

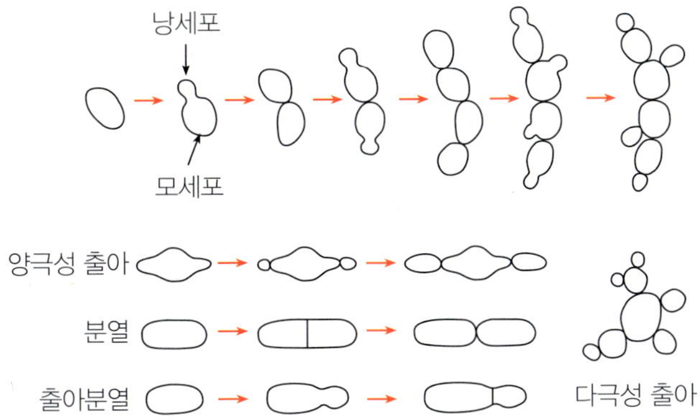

| 그림 5-3 | **효모의 영양증식법**

출처: 하덕모(2007).

① 출아법

성숙한 효모의 모세포(mother cell) 표면에 작은 아세포(bud cell)가 출아되고, 더 성장하여서 낭세포(daughter cell)의 독립적인 세포로 영양증식하는 방식이다. 출아는 아세포의 소낭에 존재하는 단백질-황화물-환원효소(protein-sulfide-reductase)에 의하여 세포벽(mannan-protein)의 단백질 이황화 결합(-S-S-)이 환원(-SH)되므로 새로 출현하는 소낭이 유연해지면서 세포 내 압력(팽압)에 의한 팽창현상으로 핵이나 세포질의 구성성분들이 양분된다[그림 5-4]. 일반 효모는 1~2시간에 1회 정도로 출아하며, 맥주효모는 한 개 세포의 출아 수가 5~7회를 나타낸다.

출아의 방법은 세포의 다양한 곳에서 출아되는 '다극성출아(multilateral budding)'가 있는데 사카로미세스 세레비시에(*Saccharomyces cerevisiae*, 대부분 *Saccharomyces*속은 양극성 출아)와 토룰롭시스(*Torulopsis*)·칸디다(*Candida*)·브레타노미세스(*Brettanomyces*)·데케라(*Dekkera*)·로도스포리듐(*Rhodosporidium*)·스포로볼로미세스(*Sporobolomyces*)속에서 나타나며, 레몬형·소시지형과 같이 세포의 끝부분에서만 출아하는 '양극말단성 출아(bipolar terminal budding)'는 사카로미세스(*Saccharomyces*)·한세니아스포라(*Hanseniaspora*)·나드소니아(*Nadsonia*) · 클로케라(*Kloeckera*) · 트리고놉시스(*Trigonopsis*) · 위커하미아(*Wickerhamia*)속 등에서 볼 수 있다.

그리고 출아된 세포가 길게 연결되어 가짜 균사 모양으로 나타내는 '위균사'는 *Candida*속에서 다극성 출아 증식법이고, 반면에 그 위균사가 푸른 곰팡이 같이 격막을 가지고 나뭇가지 형식으로 길게 연결되면 '진균사'라 하는데 엔도미콥시스(*Endomycopsis*)속(출아분열), 트리코스포론(*Trichosporon*)속(다극성 출아)에서 증식법이다.

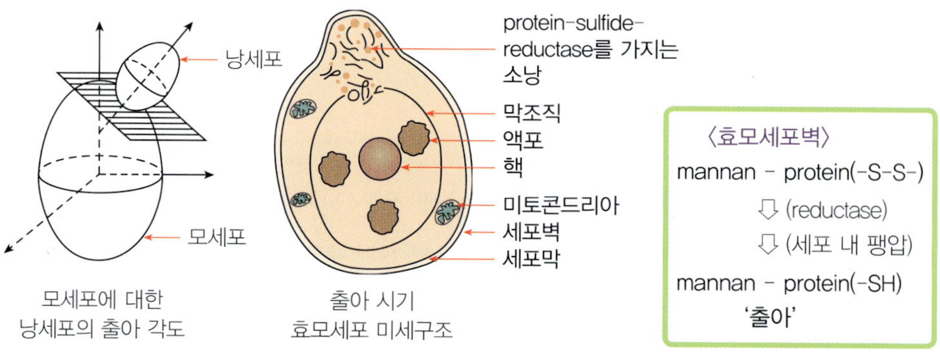

| 그림 5-4 | **효모세포의 출아 미세구조**

출처: 강성태 외(2004).

② 분열법

무성생식의 경우로 원시핵 세포인 세균에서와 같이 격막에 의하여 원형질이 두 개로 대등하게 나누어지는 이분법 분열형식으로 증식하는 분열효모(fission yeast)는 스키조사카로미세스(*Schizosaccharomyces*)속이 해당된다.

③ 출아분열법

효모의 대표적인 영양(체) 증식 방식인 출아법으로 번식한 다음에 다시 그 기부가 쪼개지면서 이분법으로 분열하는 혼합형식으로 사카로미코데스(*Saccha-*

romycodes) · 피티로스포룸(*Pityrosporum*) · 엔도미콥시스(*Endomycopsis*)속 등에서 일어나는 증식법이다.

(2) 자낭포자 증식법

효모의 생활사(life cycle)에서 주변 환경의 생육조건이 부적절할 때에 증식수단으로 휴면세포인 포자를 형성하는데, 이는 효모의 중요한 분류지표가 된다. 포자 생성 유무에 따라서 유포자 효모(sporogenous yeast)와 출아 영양증식을 하면서 포자를 만들지 않는 무포자 효모(asporogenous yeast)로 구분된다. 그리고 유포자 효모에는 생성되는 포자(무성, 유성)가 주머니(ascus, 자낭세포)에 담아두는 자낭포자효모(ascosporogenous yeast), 버섯과 같이 담자기(basidium, 담자세포) 위에 연결된 담자포자효모(basidiosporogenous)와 작은 지지대(sterigma, 소병세포) 위에 비스듬하게 연결된 사출포자효모(ballistosporogenous yeast)로 크게 나누어진다.

① 무성포자

무성적인 증식을 통하여 포자를 생성하는 방법으로 단위생식, 위접합, 사출포자, 위균사, 후막포자 및 분절포자와 아포자등으로 구분할 수 있다[그림 5-5].

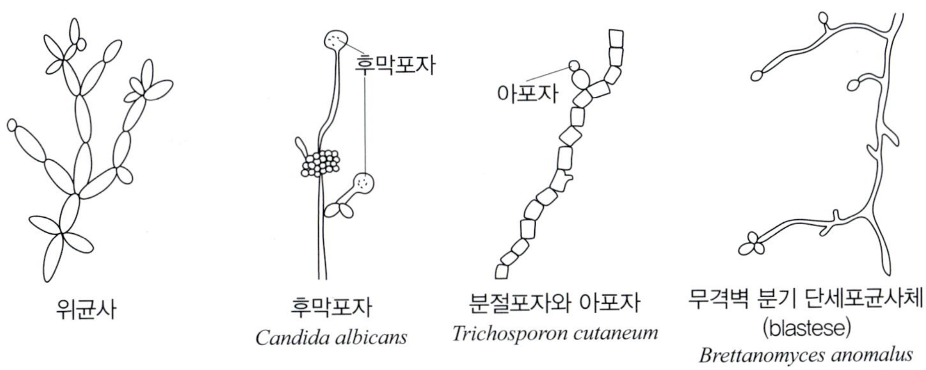

| 그림 5-5 | 효모의 무성포자

출처: 하덕모(2007).

무성생식에서 '단위생식(parthenogenesis)'은 처녀생식 혹은 단성생식이라고도 하는데, 암컷 배우자가 수컷 배우자와 수정(접합)하지 않고 단독으로 개체 증식하면서 무성적 포자를 형성하는 것이고(*Saccharomyces cerevisiae*), '위접합(pseudocopulation)'은 세포 간에 접합을 위하여 위결합관 돌기를 수개를 만들지만, 실제는 접합을 하지 않고 단위생식을 통하여 포자를 형성하는 것이다(*Schwanniomyces*속).

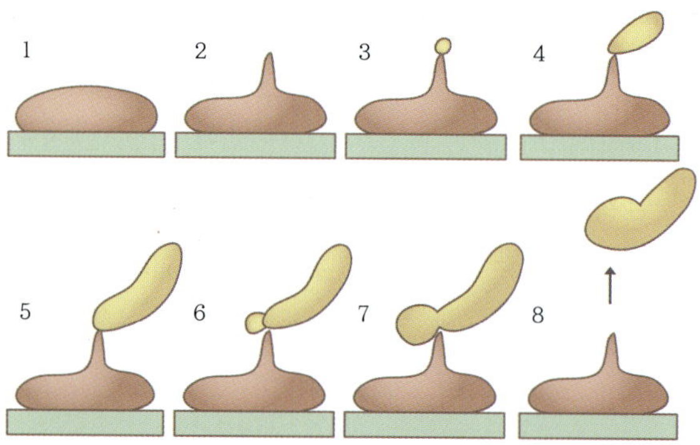

| 그림 5-6 | **스포로볼로미세스속의 사출포자형성과 방출**

출처: Buller(1982).

'사출포자(ballistospore)'는 영양세포 위에 돌출효모는 작은 지지대(sterigma, 소병세포) 위에 공중 방출이 쉽도록 비스듬하게 포자(콩팥 · 낫 모양)가 연결된 것이며(*Burella*속, *Sporobolomyces*속, *Sporidiobolus*속), '분절포자(arthrospore)'는 출아에 의해 세포가 유리되지 않고 만들어지는 위균사의 말단이나 연결부에 포자가 형성되는 것이고, '후막포자(clamydospore)'는 효모가 생존조건이 부적당하게 될 때에 균사상의 끝이나 중간세포에 저장물질이 집적되어 커지거나 세포벽이 두텁게 만들어진 곳으로 실제 포자는 아니지만 내구성이 있는 부위를 말한다(여성 가려움증 유발, *Candida albicans*).

② 유성포자

유성적인 증식을 통하여 포자를 생성하는 방법으로 자낭포자(ascospore)와 겨울포자(teliospore) 및 소생자(sporidium)로 구분할 수 있다. 자낭포자는 대체로 자낭 내에 1~4개 포자를 포함하고 있으며, 동일한 모양 및 크기로 접합하는 동태접합(homothallic 또는 isogamic conjugation, a,a / α,α 표시)으로 스키조사카로미세스(*Schizosaccharomyces*)속이 있고, 서로 다른 크기로 접합하는 이태접합(heterothallic 또는 heterogamic conjugation, a,α / α,a 표시)으로 데바리오미세스(*Debaryomyces*)·나드소니아(*Nadsonia*)속이 있다. 겨울포자와 소생자는 담자균에 특별하게 생성되는 유성포자이다.

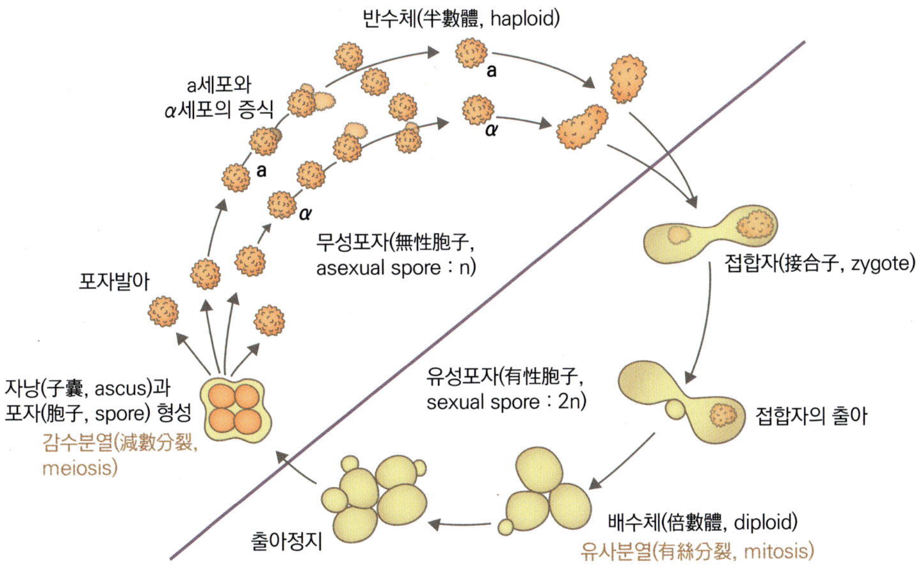

| 그림 5-7 | **효모의 생활사**

4) 효모의 포자형태

자낭포자효모는 유성생식에 의한 자낭(유성)포자를 만드는데, 세포 자체가 있는 그대로 자낭(ascus)으로 변화되어 그 주머니 속에 2~8개 범위로 포자를 형성하지만 간혹 무성적으로도 자낭포자를 만들기도 한다. 포자의 형태는 구상활면(*Saccharomyces*속)을 기본으로 구형에서 타원형이 대표적인 형태로서 간혹 소돌기(*Debaryomyces*속) 및 가시가 돋아 있는 구형의 경우도 있다. 그 외에는 모자형(*Hansenula*속 · *Pichia*속), 레몬형, 신장형, 토성형, 뾰쪽한 침상형이나 방추형 등으로 다양하다[그림 5-8].

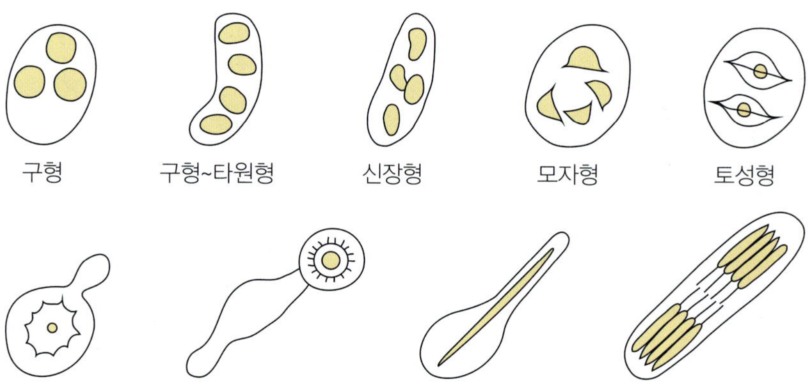

| 그림 5-8 | **효모의 포자형태**

출처: 하덕모(2007).

5) 효모의 생리작용

효모는 산소농도에 따라 호기적 대사인 호흡(respiration)과 혐기적 대사인 알코올 생성의 발효(fermentation) 과정을 나타낸다. 전자는 완전한 생화학적 연소(38ATP)에 의하여 에너지를 획득하여 세포분열을 포함한 1차 대사과정을 수행하며, 후자는 '노이베르크(Neuberg) 발효'로서 그 생리작용의 조건에 따라서 대표적인 알코올 발효(제1형식)를 나타내지만, Na_2SO_3첨가에 의한 글리세린 및 아세트알데하이드의 생성(제2형식) 및 알칼리화에 따른 글리세린, 초산 및 에탄올 생성(제3형식) 이상발효 과정을 나타낸다.

① Respiration (호기)

- $C_6H_{12}O_6 + 6O_2 \rightarrow 6CO_2 + 6H_2O$ + 686kcal (38ATP)

② Fermentation (혐기) **Neuberg 발효**

- $C_6H_{12}O_6 \rightarrow 2C_2H_5OH + 2CO_2$ + 58kcal (2ATP) (제1형식) 알코올 발효
- $C_6H_{12}O_6 \rightarrow C_3H_5(OH)_3 + CH_3CHO + CO_2$ (제2형식) Na_2SO_3첨가

〈H_2O, pH 5~6, Na_2SO_3〉

- $C_6H_{12}O_6 \rightarrow 2C_3H_5(OH)_3 + CH_3COOH + C_2H_5OH + CO_2$ (제3형식) 알칼리화

〈pH 8, $NaHCO_3$, Na_2HPO_4〉

6) 효모의 영양요구

효모의 식품산업에서 활용은 원료의 종류와 농도, 발효균주의 종류 및 투여량, 발효조건(시간, 온도, 산도 혹은 pH, 산소 등)에 따라서 대사산물이 달라진다. 예를 들면 알코올과 탄산가스 발효를 이용하는 빵 반죽(bread dough), 저장맥주(lager, 1차 발효) 및 포도주(wine)의 경우를 비교하면, 발효시간(1~3시간, 8~10일, 5~10일), 발효온도(30~35℃, 10℃, 15~27℃), pH(5.2~4.7, 5.2~4.2, 3.5), 에탄올 농도(2~3, 4, 11~13%), 가스 생산속도(18~35, 16~25, 25~32 mM EtOH /hr/g 효모 고형분)에서 차이가 있다.

대부분의 미생물은 탄소원으로 발효성 당질을 먼저 이용하고, 다음으로 질소원과 무기염류 및 생육인자 등을 대사시킨다. 효모는 다른 미생물에 비하여 탄소원 종류와 농도에 따라서 호흡(저농도)과 발효(고농도)와 관련되는 대사를 다

르게 하는 경우가 많다.

탄소원(carbon source)으로는 6탄당(발효성당, zymohexose)을 대부분 효모가 주로 이용하며, 칸디다(*Candida*)속 일부는 5탄당 및 노말파라핀(normal paraffin)계의 탄화수소(*Candida tropicalis*, *Candida lipolytica*)을 이용한다. 젖당(lactose) 및 올리고당(oligosaccharide)을 이용하는 효모도 있으며, 상면효모는 갈락토스(galactose), 포도당(glucose), 과당(fructose)으로 구성된 라피노스(raffinose)를 이용하지 못하며, 대체로 다당류는 이용하지 못한다. 질소원(nitrogen source)은 무기태질소(황산암모늄, 인산암모늄, 염화암모늄)와 유기태질소(펩톤, 효모추출물, 아미드, 아미노산)로 구분되며, 무기염류(mineral source)는 인(KH_2PO_4), 마그네슘($MgSO_4 \cdot 5H_2O$) 등을 이용한다. 생육인자(growth factor, Bios)는 비타민류로서 티아민(thiamine), 비오틴(biotin), 이노시톨(inositol), 나이아신(niacin), 판토텐산(pantothenic acid), 피리독신(pyridoxine) 등이 있다.

7) 효모의 구분

(1) 유포자 효모와 무포자 효모

대부분의 효모는 유(자낭)포자이지만, 포자를 형성하지 않는 무(자낭)포자 효모로는 칸디다(*Candida*) · 크립토코쿠스(*Cryptococcus*) · 미코토룰라(*Mycotorula*) · 로도토룰라(*Rhodotorula*) · 토룰롭시스(*Torulopsis*) · 브레타노미세스(*Brettanomyces*) · 클로케라(*Kloeckera*) · 트리고놉시스(*Trigonopsis*) · 트리코스포론(*Trichosporon*)속 등이 있다.

(2) 상면효모와 하면효모

상면효모와 하면효모는 발효 종료 후에 세포가 배양액의 상 · 하층 분산 특성을 기준으로 구분한다. 상면발효효모(top fermenting yeast, *Saccharomyces cerevisiae*)는 액상 배양장치의 상층으로 부유하므로 발효액이 혼탁이 되고, 하면발효효모

(bottom fermenting yeast, *Saccharomyces carlsbergensis*)는 저면으로 침전하여 발효액이 투명하게 되는 균주이다. 전자는 원형으로 연결세포가 많으며, 영국계 효모로 최적온도가 10~25℃로 높고, 발효작용이 빠르다. 후자는 난형과 타원형의 독일계 효모로 최적온도가 5~10℃로 낮고, 발효작용이 늦다[표 5-1].

특히 독일, 미국, 한국, 일본 등에서 많이 생산되는 '라거(Lager)류' 맥주는 낮은 발효온도(6~12℃)와 저온 · 장기간 저장공정(8~14일 숙성)으로 제조되고 있으며, 그 외의 하면효모 저장맥주로는 복(Bock), 둔켈(Dunkels), 엑스포트(Export, Dortmunder Export), 헬레스(Helles), 마르첸(Maerzen), 스피지알(Spezial), 필스너(Pilsner) 등이 있다.

| 표 5-1 | **상면효모와 하면효모의 형태, 배양 및 생리적 특성 비교**

항목	상면효모(Ale 맥주)	하면효모(Lager 맥주)
형태	· 원형, 연결세포가 많음 · 다당류(polysaccharide) 소량 함유 · 포자의 균질광택	· 난형 · 타원형, 연결세포가 적음 · 다당류 다량 함유 · 포자의 입상광택
배양	· 세포의 상층부유(혼탁) · 균체 균막 형성 · 발효액 중 분산 용이	· 세포의 저면침강(투명) · 균체 균막 형성치 않음 · 발효액 중 분산 불가
생리	· 발효작용이 빠름 · 글리코젠(glycogen) 다량 함유 · 라피노스(raffinose, ⅓만 발효), 멜리바이오스(melibiose)를 불발효 · 최적온도 10~25℃(영국계, 고온발효)	· 발효작용이 늦음 · 글리코젠 소량 함유 · 라피노스 · 멜리바이오스를 발효 · 최적온도 5~10℃(독일계, 저온발효)
균주	*Saccharomyces cerevisiae* *Saccharomyces cerevisiae* Saaz *Saccharomyces cerevisiae* Frohberg	*Saccharomyces carlsbergensis* * *Saccharomyces pastorianus* ** *Saccharomyces ellipsoideus*

* 덴마크 칼스버거 맥주회사가 분리하여 명명.

**파스퇴르 업적을 담아 Max Reess가 명명(학계등록). 두 균주는 동일종으로 '종간교잡(*Saccharomyces eubayanus* x *Saccharomyces cerevisiae*)으로도 생성된다'고 다수 학자들이 인정함.

(3) 산막효모와 비산막효모

산막효모와 비산막효모는 산소농도가 높은 액상 배양액의 표면에 발육하여 피막(산막)을 생성하는 유무에 따라서 구분된다. 산막효모(film 혹은 pellicle yeast)는 산소 요구가 높아 액면에 위치하여 발육하므로 산화력이 강한 일부 칸디다(*Candida*) · 데바리오미세스(*Debaryomyces*) · 한세눌라(*Hansenula*) · 피키아(*Pichia*)속이 있고, 비산막효모(non film yeast)는 산소 요구가 적어 배양액의 내부에 위치하여 발육하는 발효력이 강한 사카로미세스(*Saccharomyces*) · 스키조사카로미세스(*Schizosaccharomyces*)속 등이 해당된다.

(4) 배양효모와 야생효모

배양효모와 야생효모는 세포의 형태와 크기 및 세포질의 특성, 배양 및 환경 내구성 등에서 차이가 있다. 배양효모(culture yeast)는 발효식품 제조용으로 자연계의 우수한 효모를 순수분리하여 그 목적에 맞도록 식품 및 발효산업에 응용하는 유용한 효모이다. 그리고 배양효모는 야생효모(wild yeast)의 장형에 비하여 원형 · 타원형으로 세포가 크고 세포막 점조성이 강하여 배양액에서 분산이 어려워 비교적 투명하다. 또한 발육온도가 높으며, 온도 · 건조 · 산성 조건의 환경 내구성에 약하며, 포자를 형성하는 데 긴 시간이 필요하다[표 5-2].

| 표 5-2 | **배양효모와 야생효모의 형태, 배양 및 내구성 비교**

항목	배양효모	야생효모
세포	· 원형 · 타원형 · 액포는 작고, 원형질 흐림 · 크기가 큼(5~8㎛)	· 장형 · 액포는 크고, 원형질 밝음 · 크기가 작음(3~4㎛)
배양	· 세포막 점조성 풍부 · 액내 분산 곤란(투명) · 발육온도 높음	· 세포막 점조성 없음 · 액내 분산 용이(혼탁) · 발육온도 낮음
내구성	· 저온 · 산 · 건조 저항력에 약함 · 포자 형성에 장시간 소요	· 저온 · 산 · 건조 저항력에 강함 · 포자 형성에 단시간 소요
역할	· 주정효모, 청주효모, 맥주효모, 빵효모	· 토양 · 과일의 양조 유해균

(5) 적색효모 및 유지효모

적색효모(red yeast)는 대표적인 균주로 로도토룰라(*Rhodotorula*)·스포로볼로미세스(*Sporobolomyces*)속 등이 있는데, 주로 카로티노이드(carotenoid) 색소를 함유하여 적황색 혹은 황색의 균총을 형성한다. 또한 유지효모(lipid yeast)는 세균이나 곰팡이와 다르게 세포질에 지방을 축적하여 균주가 많은데, 세포질에 지방구(fat globule)를 형성하는 것으로 리포미세스 스타케이(*Lipomyces starkeyi*)와 로도토룰라 글루티니스(*Rhodotorula glutinis*)가 있다. 대부분의 유지효모는 지용성 적색 색소를 동시에 함유하여 적색효모로 많이 알려져 있다.

2. 효모의 분류

효모를 분류할 때 활용되는 기준은 영양증식법과 영양세포의 형태, 유성생식법의 특징, 포자 형성 유무 등으로 구분하거나 탄소원 및 질산염의 자화성, 당류 발효성, 비타민 요구성, 요소분해효소(urease) 활성, G+C 함량 및 DNA 상동성, 코엔자임 Q 시스템(coenzyme Q system), 기타 배양학적 특성으로 분류할 수 있다.

식품과 관련한 주요한 효모는 다음과 같다.

1) 사카로미세스(*Saccharomyces*)속

대부분의 식용효모가 포함되는 속(genus)으로 포도당, 설탕, 맥아당을 발효시키며, 유당은 불가능하다. 대부분 다극성 출아법으로 증식하고, 간혹 의(위)균사를 형성하며 구형, 달걀형의 자낭포자 1~4개를 형성한다.

- **사카로미세스 아나멘시스(*Saccharomyces anamensis*)**: 고구마에서 분리한 야생 상면효모로서 옥수수 전분 발효력이 강하다. 일반 주정효모의

25~30℃보다는 37℃ 고온발효를 행하는 내열성 효모로서 아밀로법(amylo process)에 사용하는 효모로도 알려져 있다. 아밀로법은 한 개 균에 의하여 당화와 발효를 동시에 행하는 방법으로 장점은 순수밀폐발효(무균공기)와 고발효율 및 잡균오염을 차단할 수가 있으며, 소량의 균종으로도 다량 담금이 가능한 것이다. 단점은 당화에 장시간이 소요되고, 고농도 담금이 곤란하며, 고온 당화조를 필요로 한다. 관련 미생물로는 곰팡이는 무코르 룩시(*Mucor rouxii*), 리조푸스 델레마(*Rhizopus delemar*), 리조푸스 자바니쿠스(*Rhizopus javanicus*), 리조푸스 자포니쿠스(*Rhizopus japonicus*), 리조푸스 톤킨엔시스(*Rhizopus tonkinensis*)가 있고, 효모는 사카로미세스 아나멘시스(*Saccharomyces anamensis*), 사카로미세스 서만티토눔(*Saccharomyces thermantitonum*), 사카로미세스 페카(*Saccharomyces peka*) 등이 있다.

- **사카로미세스 세레비시에(*Saccharomyces cerevisiae*)**: 영국맥주에서 분리한 상면효모로 주로 다극성 출아법으로 증식하며 유포자 효모(무성포자)로서 달걀형이다. 본 효모를 친주(parental strain)로 하여 다양한 알코올 생성 및 발효주 제조용의 변이주(mutant strain)가 있다. 예를 들면 맥주 혼탁효모(*Saccharomyces cerevisiae* var. *turbidans*, *Saccharomyces pastorianus*), 주정효모(*Saccharomyces cerevisiae* var. *formosensis*), 소주효모(*Saccharomyces cerevisiae* Rasse II · XII, 청주효모(*Saccharomyces cerevisiae* var. *sake*), 포도주효모(*Saccharomyces cerevisiae* var. *ellipsoideus*), 고량주효모(*Saccharomyces manchuricus*), 맥아위스키(*Saccharomyces cerevisiae* Hansen) 등이다. 건조빵효모(baker's yeast)는 효모균을 30℃의 온풍건조로 수분을 6~8%로 감소시킨 활성형 효모이다.
- **사카로미세스 칼스베르겐시스(*Saccharomyces carlsbergensis*)**: 덴마크 칼스버그 맥주공장에서 분리한 하면발효 효모로 발효 후기에 균체가 침전하는데, 이당류(disaccharide)인 멜리바이오스(melibiose)와 삼당류(trisaccharide)인 라피노스(raffinose)를 발효하며, 독일이나 우리나라 등에서 이용

되고 있다. 한편 사카로미세스 칼스베르겐시스는 라거 맥주(하면발효)를 제조하는 동일 종으로 관련 학계 혹은 영국 NCYC(National Collection of Yeast Cultures) 등에서 분류학적 · 공식적 효모명은 사카로미세스 파스토리아누스(*Saccharomyces pastorianus*)로 등재되어 있다.

- **사카로미세스 엘립소이데우스(*Saccharomyces ellipsoideus*)**: 포도과피에서 분리된 하면효모로 포도주효모로서 타원형이며 비타민 B_1을 합성한다. 맥주제조공정에서 혼입되면 맥주를 혼탁 시키는 유해효모가 된다.
- **사카로미세스 말리 두클라우스(*Saccharomyces mali-duclaux*) · 사카로미세스 말리 리슬러(*Saccharomyces mali-risler*)**: 사카로미세스 말리-두클라우스는 사과주에서 분리된 타원형의 상면효모로 '좋은 향기'를 나타내므로 cider yeast라고도 하며, 사카로미세스 말리-리슬러는 사과 및 다른 과일 주스에서 분리된 타원형의 상면효모로 '좋은 맛'을 부여하는 사과주효모이다.
- **사카로미세스 코레아누스(*Saccharomyces coreanus*)**: 한국 누룩 · 탁주에서 분리된 약주효모로 세포는 구형 · 타원형이다. 액체배양에서 피막을 형성하며, 맥아당을 발효시키지 못하는 단점이 있다.
- **사카로미세스 로버스터스(*Saccharomyces robustus*)**: 사탕수수에서 분리된 효모로 알코올 저항력이 강하며(12%), 당밀에서 알코올을 생산하는 효모이다.
- **사카로미세스 프라길리스(*Saccharomyces fragilis*)**: 튀르키예와 인접한 코카서스(Caucasus) 지방(카스피해와 흑해 사이: 조지아, 아르메니아, 아제르바이젠 등)은 파키스탄 훈자, 남미 에콰도르 발카밤바와 함께 세계 3대 장수촌으로 알려져 있다. 발효유와 유제품에 활용되는 중요한 효모로 유당 발효는 양호하지만 맥아당 발효는 불가하며, 산악 국가들로 이루어진 코카서스 지역의 양치기들이 동물가죽으로 만든 배낭에 말 유즙을 넣어서 자연 발효시켜 제조된 마유주(alcohol-fermented horse milk)의 스타터(종균 함유 발효원)인 케피어(kefir)에서 분리되었다. 케피어는 튀르키예말(kief)로 '좋은 느낌' 혹은 '국민 평온'이라는 어원이며, 유산균(*Streptococcus lactis*,

Lactobacillus caucasius)과 효모(*Saccharomyces fragilis*) 등이 분포되어 있어서 이들 발효 종균들에 의한 45℃ 고온발효를 통하여 말 유즙의 10% 유당이 2개월 후 4% 알코올 함유된 마유주로 제조된다. 소젖, 양젖을 주재료로 사용하여 자연발효시키면 0.5~1.5% 정도 알코올 함량을 나타낸다. 이와 유사한 발효유는 불가리아의 튀르키예 이주민이 제조한 프로키시(prokish, 양젖), 몽골 쿠미스(koumiss, 말/낙타 젖술), 인도 다히(dahi, 플레인요구르트, 물소 젖) 등이 있으며, 티베트 지방 승려의 환자 치료에 사용되는 티베트버섯(요구르트버섯, 하얀버섯)도 전통 발효유에 해당된다.

- **사카로미세스 룩시(*Saccharomyces rouxii*)**: 구형·난형으로 포도당과 맥아당은 발효하지만, 과당·설탕을 발효하지 못한다. 산막성 내염효모로서 18% 이상의 고농도 식염이나 고당도 잼에서도 증식하며, 포자를 형성하는 간장 주발효의 후기에 주로 나타나며 독특한 향미를 부여하는 간장·된장효모로 알려져 있다. 또한 내삼투압성 효모(osmophilic yeast)로서 로더(Lodder)의 책『The Yeast』에서는 지고사카로미세스 메이저(*Zygosaccharomyces major*), 소야(*soya*)를 통합하여 분류하였다.
- **사카로미세스 멜리스(*Saccharomyces mellis*)**: 간장 맛을 악화시키는 내삼투압성 효모로서 사카로미세스 룩시(*Saccharomyces rouxii*)와 유사하며, 60~70% 고농도 당액인 벌꿀에서도 증식하며 시럽을 변질시키는 유해효모로도 알려져 있다.
- **사카로미세스 엑시구스(*Saccharomyces exiguus*)**: 야생 유산균(*Lactobacillus sanfranciscensis*, 사워도어 스타터에서는 *Fructilactobacillus*속으로 명명)발효에 의하여 신맛이 나면서 그 품질과 저장성을 개선시키는 사워도우 빵(sour-dough bread)제조에서 야생 효모인 사카로미세스 이누시타투스(*Saccharomyces inusitatus*)와 함께 알코올 발효를 주도하는 야생형 효모의 한 종류이다. 최근에는 여성건강에 도움을 주는 프로바이오틱스로 활용되며, 급여에 따른 질병 저항성 및 면역기능 증진 효과에 대한 연구가 보고되고 있다.

2) 지고사카로미세스(*Zygosaccharomyces*)속

- **지고사카로미세스 바르케리(*Zygosaccharomyces barkeri*) · 지고사카로미세스 만주리쿠스(*Zygosaccharomyces mandshuricus*)**: 지고사카로미세스 바르케리(*Zygosaccharomyces barkeri*)는 영국의 생강주를 제조하는 효모이다. 지고사카로미세스 만주리쿠스(*Zygosaccharomyces mandshuricus*)는 만주 지역의 고량주를 제조하는 데 이용되며, 진한 포도당액에서 발육되고, 숙신산(succinic acid) 생산능이 강하다.
- **지고사카로미세스 메이저, 소야(*Zygosaccharomyces major, soya*), 지고사카로미세스 소제(*Zygosaccharomyces sojae*)**: 간장 숙성에서 독특한 향미를 부여하며, 하면효모로서 내압성 효모(osmophilic yeast)로 분류된다.
- **지고사카로미세스 자포니쿠스(*Zygosaccharomyces japonicus*), 지고사카로미세스 살수스(*Zygosaccharomyces salsus*)**: 간장 표면의 '곱'이라는 갈색 · 회백색의 산막을 형성하는 내염성 효모(salt-tolerant yeast)로 간장에 향미 손상을 유발하는 하면효모이다.

3) 스키조사카로미세스(*Schizosaccharomyces*)속

분열법으로 증식하는 효모로서 생육 최적온도는 37℃이며, 분리원은 주로 열대지방의 과일, 당밀, 토양, 벌꿀 등으로 대체로 알코올 발효성이 강하다.

- **스키조사카로미세스 아스포루스(*Schizosaccharomyces asporus*)**: 산화적 자화성이 있으며, 당류의 발효력이 약하다.
- **스키조사카로미세스 옥토스포루스(*Schizosaccharomyces octosporus*)**: 자낭에 여덟 개의 포자를 함유하며, 내삼투압성 효모로서 분리원은 주로 과일이다.
- **스키조사카로미세스 폼베(*Schizosaccharomyces pombe*)**: 아프리카 동부지역 토인(Swahili, 스와힐리족)들이 제조하는 옥수수를 주원료로 하는 폼베

(pombe, 맥주라는 의미)술에서 분리되었으며, 알코올 발효력이 강한 것이 특징으로 세포벽은 글루칸(glucan)으로만 구성되어 있다. 기장으로 양조하는 신맛이 있는 맥주, 포도주스, 콤부차(kombucha), 아락(arak)에도 존재한다고 보고되었다.

- **스키조사카로미세스 멜라세이(*Schizosaccharomyces mellacei*)**: 당밀을 원료로 하여 맛과 향이 강한 증류주인 자마이카산 럼주(heavy rum) 제조에 사용되는 상면효모로서 포자를 자낭에 4개 함유한다.

4) 클루이베로마이세스(*Kluyveromyces*)속

이전의 사카로미세스(*Saccharomyces*)속으로부터 새롭게 분류되었는데, 쿠미스(kumiss)와 케피어(kefir) 전통 발효유에서 알코올(약 0.3~1.0%, 1~2%)을 대사산물로 각각 저농도로 생성하는 효모이다. 유산균과 효모가 발효과정에서 동시에 관련되는 제품으로는 사워도우(sourdough), 이들리(idli), 오기(ogi) 등이 있다. 클루이베로마이세스 락티스(*Kluyveromyces lactis*)는 우유나 치즈로부터 분리된 유당을 자화하고 젖산으로 전환시키는 유당발효균주(lactose fermenter)로 불리며, 버터밀크 제조와 치즈 생산에서 필요한 응유효소인 키모신(chymosin) 또는 레닌(rennin)을 발효조(fermenters)에서 상업적 수준으로 생산되는 산업미생물로 알려져 있다. 또한 클루이베로마이세스 마르시아누스(*Kluyveromyces marxianus* var. *marxianus*)는 쿠미스와 케피어 발효유 제조와 일부 탄수화물 가수분해효소(β-galactosidase, β-glucosidase, inulin hydratase), 단세포단백질(single cell protein, SCP) 및 알코올 생산에 이용되며, 클루이베로마이세스 불가리쿠스(*Kluyveromyces marxianus* var. *bulgaricus*)는 요구르트 생산에 활용된다.

5) 엔도미콥시스(*Endomycopsis*)속

인도네시아의 다양한 발효식품에서 접종원으로 사용되는 전통 고체 이스트(yeast cake)인 라기(ragi) 및 태국의 루팡(loog-pang)에 존재하고, 세포 외로 펙티네이스(pectinase)를 분비하는 엔도미콥시스 초다티(*Endomycopsis chodati*)와 글루코아밀레이스(glucoamylase)를 분비하는 엔도미콥시스 피부링거(*Endomycopsis fibulinger*)가 있으며, 세포 내에 지방을 축적하는 유지효모로 엔도미콥시스 베르날리스(*Endomycopsis vernalis*)가 있다.

6) 피키아(*Pichia*)속

간장 표면에 건조한 분상 막을 형성하는 산막효모(film 또는 pellicle yeast)로서 위균사의 형태를 유지하며, 다극성 출아법으로 증식하고, 질산염 자화를 하지 못한다. 당 발효력은 약하며, 알코올을 에스터(ester)화합물로 전환시키는 발효 효모가 많다. 푸마르산(fumaric acid)에서 말산(malic acid)으로 전환을 촉매하는 푸마레이스(fumarase)를 생성한다. 맥주·포도주에서 유해균인 피키아 알코올로필라(*Pichia alcoholophila*)가 발생하기도 한다. 피키아(*Pichia*)속의 대표 균종으로 김치 표면에 피막을 형성하며 알코올을 에스터로 전환시키는 피키아 멤브라나에파시엔스(*Pichia membranaefaciens*), 위균사 형태로 일명 '간장 곰팡이'라 불리는 피키아 파리노사(*Pichia farinosa*) 등이 있다.

7) 한세눌라(*Hansenula*)속

모자형·토성형의 포자를 형성하는 산막효모로 다극성출아법 증식을 하며, 알코올 발효력은 약하지만, 질산염 자화를 하고, 알코올로부터 에스터를 생성하는 발효균이다. 자연계에 널리 분포하는 대표적인 균종은 한세눌라 아노말라(*Hansenula anomala*)가 알려져 있다.

8) 데바리오미세스(*Debaryomyces*)속

단무지·김치 국물 등 액상 상층 표면부에 피막을 형성하는 내염성 효모이며, 다극성 출아법으로 증식하고, 자낭포자를 형성하는데 질산염 자화를 하지 못한다. 일부는 유적효모(lipid yeast)로 내당성이 강한 특징이 있다. 데바리오미세스 한세니(*Debaryomyces hansenii*)는 치즈, 소시지에 번식하며, 리보플라빈(비타민 B_2)을 생산하고, 20% 내외의 염농도에서 생육한다. 데바리오미세스 구일리에르몬디(*Debaryomyces guilliermondii*)는 냉장 비엔나 소시지에서 성장하는 효모이다.

9) 한세니아스포라(*Hanseniaspora*)속

과일에 존재하는 야생효모로 포도주에 악취와 알코올 감소 및 휘발산을 증가시키는 유해균이다. 레몬형의 '아피큘라투스(apiculatus)형 효모'로서 양극출아법으로 무성생식하며, 알코올 발효력이 약하고, 질산염 자화를 하지 못한다. 기준종(type species)으로 한세니아스포라 발비엔시스(*Hanseniaspora valbyensis*)가 있다.

10) 나드소니아(*Nadsonia*)속

은행나무 수액에서 분리되는 타원형·레몬형 효모로 양극출아 분열법으로 증식하며, 질산염을 자화하지 못하고, 액체 정치배양에서 피막을 형성한다. 세포 내 큰 지방구가 있으며, 포자는 한 개를 형성한다. 기준종으로 나드소니아 풀베센스(*Nadsonia fulvescens*)가 있다.

11) 칸디다(*Candida*)속

무포자 효모이며 다극성출아 분열법으로 증식을 하면서 위균사(pseudomycelium) 형태를 갖는다. 단세포 단백질(single cell protein, SCP)로서 식용·사료 효모로 미래적인 가치가 있지만, 균체 단백질 조성에서 낮은 메티오닌(methionine) 함량으로 결점이 있다. 배양원으로 석유, 폐당밀, 아황산 폐액, 목재 당화액, 서류, 전분 폐기물 등 다양한 탄소원이 이용된다. 특히 생육환경에 따라서 효모와 곰팡이 형태를 변형시키는 이형성(dimorphism)을 나타낸다.

- **칸디다 마이코데르마(*Candida mycoderma*), 칸디다 크루세이(*Candida krusei*)**: 맥주, 포도주, 오이피클, 양조식품 등의 유해균으로 건조피막을 형성하는 효모로 칸디다 마이코데르마(*Candida mycoderma*)는 발효력이 없지만 칸디다 크루세이(*Candida krusei*)는 발효력이 강한 특성을 갖고 있다.
- **칸디다 버사틸리스(*Candida versatilis*), 칸디다 에첼시(*Candida etchellsii*)**: 호염성이고, 간장의 방향을 생성하는 후숙효모로서 중요한 역할을 한다.
- **칸디다 구일리에르몬디(*Candida guilliermondii*), 칸디다 로버스타(*Candida robusta*)**: 리보플라빈(비타민 B_2)을 생산하는 효모로서, 칸디다 구일리에르몬디(*Candida guilliermondii*)는 수액에서 분리되며 작고 긴 위균사를 형성하고, 칸디다 로버스타(*Candida robusta*)는 초산을 단일 탄소원으로 이용할 수 있다.
- **칸디다 리폴리티카(*Candida lipolytica*), 칸디다 루고사(*Candida rugosa*)**: 균체 외로 리페이스(lipase)를 분비하므로 마가린, 버터에 번식하는 효모들이다. 칸디다 리폴리티카(*Candida lipolytica*)는 구연산(citric acid) 생산균으로 탄화수소 자화성이 강하며 식·사료 효모이다.
- **칸디다 트로피칼리스(*Candida tropicalis*)**: 식·사료 효모로서 단세포 단백질(함량은 세균>효모>곰팡이 순서)로 이용될 수 있으며, 목재의 구성의 단당류인 자일로스(xylose) 자화균이다. 또한 세균의 자화성 탄소 범위

(C_9~C_{22})보다는 약간 좁은 범위의 탄화수소(C_{14}~C_{18})에 대한 자화성이 강하여 석유효모라고도 한다. 효모의 탄화수소 자화는 탄수화물보다는 산소요구량이 많고, 발열량도 2배 높게 나타난다.

- **칸디다 우틸리스(*Candida utilis*)**: 토룰라 우틸리스(*Torula utilis*), 토룰롭시스 우틸리스(*Torulopsis utilis*)로도 불리며, 자일로스(xylose) 자화능이 있고, 펜토스(pentose)가 많은 아황산 펄프(pulp) 폐액에서 배양하여 얻은 균체를 사료용 효모로 사용한다. 말토스(maltose)와 락토스(lactose)는 발효하지 못한다.
- **칸디다 알비칸스(*Candida albicans*)**: 신체의 일부 및 다양한 부위에 감염되지만 어린아이 인후부 점막에 칸디다증(candidiasis)을 유발하는 병원성 효모이다.

12) 크립토코쿠스(*Cryptococcus*)속

다극성 출아법으로 증식하며, 점성이 있는 협막이 존재한다. 자외선 조사 및 건조에 내성이 있고, 당 발효성이 없으며, 인축질병(cryptococcus증, 중추신경·폐·피부 감염)의 원인이 되는 효모이다. 카로티노이드(carotenoid) 색소를 생성하는 크립토코쿠스 로렌티(*Cryptococcus laurentii*)와 펙티네이스(pectinase)를 분비하는 크립토코쿠스 알비더스(*Cryptococcus albidus*)가 있다.

13) 토룰롭시스(*Torulopsis*)속

다극성 출아법으로 증식하며, 고염분의 간장 및 고당분의 잼·꿀 등에서 분리되고, 발육이 가능하다. 간장의 특수 향미를 생성시키는 토룰롭시스 버사틸리스(*Torulopsis versatilis*), 염도 20%에서도 발육하는 토룰롭시스 카솔리아나(*Torulopsis casoliana*)가 있다. 당도 50% 이상의 꿀에서도 생육하는 토룰롭시스

바실라리스(*Torulopsis bacillaris*), 락토스(lactose) 자화능으로 유제품을 변질시키는 토룰롭시스 스파에리카(*Torulopsis sphaerica*), 대추·야자에 존재하며 수크로스(sucrose)·라피노스(raffinose)를 발효시키는 토룰롭시스 다틸라(*Torulopsis dattila*), 농축한 오렌지주스에서 생육하는 토룰롭시스 글라브라타(*Torulopsis glabrata*) 등이 있다.

14) 미코토룰라(*Mycotorula*)속

대추에서 분리한 미코토룰라 자포니카(*Mycotorula japonica*)는 비타민 B_1 집적력이 강하며, 펜토스(pentose) 자화력이 강하기 때문에 아황산 펄프 폐액으로부터 식·사료용 효모로 배양되어 단백질 급원으로써 이용된다.

15) 클로케라(*Kloeckera*)속

양극출아법으로 증식하고, 레몬형으로 위균사를 형성하며, 생육에 비타민을 생육인자로 요구한다. 클로케라 아피쿨라타(*Kloeckera apiculata*)는 과일·꽃에서 분포하며, 글루코스(glucose)만을 자화하며, '아피쿨라투스(apiculatus)형 효모'로도 불린다. 무포자 효모로 꽃과 과일류에 분포하고, 당발효성이 있다.

16) 트리코스포론(*Trichosporon*)속

출아법으로 증식하며 균사체를 형성하고 유절 혹은 분절포자(arthrospore)를 형성한다. 기준종으로 트리코스포론 풀루란스(*Trichosporon pullulans*)는 매우 호기적으로 피막을 형성하며, 냉장육류와 같은 저온에서 생육하는 효모이다. 발효성이 있으며 리페이스(lipase)를 분비하며 지방효모로 알려져 있다.

17) 로도토룰라(*Rhodotorula*)속

구형으로 다극성 출아법으로 증식하며, 적색·황색의 카로티노이드(carotenoid) 색소를 생성하므로 로도스포리듐(*Rhodosporidium*)·스포로볼로미세스(*Sporobolomyces*)속과 함께 적색효모로 알려져 있다. 산화적 자화성을 가지며 알코올 발효력은 없다. 저온성 냉장식품에서 번식하며, 육류에 착색 반점을 생성하거나 분홍색의 서양 채소절임(sauerkraut)에 분포한다. 세포 내에 지질을 생합성하여 고농도로 축적하는 유지효모로 건조균체 중량의 60% 지방을 축적하는 로도토룰라 글루티니스(*Rhodotorula glutinis*)와 로도토룰라 무실라지노사(*Rhodotorula mucilaginosa*)가 있다.

18) 리포미세스(*Lipomyces*)속

세포 표면에 점성의 협막을 가지고, 발효성은 없다. 큰 지방구를 함유하여 건조 균체당 60% 지방을 축적하는 유지효모로서 유지생산균으로 이용되며 대표 균종으로는 리포미세스 스타케이(*Lipomyces starkeyi*)가 있다.

19) 로데로미세스(*Lodderomyces*)속

다극성 출아법으로 증식하며, 위균사 형태를 갖는 효모로 청량음료의 오염균으로 알려져 있다. 기준종으로는 로데로미세스 엘롱기스포루스(*Lodderomyces elongisporus*)가 있다.

20) 브레타노미세스(*Brettanomyces*)속

다극성 출아법으로 증식하고, 위균사를 형성하며, 발효성당으로부터 초산(acetic acid)을 생성하는 효모이다. 혐기성 조건에서 알코올 발효를 억제하고, 호기적 상태에서 촉진되는 역파스퇴르효과(negative Pasteur effect, Custer's effect)를 가지며, 브레타노미세스 브뤼셀렌시스(*Brettanomyces bruxellensis*)는 상면발효 맥주의 후발효에 관여하지만, 하면발효 맥주·포도주 제조나 청량 음료에서는 유해균으로 작용한다. 브레타노미세스 아노말루스(*Brettanomyces anomalus*)는 하이드록시신남산(hydroxycinnamic acid)을 하이드록시스티렌(hydroxystyrene)으로 전환시키는 효소(hydroxycinnamic acid decarboxylase)를 생산하는 균주로 알려져 있다.

21) 사카로미코미콥시스(*Saccharomycopsis*)속

출아법으로 증식하여 격벽이 있는 '진균사(균사체) 형태'를 가지며, 토성형·모자·구형의 내생포자를 형성한다. 사카로미콥시스 피불리게라(*Saccharomycopsis fibuligera*)는 인도네시아·말레이시아 라기(ragi)와 태국의 루팡(loog-pang)에 분포하며, 동남아시아 전통 발효식품의 '발효원(starter cake)'으로 이용되며, 발효성이 있으며 세포 외 효소로 글루코아밀레이스(glucoamylase) 및 α-아밀레이스(α-amylase) 활성이 강하다.

loog-pang kaomag(sweetened rice)은 마늘(420g), 생강(120g), 후추(60g), 감초(180g), 쌀(12kg), *Piper chaba*(꽃, 120g), *Alpinia galanga*(뿌리줄기, 60g)으로 원재료의 레시피가 구성되며, loog-pang lao(Thai rice wine)는 마늘(40g), 생강(40g), 후추(6g), 쌀(2.5kg), *Piper chaba*(꽃, 6g), *Alpinia galanga*(뿌리줄기, 20g), *Myriopteron extensum*(뿌리, 40g), *Allium ascalonicum*(붉은 양파, 20g)으로 구성된다.

제6장

곰팡이와 버섯

진균류(fungi)로 분류되는 곰팡이(mold), 버섯(mushroom), 효모(yeast)는 인간에게도 피해를 주지만 농작물에 병을 일으켜 심각한 경제적 손실을 유발한다. 일반적으로 다른 미생물보다는 덜 위험한 병원균이다. 진균은 긍정적인 측면도 있는데 많은 식물과 공생관계를 형성하여 식물의 미네랄을 흡수하는 것을 촉진하며 다양한 진균이 발효와 항생제 합성을 통해 인간의 삶에 유익함을 제공해 준다.

1. 곰팡이

우리 주변의 가장 흔한 미생물이 곰팡이(mold)이다. 그 형태는 사람의 육안으로 확인이 가능하며 다양한 식품 및 공산품에 녹색, 황색, 갈색, 청색, 흑색 등 여러 가지 색깔의 곰팡이가 피어서 변패시킨다. 이렇게 제품의 품질을 손상하는 해를 끼치기도 하지만 막걸리, 약주제조와 같은 양조제품, 효소, 유기산, 항생물질 등 유용한 의약품 제조에도 산업적으로 활용되고 있다[표 6-1].

| 표 6-1 | 식품과 곰팡이류의 역할

구분	역할	관련 곰팡이 종류
식품을 변질시키는 곰팡이	전분식품, 채소, 과일 변패 곰팡이류	무코르(*Mucor*)속, 리조푸스(*Rhizopus*)속, 아스페르길루스(*Aspergillus*)속, 페니실륨(*Penicillium*)속, 뉴로스포라(*Neurospora*)속
	곰팡이독소 생성	아스페르길루스 플라부스(*Aspergillus flavus*), 페니실륨 이슬란디쿰(*Penicillium islandicum*) 등
식품에 활용되는 곰팡이	된장, 간장, 약·탁주, 청주, 치즈	아스페르길루스(*Aspergillus*)속, 페니실륨(*Penicillium*)속
	구연산 생산	검정곰팡이(*Aspergillus niger*)
	비타민 B_2 생산	에레모테슘 애시비(*Eremothecium ashbyii*)
	효소류 생산(amylase)	아스페르길루스(*Aspergillus*)속, 리조푸스(*Rhizopus*)속
	(protease)	아스페르길루스(*Aspergillus*)속

1) 곰팡이의 일반적 특성

곰팡이는 분류학상 진균류(Eumycetes)에 속하며 곰팡이의 번식과 생식을 담당하는 씨앗에 해당하는 포자(spore)에 의해 번식한다. 적당한 환경에서 포자는 발아하여 균사(hyphae)가 되고, 균사체(mycelium)를 이루어 집락(colony, 균총)을 형성한다. 포자를 형성하는 기관을 자실체(fruiting body)라 하고 곰팡이의 종류에 따라 독특한 색깔을 나타낸다.

곰팡이의 생리적 특성으로 세균이나 효모에 비해서 환경에 대한 저항력이 크고, 대부분의 곰팡이는 중온성으로 25~30℃가 생육 최적온도이며 곰팡이는 편성호기성 미생물이다.

대다수 곰팡이는 pH 2~8.5의 넓은 범위에서 생육하지만 일반적으로 약산성(pH 4~6)에서 잘 생육하고 효모나 세균보다 습도가 낮은 곳에서 잘 생육한다. 건조에 대한 저항성은 곰팡이 > 효모 > 세균 순서이다. 그리고 자외선, X선, γ선 등은 곰팡이를 살균하는 작용과 변이를 일으키는 작용이 있다.

(1) 곰팡이의 형태

① 균사와 균사체

곰팡이는 분류학상 진균류로, 형태학상으로 균사를 형성하는 사상균으로 분류된다. 곰팡이의 특징은 실 모양의 균사로 관상구조를 이루고, 균사의 집합체를 균사체(mycelium)라 한다[그림 6-1]. 사상균류의 영양체를 구성하는 기본 구조인 균사는 증식형태에 따라 기중균사, 영양균사, 기균사로 각각 분류할 수 있다. 곰팡이의 균사 및 균사체는 영양섭취 및 발육 담당 기관이고 균사체 끝에 포자를 착생한 자실체는 번식기관으로 역할을 하며 사람의 육안으로 볼 수 있는 부분은 균사체와 자실체가 만든 균총(colony, 집락) 부분이다.

① **기중균사(submerged hyphae)**: 균사 증식 시 식품 또는 배지의 내부 속으로 퍼져서 영양성분을 흡수하며 자라는 균사
② **영양균사(vegetative hyphae)**: 균사가 기질의 표면에 붙어서 자라는 균사
③ **기균사(aerial hyphae)**: 기질의 표면에서 공중으로 뻗어 균사 끝에 번식기관인 자실체를 형성하지 않는 균사

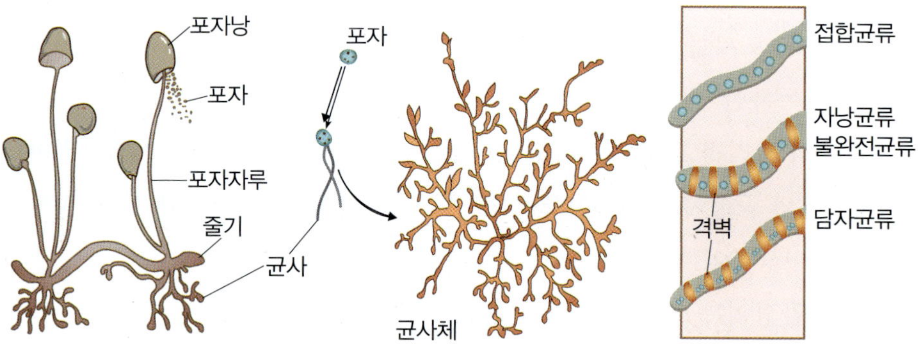

| 그림 6-1 | 곰팡이의 일반적 형태

출처: 신해헌 외(2012).

② 균사의 격벽

진균류인 곰팡이는 다세포 미생물로 균사의 격벽(septum, 격막)에 의해 세포가 나뉘어 있다. 격벽의 유무와 포자의 유성생식 여부는 곰팡이 분류의 중요한 지표가 된다[그림 6-2]. 진균류인 조상균류(Phycomycetes)는 균사에 격벽이 없고 순정균류(Mycomycetes)는 균사에 격벽이 있다.

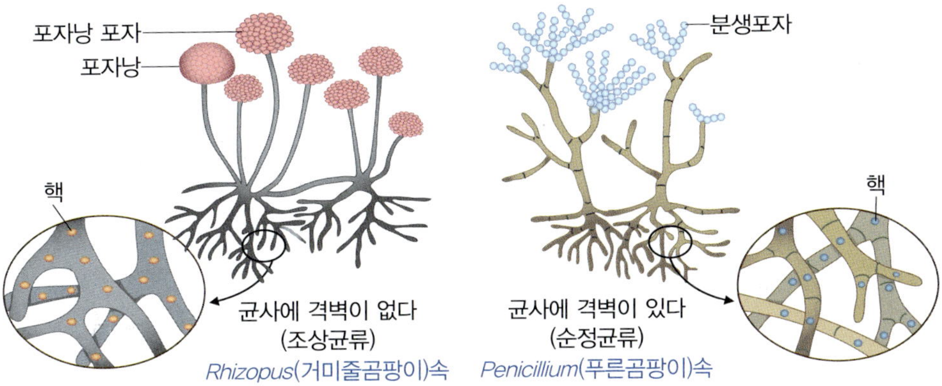

| 그림 6-2 | **균사의 격벽**

2) 곰팡이의 생활사

대부분의 곰팡이는 무성생식에 의한 무성포자로 번식하지만 어떤 종류는 유성생식에 의한 유성포자로 증식한다. 이러한 번식법의 차이는 진균류의 분류학상 중요한 지표가 된다[그림 6-3].

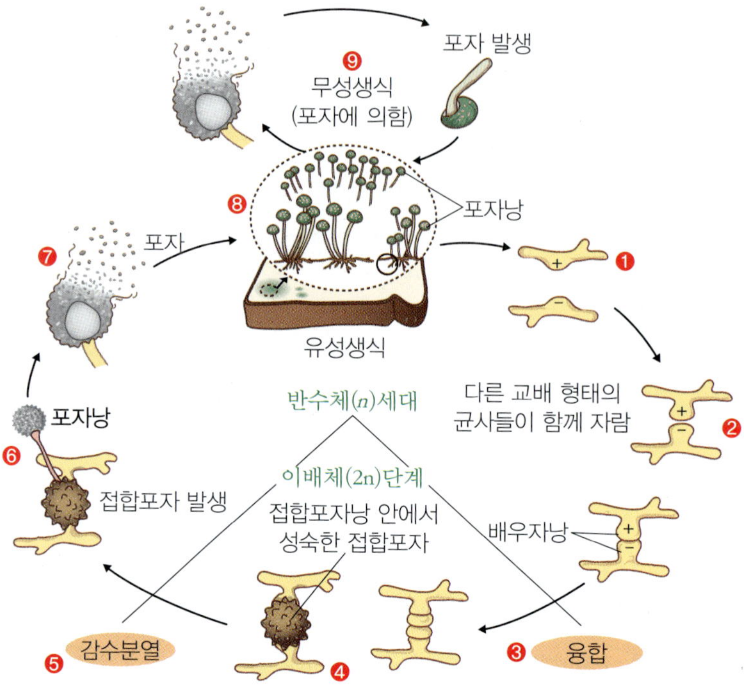

| 그림 6-3 | **곰팡이 생활사(접합균류)**

(1) 무성포자

무성포자(asexual spore)는 성세포의 결합이나 세포핵의 융합 없이 반복적 분열로 무성적으로 생기는 포자이다.

① **내생포자(endospore)**: 무성포자로 반드시 낭 속에 생기고 포자낭병의 끝이 팽대하여 포자낭(sporangium)을 형성하고 포자낭포자(sporangiospore)를 내생한다. 포자낭포자는 무코르(*Mucor*) · 리조푸스(*Rhizopus*) · 압시디아(*Absidia*)속이 무성생식 때 생성된다.

② **외생포자(exospore)**: 반드시 낭 밖에 생기고 분생아포병을 형성하여 분생포자(conidiospore)를 외생한다. 분생포자는 아스페르길루스(*Aspergillus*) · 페니실륨(*Penicillium*)속이 무성생식 때 생성된다.

③ **후막포자(chlamydospore)**: 내구성이 가장 강한 두터운 막으로 휴면성 포자를 형성하여 불리한 환경에 저항성을 갖는다.

④ **분열포자(oidium)**: 균사에 격벽이 생겨 짧은 조각으로 떨어져 그 상태로 흩어져서 생식하여 포자를 형성한다.

⑤ **기타**: 출아포자(blastospore), 유주자(zoospore)가 있다.

※ 분열포자, 후막포자, 출아포자: 불완전 균류에서 관찰 가능하며 유주자는 물속의 곰팡이에서 발견된다[그림 6-4].

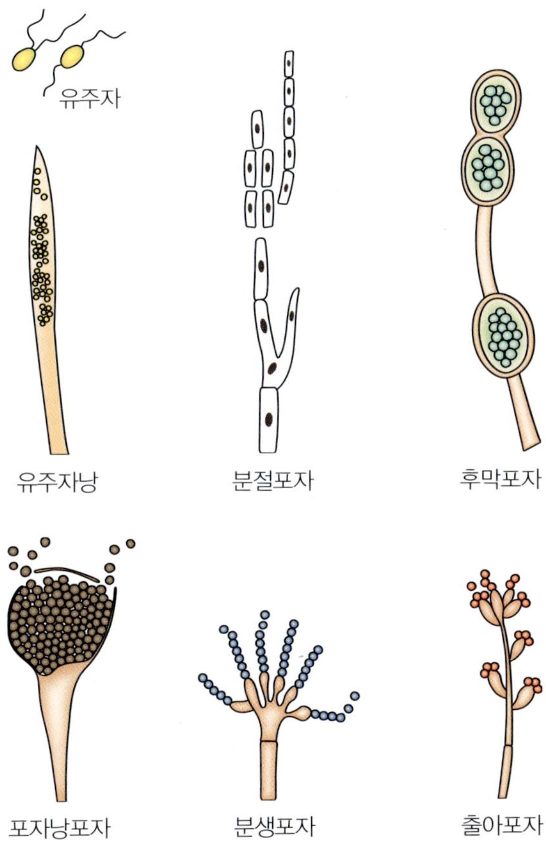

| 그림 6-4 | **무성포자의 종류와 형태**

출처: 이종경 외(2014).

(2) 유성포자

유성포자(sexual spore)는 2개의 세포핵이 융합하여 분열해서 나온 2배체의 핵을 중심으로 형성되는 포자로 형성 과정은 원형질 융합→핵융합→감수분열 순서이다.

① **접합포자(zygospore)**: 인접한 두 개의 균사에서 나온 분지가 서로 접합하여 그 부분이 신장된 접합포자낭 속에 접합포자를 형성한다. 접합균류인 무코르·리조푸스·압시디아속이 접합포자를 생성한다[그림 6-5].

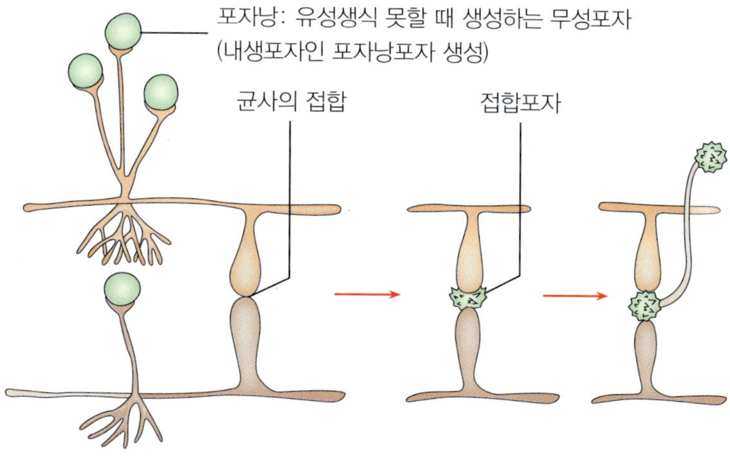

| 그림 6-5 | **접합포자 생성과정**

출처: 이종경 외(2014).

② **자낭포자(ascospore)**: 자낭(ascus)이라는 주머니 모양의 특수한 세포 속에 여덟 개의 자낭포자가 내생한다. 자낭균류인 아스페르길루스(*Aspergillus*)·페니실륨(*Penicillium*)·모나스쿠스(*Monascus*)속이 자낭포자를 생성한다[그림 6-6].

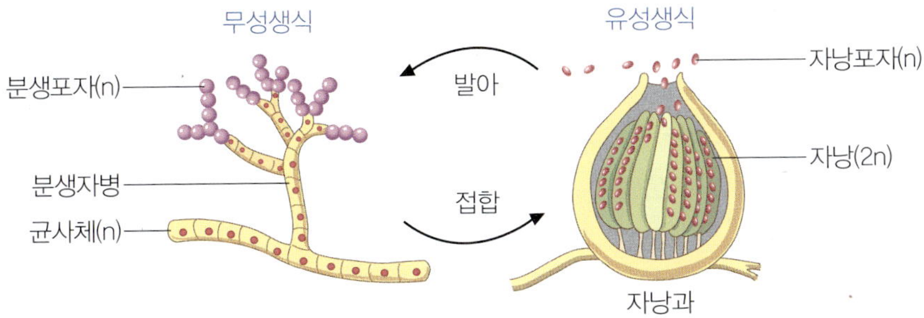

| 그림 6-6 | **자낭포자 생성 과정**

③ **담자포자(basidiospore)**: 균사가 성장하여 나온 담자기상에 만들어진 포자로 외생하며 보통 담자기 끝에 각각 4개의 담자포자를 착생한다[그림 6-7].

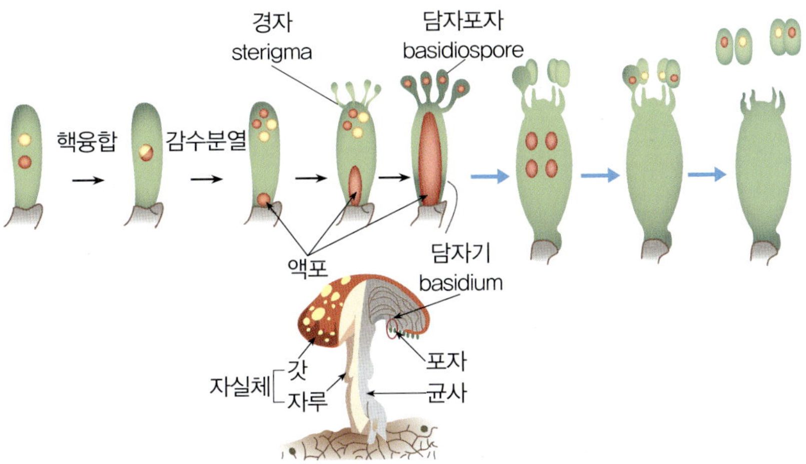

| 그림 6-7 | **담자포자 생성과정**

④ **난포자(oospore)**: 자웅의 분화가 확실하며 장란기와 장정기의 세포융합으로 자낭세포를 형성하여 난포자를 만든다.

3) 곰팡이의 분류

진핵세포를 가진 고등미생물인 균류는 크게 점균류와 진균류로 나누어진다. 진균류인 곰팡이는 균사의 격벽의 유무와 유성포자의 특징을 기본으로 분류한다 [표 6-2], [표 6-3].

| 표 6-2 | 진균류의 분류 및 번식법 차이점

분류	격벽	포자 번식법
조상균류	없음	접합균류: 접합포자(유성생식) 또는 다핵사상포자(무성생식)로 번식 난균류: 난포자로 번식
순정균류	있음	자낭균류: 자낭포자로 번식 담자균류: 담자포자로 번식 불완전 균류: 영양생식과 무성포자로 번식

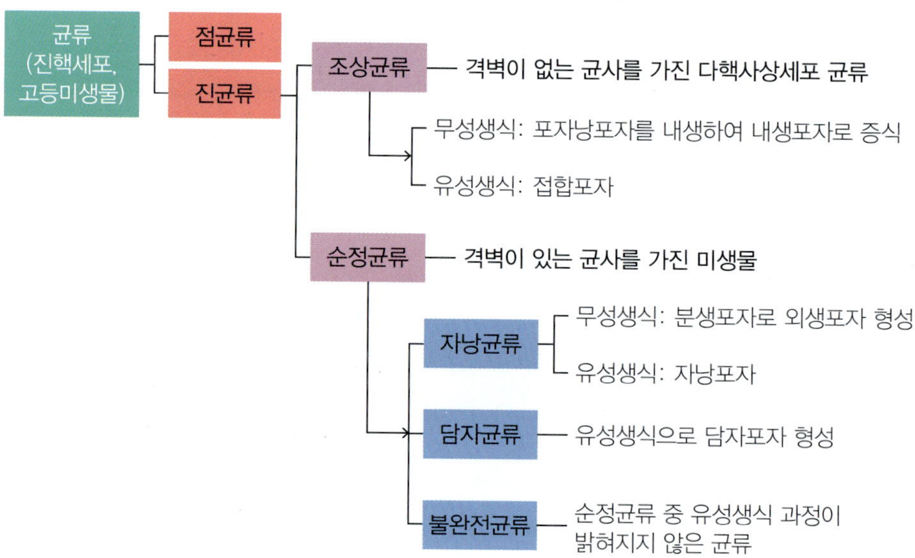

| 표 6-3 | 곰팡이의 분류

(1) 조상균류

① 조상균류의 특징

조상균류(Phycomycetes)는 균사에 격벽이 없고 다핵체적 세포의 특징을 가진다. 식품미생물로 중요한 곰팡이 중 조상균류에 속하는 접합균류의 균총 색은 회색 또는 회갈색이며 솜털모양으로 관찰된다. 일반적으로 무성생식에 의하여 포자낭포자를 형성하며 특별한 경우에 유성적으로 두 개의 배우자낭이 접촉하여 융합하면 휴면포자를 형성한다. 형태적으로 균사 끝에 중축이 생기고 그 곳에 포자낭이 형성되어 포자낭포자가 내생하는 특징이 있다[그림 6-8], [그림 6-9]. 포자낭은 구형이며 포자낭의 기부에 깔대기 모양의 지낭을 형성하기도 한다. 포자는 구형 또는 다각형이고 표면에 주름이 잡혀있다. 대표균으로는 털곰팡이(*Mucor*속), 거미줄곰팡이(*Rhizopus*속), 활털곰팡이(*Absidia*속), 가지곰팡이(*Thamnidium*속) 등이 조상균류의 접합균류에 속한다.

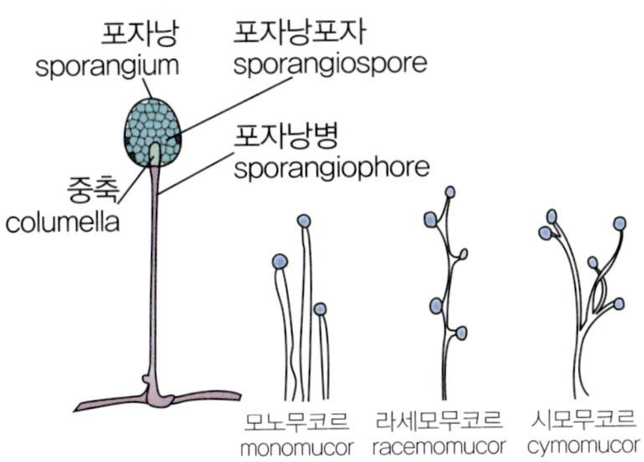

| 그림 6-8 | 무코르속의 형태

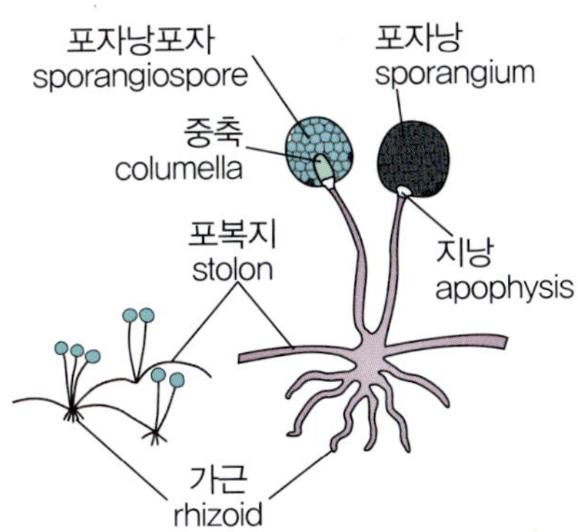

| 그림 6-9 | 리조푸스속의 형태

출처: 노완섭 외(2009)

② 접합균류의 형태적 구별

접합균류의 속을 결정하는 데 중요한 지표인 가근(rhizoid)과 포복지(stolon)에 따른 형태적 특징을 살펴보면, 먼저 털곰팡이(*Mucor*속)는 가근과 포복지 없이 포자낭병이 나온다. 거미줄곰팡이(*Rhizopus*속)은 가근에서 포자낭병이 나오고, 활털곰팡이(*Absidia*속)는 가근과 포복지 중간에서 포자낭병이 나오는 형태적 특징이 있다.

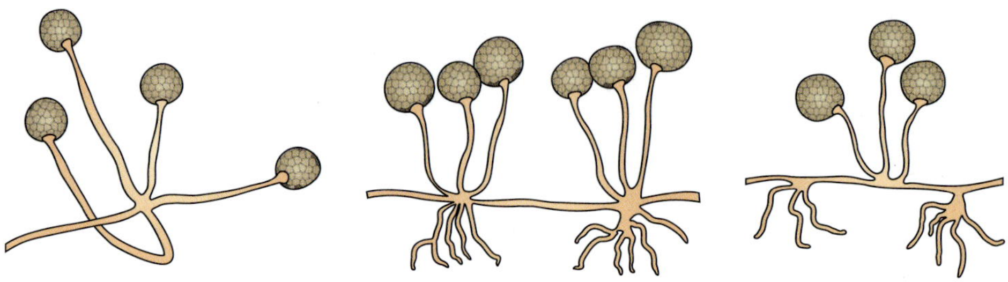

| 그림 6-10 | **가근과 포복지의 비교**

③ 중요한 조상균류

• **무코르(*Mucor*)속**

무코르속(털곰팡이)은 토양, 퇴비, 과일, 식품 등 자연계에 널리 분포하며 발효공업에 중요한 곰팡이로 알려져 있다. 균사는 백색 또는 회백색으로 격벽이 없고 거미줄곰팡이(*Rhizopus*속)와 형태가 비슷하지만 가근과 포복지가 없는 균사이다. 포자낭의 분지 형태에 따라 세 가지로 구분한다[그림 6-11].

① **모노무코르(monomucor)**: 포자낭병이 균사에서 단독으로 뻗어서 분지하지 않는다. 모노무코르의 대표적 균류는 과일, 채소, 마분에 잘 발생하는 마분곰팡이라고 불리는 무코르 무세도(*Mucor mucedo*)로 포자낭병 길이가 30㎝ 이상이고 직경 100~200㎛이며, 중축은 서양배 모양이다. 가장 흔한 털곰팡이로 응용적 가치는 없다. 무코르 히말리스(*Mucor hiemalis*)는 후막포자를 형성하며 펙티네이스(pectinase) 분비력이 강하여 과즙의 청징과 삼 섬유질의 분해가 가능하여 삼을 정련하는 데 이용한다.

② **라세모무코르(racemomucor)**: 포자낭병이 균사에서 단독으로 뻗어 방사형으로 분지한 형태이다. 라세모무코르의 중요한 균류는 무코르 라세모수스(*Mucor racemosus*)로 과일의 부패와 알코올 발효를 하고, 글리세롤(glycerol)을 생성하며 간장 코지에 혼입되어 코지를 흑변시키고 나쁜 냄새의 원인이 된다. 고초에 많이 존재하는 무코르 푸실루스(*Mucor pusillus*)는 치즈를 제조할 때 응유효소(rennin) 생산균이 포함된다.

③ **시모무코르(cymomucor)**: 포자낭병이 균사에서 올라오면서 가지를 치는 가축상의 형태적 특징을 가진다. 시모무코르의 대표적인 균류인 무코르 룩시(*Mucor rouxii*)는 중국누룩 또는 고량주용 누룩에서 발견되며 전분당화력이 강하고 알코올 발효력이 있어 아밀로미세스 알파(amylomyces α)라고도 하고 아밀로법(amylo process) 알코올 발효에 이용한다.

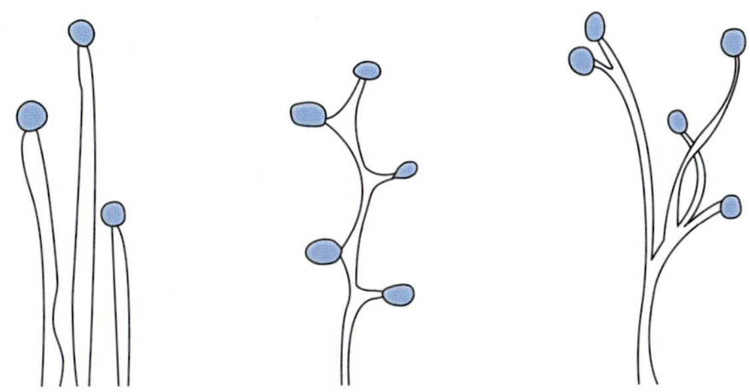

| 그림 6-11 | **무코르속의 포자낭병 형태**

• **리조푸스(*Rhizopus*)속**

리조푸스속(거미줄곰팡이)은 무코르속과 비슷하지만 가근과 포복지가 있어 가근에서 포자낭병이 나온다[그림 6-9]. 중축 밑에 지낭을 형성한다. 무코르속보다 번식력이 좋으며 과일, 곡류에 발생하여 해를 끼치기도 하지만 전분의 당화력과 유기산 생성능력이 강하여 발효공업에 이용하는 균종이 많다.

① **리조푸스 니그리칸스(*Rhizopus nigricans*)**: 리조푸스속의 대표균인 리조푸스 니그리칸스는 공기 중에 가장 많은 곰팡이로 회흑색의 균총을 가진 검은곰팡이이다. 전분 당화력과 팩틴 분해력이 강하며 약한 알코올 분해력을 가진다. 고구마를 썩게 하는 연부 원인균이며 딸기, 복숭아, 배 등 과일, 곡류, 빵에 번식하여 부패 원인 곰팡이이다.

② **리조푸스 델레마(*Rhizopus delemar*)**: 회갈색의 균총을 가지며 중국 소홍주의 주약(누룩의 한 종류)에서 분리한 균주이다. 전분 당화력이 강하여 포도당 제조 시 이용하는 당화효소(glucoamylase) 제조에 사용한다. 아밀로법의 알코올 발효에 사용한다.

③ **리조푸스 자바니쿠스(*Rhizopus javanicus*)**: 백색의 균총을 가지는 리조푸스 자바니쿠스는 감자 전분의 당화력이 강한 아밀로(amylo)균이다.

④ **리조푸스 자포니쿠스(*Rhizopus japonicus*)**: 일본 코지에서 분리한 균으로 전분 당화력이 강한 아밀로균이다. 아밀로미세스 베타(amylomyces β)라고도 한다. 라피노스를 발효한다.

- **압시디아 (*Absidia*)속**

압시디아속(활털곰팡이)은 포복지와 가근이 있어 리조푸스속과 유사한 형태지만 가근과 포복지의 중간, 즉 가근과 가근 사이에 포자낭병이 생기는 것이 다른 점이고 포자낭이 작은 서양배 모양이다. 토양에 광범위하게 분포하며 동물의 병원균이며 식품에서는 통조림의 부패 원인균이다. 대표균으로 압시디아 리크테이미(*Absidia lichtheimi*)는 고량주 곰팡이로 중국 소홍주의 곡자에서 분리한 균주이다[그림 6-10].

- **탐니듐(*Thamnidium*)속**

탐니듐속(가지곰팡이)은 포자낭병의 선단에 큰 포자낭(대포자낭)을 형성하고 측지에 소포자낭을 착생한다. 후막포자를 형성하고 냉장 육류 등에 발생하는 냉온균의 하나이며 실온의 곡류에서도 분리된다[그림 6-12].

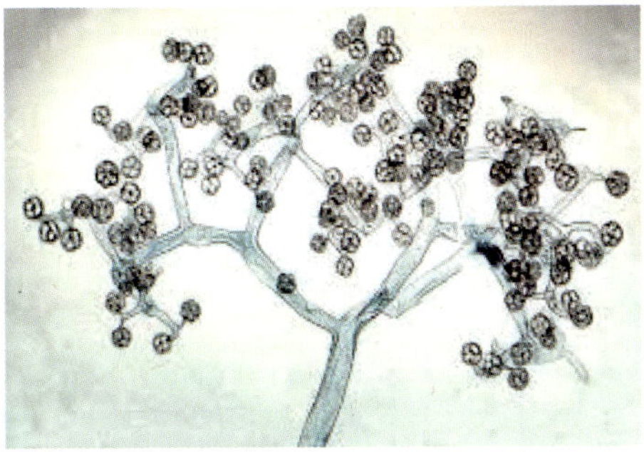

| 그림 6-12 | 탐니듐속의 포자낭 형태

출처: Barron 외(2013), https://atrium.lib.uoguelph.ca/items/3f30ffd0-efe5-4c78-852f-b118d97ab0e6

(2) 자낭균류

① 자낭균류의 특징

순정균류에 속하는 자낭균류(Ascomycetes)는 균사에 격벽이 있는 것이 조상균류와 중요한 차이점이다. 자낭균류는 유성생식기관인 조낭기와 조정기를 형성하여 유성생식으로 자낭포자를 형성하거나 무성생식 시 분생포자를 생산한다. 분생포자병의 끝에 정낭을 만들고 그곳에 경자가 매달려 그 끝에 분생포자를 외생한다[그림 6-13]. 대표적 자낭균류의 종류는 아스페르길루스(*Aspergillus*)·페니실륨(*Penicillium*)·모나스쿠스(*Monascus*)속이 포함된다.

| 표 6-4 | 조상균류와 자낭균류의 차이점

구분	조상균류	자낭균류
격막(격벽) 유무	없음	있음
병(기둥)과 자실체	포자낭병→중축	분생포자낭병→정낭, 경자
포자의 명칭	포자낭포자(내생포자)	분생포자(외생포자)
유·무성생식	유성: 접합포자 무성: 포자낭포자	유성: 자낭포자 무성: 분생포자
대표 곰팡이	무코르속, 리조푸스속, 압시디아속, 탐니듐속	아스페르길루스속, 페니실륨속, 모나스쿠스속, 뉴로스포라속

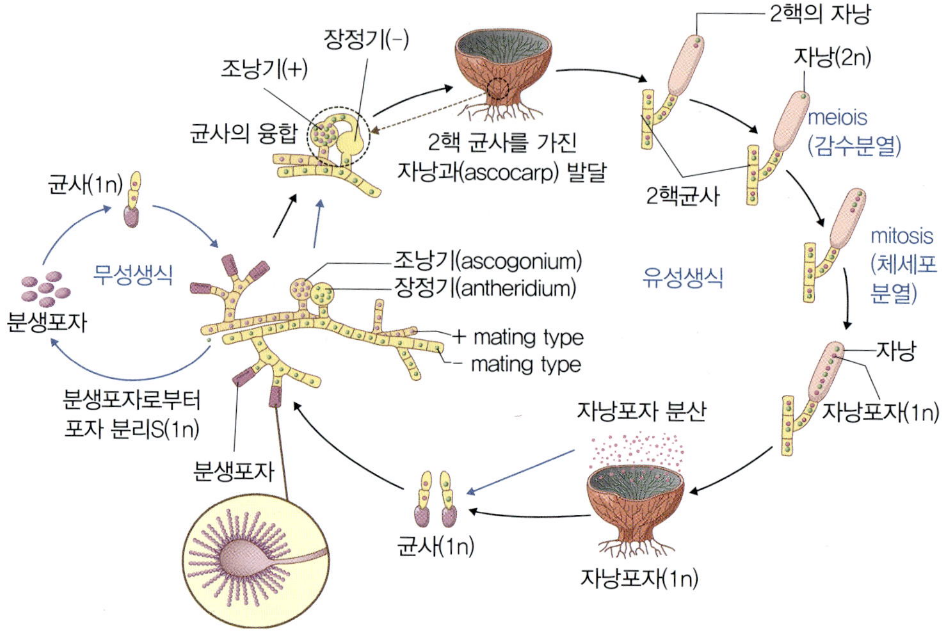

| 그림 6-13 | **아스페르길루스속의 생활사**

출처: 이종경 외(2014).

② 아스페르길루스속과 페니실륨속의 형태적 차이

아스페르길루스(*Aspergillus*)와 페니실륨(*Penicillium*)속은 포자의 형태와 균총이 달라 현미경으로 쉽게 구분할 수 있다. 아스페르길루스속은 성숙하면 황녹색을 띠고 페니실륨속은 성숙되면 청녹색을 띤다. 또 다른 차이점은 아스페르길루스속은 병족세포(foot cell)와 정낭(vesicle)이 있으나 페니실륨속은 없다는 것이다[그림 6-14].

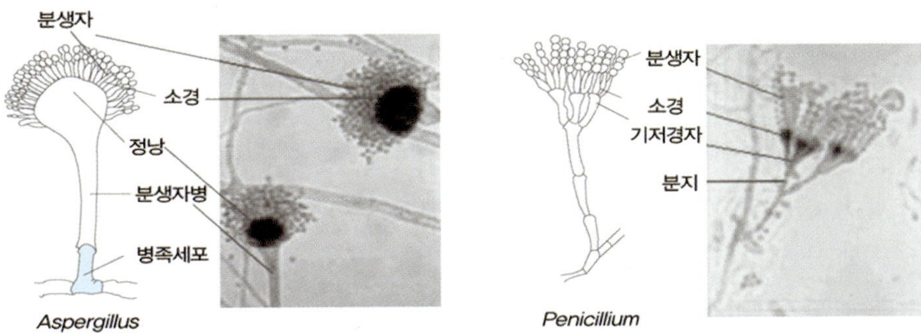

| 그림 6-14 | 아스페르길루스속과 페니실륨속의 분생자 비교

출처: 이종경 외(2014).

(3) 아스페르길루스(*Aspergillus*)속

① 특징

널리 분포하는 곰팡이인 아스페르길루스속(누룩곰팡이)은 균총에 따라 황국균, 흑국균, 백국균으로 다양하게 나뉜다. 전분 당화력과 단백질 분해력이 강해 전통 발효식품인 간장, 된장, 약주, 탁주 등의 양조에서 중요한 역할을 한다. 그리고 아스페르길루스속은 병족세포를 만들어 분생포자(condiospore)를 형성한다.

② 분류

- **아스페르길루스 오리제(*Aspergillus oryzae*)**: 코지 곰팡이의 대표적 황국균으로 청주, 간장, 된장을 제조할 때 사용하는 코지균으로 오랫동안 중요시한 곰팡이다. 아스페르길루스속의 단모균은 단백질 분해력이 강하고 장모균는 전분 분해력이 강하다. 이렇듯 전분 당화력과 단백질 분해력이 강한 특성으로 인해 녹말 당화, 대두 분해의 양조공업에 이용하거나 코지에서 효소를 추출하여 소화제 제조에 이용하기도 한다.

- **아스페르길루스 소제(*Aspergillus sojae*)**: 단백질 분해력이 강하여 간장 양조 코지에 사용하는 장류곰팡이로 아스페르길루스 오리제(*Aspergillus oryzae*)와 유사하다. 균총은 초록색, 황색의 집락을 형성한다.
- **아스페르길루스 플라부스(*Aspergillus flavus*)**: 아스페르길루스 플라부스는 토양, 식품 등에 널리 분포하고 아플라톡신(aflatoxin)이라는 발암성 곰팡이 독소를 생성하는 유해균으로 토양, 곡물, 땅콩 등에 번식한다. 또 다른 아플라톡신생성균주는 아스페르길루스 파라시티쿠스(*Aspergillus parasiticus*)가 있다.
- **아스페르길루스 니제르(*Aspergillus niger*)**: 아스페르길루스 니제르는 흑국균으로 포자가 검은색이며 과일이나 빵에 잘 발생한다. 녹말 당화력이 강하고 당에서 구연산(citric acid), 옥살산(oxalic acid) 등 유기산 생성으로 유기산 발효공업에 이용되고 펙티네이스(pectinase) 생산으로 펙틴 분해력이 강해 과일주스 청징제로 이용한다.
- **아스페르길루스 카와치(*Aspergillus kawachii*)**: 아스페르길루스 카와치는 집락의 색이 흰색 또는 황백색의 백색균으로 탁주 제조에 활용한다.
- **아스페르길루스 타마리(*Aspergillus tamari*)**: 아스페르길루스 타마리는 균총이 갈색인 곰팡이로 단백질 분해력이 강하여 일본식 타마리(tamari) 된장 제조에 이용되며 코지산(koji acid)을 생성한다.
- **아스페르길루스 글라우쿠스(*Aspergillus glaucus*)**: 풀색 곰팡이로 삼투압이 높은 곳에서 발육하고 피혁, 훈제품 등에서 잘 발육하며 유지 분해력이 좋다.

4) 페니실륨(*Penicillium*, 푸른곰팡이)속

(1) 특징

자연계에 널리 분포된 균총으로 청록색을 띠고 과일, 야채, 빵, 떡 등을 변패시키며 황변미의 원인균으로 유해균인 동시에 항생물질인 페니실린(penicillin)을 생성한다. 그리고 치즈에 이용되는 유용한 곰팡이다. 페니실륨(*Penicillium*)속은 아스페르길루스(*Aspergillus*)속과 분류학상 가까우나 분생자병 끝에 정낭을 만들지 않고 직접 분기한 경자가 솔이나 붓 모양으로 배열한 추상체를 형성하고 병족세포가 없는 차이점을 가진다.

(2) 추상체(Penicillus)의 형태에 따른 분류

추상체(penicillus)는 *Penicillium*속의 종들에서 나타나는 특징적인 자실 구조가 빗자루 모양으로 배열한 것으로써 분생자병의 끝에 자낭(vesicle)을 만들지 않고 직접 분기하는 형태에 따라 대칭형(symmetrica)인 단윤생(monoverticillata), 쌍윤생(biverticillata) 그리고 비대칭형(asymmetrica)인 다윤생(polyverticillata)으로 그 형태를 분류한다[그림 6-15].

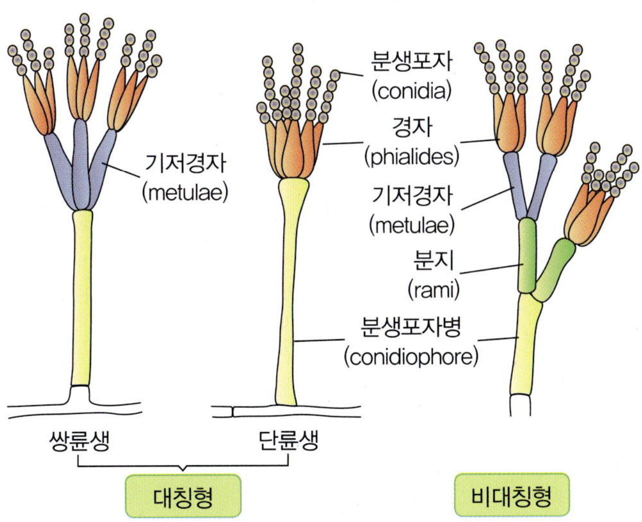

| 그림 6-15 | 추상체(penicillus)의 형태에 따른 분류

(3) 중요한 식품 및 의약품 관련 곰팡이

① 페니실린 생성 균주

페니실륨 크리소게눔(*Penicillium chrysogenum*)은 과일에서 분리된 균으로 페니실린 생산에 이용되는 곰팡이다. 1929년 플레밍(Sir Alexander Fleming, 1881~1955)에 의해 발견된 최초의 페니실린(penicillin) 생산 균주는 페니실륨 노타툼(*Penicillium notatum*)으로 공기나 과일에서 검출되며 균총이 초록색이다.

② 치즈 관련 균주

페니실륨 로크포르티(*Penicillium roqueforti*)는 로크포르 치즈(roquefort cheese) 숙성과 향미에 관여하는 곰팡이로 치즈의 카세인을 분해하여 치즈에 독특한 향기와 맛을 부여하고 치즈에 녹색의 고운 반점을 생성한다. 페니실륨 카망베르티(*Penicillium camemberti*)는 카망베르 치즈(camembert cheese) 숙성에 관여하여 향기를 주는 중요한 곰팡이이다.

③ 황변미 원인균

페니실륨 시트리눔(*Penicillium citrinum*)은 황변미의 원인균으로 신장장애를 유발하는 형광색소의 시트리닌(citrinin)을 생성한다. 페니실륨 이슬란디쿰(*Penicillium islandicum*), 페니실륨 톡시카륨(*Penicillium toxicarium*)은 간장장애 유발 독소인 류테오스키린(leuteoskyrin)을 생성한다.

④ 기타

페니실륨 익스팬숨(*Penicillium expansum*)은 사과 푸른 곰팡이병의 원인균이고, 페니실륨 이탈리쿰(*Penicillium italicum*)은 감귤류 푸른 곰팡이병의 원인균이다. 페니실륨 글라우쿰(*Penicillium glaucum*)은 빵, 떡, 치즈, 풀 등에 번식하고 유기산을 좋아하는 곰팡이다.

5) 모나스쿠스(*Monascus*)속

선홍색이나 분홍색 색소를 생성하는 홍국곰팡이류로 모나스쿠스 퍼퓨리우스(*Monascus purpureus*)는 중국의 남부, 말레이시아 등지에서 쌀에 이 곰팡이를 번식시켜 홍국을 만들어 홍주 제조에 활용하였다. 모나스쿠스 앙카(*Monascus anka*)는 홍유부 제조에 이용하였고 펙티네이스(pectinase) 분비력이 강해 과일주스의 청징 제조에 이용하였다.

6) 뉴로스포라(*Neurospora*)속

고온다습한 여름철 옥수수 속대와 불에 타다 남은 나무에서 번식하여 오렌지색, 담홍색의 분생자를 생성하는 특징이 있으며 붉은빵곰팡이라고도 한다. 뉴로스포라 시토필라(*Neurospora sitophila*)는 무성포자, 홍색(오렌지색)의 분생자를 가지고 비타민 A의 원료로 이용된다. 뉴로스포라 크라사(*Neurospora crassa*)는 미생물 유전학의 연구재료로도 이용된다.

2. 버섯(담자균류)

1) 일반적 특성

담자균류(Basidiomycetes)는 담자로서 단세포 구조이고 그 안에 담자포자가 감수분열에 의해 형성된다. 대부분의 기간 동안 버섯류는 단순한 반수체의 균사체로서 흙, 잎이 쌓인 곳, 썩은 나무뭉치에서 영양세포로 성장한다. 담자균류는 유성생식 시기에 우리에게 낯익은 버섯을 생산한다. 서로 다른 교배형의 반수체인 균사체가 융합하여 2핵의 균사체를 형성하여 빠르게 성장한다. 대개 기후가 습하고 서늘한 환경에서 잘 자라는데, 환경이 적당해지면 2핵 균사체는 자실체로 발달하여 우리가 보는 버섯으로 성장한다. 담자균류의 균사에는 격벽이 있고 균사 끝에 담자기(basidium)를 형성하고 외면에 4개의 담자포자를 외생한다. 담자균류는 진균류 중 제일 고등균류로 기생성이 있고 2차 균사에 부리상돌기(clamp connection, 취상돌기)를 갖는다. 대부분이 버섯이고 그 외 녹병균, 깜부기병균, 이담자균류, 효모 등이 있다.

2) 구분

담자균류는 담자기에 격벽이 없는 전형적인 막대기 모양으로 대부분이 식용버섯인 '동담자균류'와 담자기가 부정형이고 간혹 격벽이 있는 '이담자균류'로 구분되고 이담자균류에는 목이버섯, 녹병균, 깜부기병균 등이 포함된다.

3) 담자균류의 생활사

담자과라 불리는 담자균류의 자실체는 처음에는 균사체 덩어리가 작은 단추 모양의 구조로 땅 밑에서 분화된 이후 우리가 땅 위에서 볼 수 있는 버섯은 다 자란 자실체로 생장하게 된다. 2핵 담자는 자실체 아랫부분에 있는 평편한 버섯주름에 형성되며 버섯주름은 버섯의 갓 부분에 붙어 있다. 이후 두 개의 핵이 융합하여 배수체 핵을 갖는 담자가 형성된다. 두 번 연속되는 감수분열은 담자 내의 네 개의 반수체 핵을 생성하고 각각의 핵이 담자포자를 형성한다. 담자포자는 새로운 서식지로 바람에 의해 분산되고 적당한 조건에서 발아하고 반수체균사체로 자라서 다시 담자균류의 생활사를 시작한다.

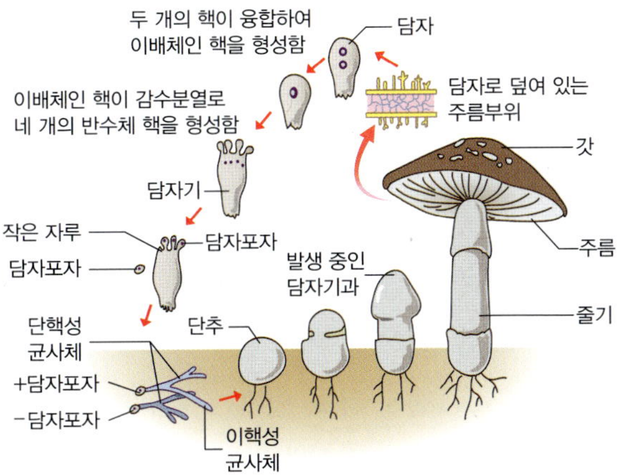

| 그림 6-16 | **버섯의 생활사**

버섯의 증식 순서는 포자→균사체→균뇌→균포→균병→균륜→균산→갓의 순서로 증식하고 포자 형성을 위한 균사의 구조가 복잡하다.

1차 균사(세포질 융합)는 단핵균사(단상균사, 1핵 균사)라 하고, 2차 균사(유사분열)는 2핵 균사(복상균사)라 하며, 3차 균사가 자실체에 발달하여 이때 버섯이라 한다. 즉, 2핵이 융합 감수분열하여 네 개의 담자포자를 외생하여 증식한다[그림 6-16].

4) 버섯

(1) 성분

잘 알려져 있는 식용버섯으로는 송이(*Tricholoma matsutake*), 표고(*Lentinula edodes*), 양송이(*Agaricus bisporus*), 느타리(*Pleurotus ostreatus*), 싸리버섯(*Ramaria botrytis*), 목이(*Auricularia auricula-judae*) 등이 있다.

버섯의 감미성분으로 만니톨(mannitol, mannit), 트레할로스(trehalose)가 있고

에르고스테롤(ergosterol, ergosterin), 비타민(vitamin)류가 포함되어 있다. 글루탐산, 알라닌, 페니알라닌, 류신 등의 유리아미노산이 버섯 특유의 좋은 맛을 내는 성분이다. 최근 주목받는 버섯효소의 성분으로 프로테이스, 셀룰레이스, 헤미셀룰레이스, 락테이스 등과 함께 항암·항염증 등의 물질들이 알려지고 있다.

유독버섯 성분으로 뉴린(neurine), 무스카린(muscarine), 무스카리딘(muscaridine), 팔린(phaline) 등이 있다. 보통 독버섯의 유독성분인 뉴린은 호흡곤란, 설사, 경련, 마비 등을 유발한다. 무스카린은 광대버섯을 비롯한 독버섯에 함유되어 발한, 위경련, 구토, 설사 등을 일으키는 성분으로 사람에게는 3~5mg의 피하주사나 0.5g의 경구투여가 치사량이다. 무스카리딘은 일시적으로 미친 상태를 유발한다고 알려져 있다. 독버섯 중 가장 맹독성인 알광대버섯에 함유된 팔린은 용혈작용의 맹독성분이다.

(2) 버섯재배

버섯의 생육에 가장 중요한 것은 온도와 습도이다. 1차 균사는 25~27℃, 3차(자실체 방생, 생육) 균사는 15℃ 이내가 적당한 온도이다.

버섯은 종류에 따른 다양한 배양법으로 재배된다. 양송이는 인공배양기로 재배하고 표고, 목이버섯, 느타리는 볏짚, 퇴비, 활목재배를 주로 한다. 임지(林地)재배 방법은 송이 재배에 사용하는데, 포자나 균사를 자연환경 조건에 접종하는 것이다. 식용버섯류의 대부분은 송이과에 속한다.

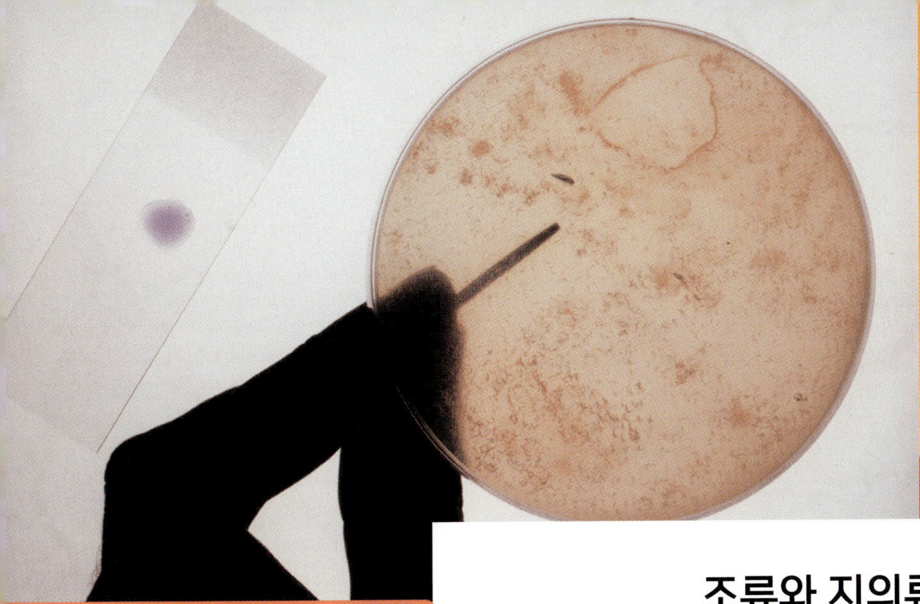

제7장

조류와 지의류

1. 조류

조류(algae)는 분류학적인 용어는 아니고 수중에서 생육하며, 엽록체(chloroplast) 내에 엽록소(chlorophyll)를 가지면서, 고등식물과 비슷한 산소호흡을 하며 생태계에서 1차 생산자로서 광합성(photosynthesis)을 통하여 독립영양생활을 하는 '하등미생물' 혹은 '하등식물'이라고도 한다[그림 7-1]. 또한 고등식물에 비하여 조직의 분화 정도가 비교적 낮고, 진핵 원생생물(eukaryotic protists)로서 효모와 비슷한 세포형태이지만 명확한 구분은 어려움이 있다. 조류는 수분이 많으면서 햇볕이 잘 드는 습지, 연못, 호수, 강, 바다 등이 좋은 서식처이며, 육지에 서식하는 희귀한 종류도 알려져 있다.

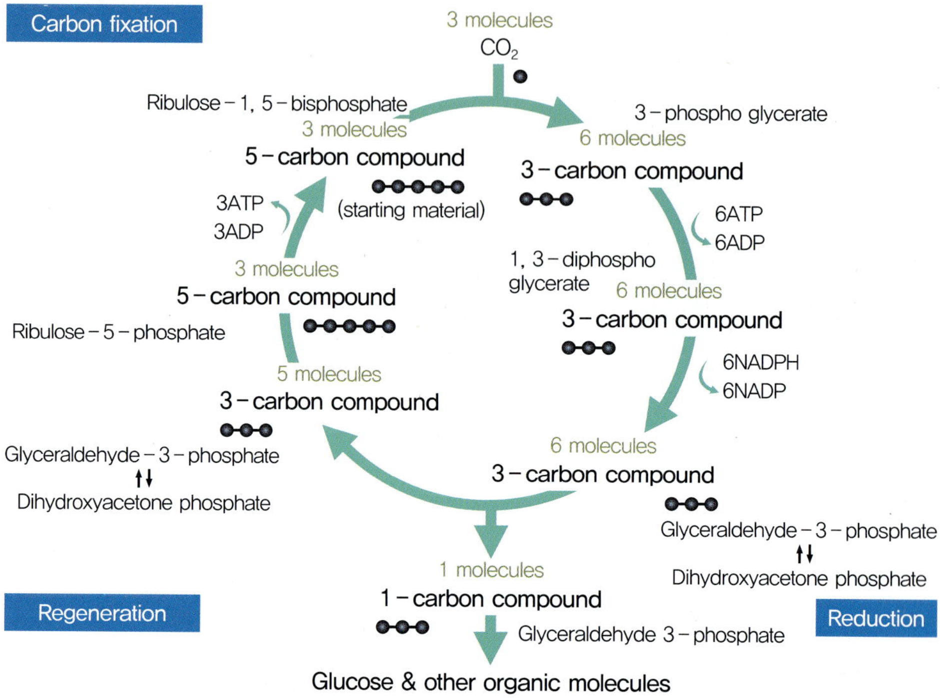

| 그림 7-1 | 광합성 회로(photosynthesis cycle), 캘빈회로(Calvin cycle)

출처: 노완섭 외(2015).

남조류(현재 시안세균, cyanobacteria)를 제외하고는 대부분 세포의 크기를 보면 미생물로 보기에는 어려울 정도로 매우 큰 것이 많다. 즉 현미경을 이용하여 볼 수 있는 미세조류(microalgae)에서 길이가 10m 이상인 해초(seaweed)에 이르기까지 다양하다. 최근에는 습관적으로 세균에서부터 진균류(효모, 곰팡이, 버섯), 조류, 원생동물이나 기생충까지도 미생물의 큰 영역으로 언급하는 경우도 있다.

조류는 일반적으로 다른 미생물보다는 생육속도가 늦고, 생육을 위해서는 반드시 빛을 제공해야 한다. 그런 점에서 분류의 기준을 세포 내 색소의 조성, 생산물의 종류, 증식방법 등에 따라서 분류하지만, 주로 엽록체 내의 색소에 따라서 구분하면 단세포 조류인 남조류(*Spirulina*속), 유글레나류(*Euglena*속), 녹조류(*Chrorella*속), 황녹조류, 규조류가 있으며, 다세포로는 갈조류, 홍조류로 대별한다. 그중에서 녹조류(해수), 홍조류 및 갈조류는 '3대 해조류'라고 하며, 담수조류로는 남조류, 황조류, 녹조류(담수), 황녹조류 등이 있다[표 7-1].

일부 미세조류는 독성이 있는 것으로 알려져 있는데, 어패류와 동물을 죽이는 적조류와 남조류가 있다. 또한 사람이 조류 단백질을 하루에 100g 이상 과다 섭취하면 위장에 장애를 초래하므로, 생육 단계에서부터 철저하게 환경을 관리하고 조단백질을 정제하고 적절하게 가공하여 식품 단백질급원으로 사용할 필요가 있다.

1) 남조류와 스피룰리나

남조류(blue-green algae)는 현미경적 단세포 혹은 단세포 균체를 이루며, 세포구조상으로 핵막이 없는 세균과 유사한 원시핵 세포로서, 유주자 또는 분열법에 의한 무성생식으로만 증식을 하는데, 유성생식을 하지 않는 가장 오래된 조류이다. 수중과 토양 중에 널리 분포하며, 세포 외는 점질물이 존재하여 특이한 활주운동(gliding movement)을 한다. 남조류(시안세균)는 부영양화된 호수, 유속이 느린 하천에서 녹조류(식물성 세포)에 비하여 짧은 번식주기와 많은 개체 수 등으로 '녹조현상(green tide)' 혹은 '수화현상(water algal bloom)'을 발생시키는 주요한 원인이 된다.

일반 조류와 달리 남조류 세포에는 엽록체가 없으며, 세포질에 분포하는 엽록소(chlorophyll)에서 산소 발생이 있는 광합성 작용으로 '남조전분(cyanophycean starch)' 또는 글리코젠(glycogen)을 생성하는데, 이는 세균이나 방선균과 다른 점이다. 보통 점질물로 싸여 있는 남조류는 독특한 세포 단백질로 피코시안(phycocyan)과 피코에리트린(phycoerythrin)이 크로모플라즘(chromoplasm)에 존재하므로 남청색을 나타내며, 그 외에도 베타-카로틴(β-carotene)과 믹소잔틴(myxoxanthin) 등이 있다. 대표적인 균종으로는 구형의 크루코쿠스(*Chroococcus*)속과 흔들말(*Oscillatoria*속), 질소 고정능이 있는 염주말(*Nostoc*속) 등이 있다.

2) 녹조류와 클로렐라

녹조류(green algae)는 단세포로서 현미경이나 육안으로 볼 수 있으며, 주로 담수·토양·나무껍질 등에 많이 분포하지만 해수에서도 서식하는 균종이 있다. 운동성 유무에 따라서 무편모의 부동성(*Pleurococcus*속)이나 2편모성(*Chlamydomonas*속) 혹은 4편모성(*Charteria*속)의 운동성을 갖는 것이 있다. 또한 단세포 혹은 단세포 균체(*Chlorella*속)를 이루거나, 사상형(*Cladophora*속)이나 연결형(*Volvox*속) 등으로 여러 가지의 형태가 있으며, 각 단세포는 엽록체를 하나씩 가지고 있다.

녹조류의 세포막은 종류에 따라서 섬유소(cellulose) 혹은 만노스(mannose)로 구성되며, 고등식물과 마찬가지로 광합성 작용에 의한 세포 내의 색소체(chlorophyll a와 b)를 내포한 엽록체에 있는 피레노이드(pyrenoid)의 주변에 '녹조전분'을 저장한다. 그리고 세포의 구조나 증식법이 매우 다양하지만, 무성생식으로는 2분열법으로 증식하거나 유주자(zoospore), 부동포자(aplanospore), 휴면포자(hypnospore), 자동포자(autospore)를 형성하기도 한다. 유성생식으로는 동형배우자·이형배우자를 통하여 증식한다.

최근 국내외에서 건강기능성식품의 소재로 주목을 받는 클로렐라(*Chlorella*)속은 연못·늪·논·저수지 등에서 서식하는 담수조류로서 양질의 단백질과 다양한 생리활성물질이 함유되어 있는데, 단세포 1핵으로 구형이며 분열법에 의하여 한 개의 세포가 4~8개의 낭세포(daughter cell)로 증식하고 운동성의 편모는 없다. 또한 독립영양균으로서 에너지원으로 당질이 아닌 태양 광선과 무기염 및 탄소원의 이산화탄소(CO_2)를 이용하여 빠른 균체 증식과 산소(O_2)를 생성하므로 광합성 기작을 연구하는 분야에 활용되는 녹조류이다. 산업적으로 주목을 받는 대표 균종으로는 구형의 클로렐라 불가리스(*Chlorella vulgaris*)·클로렐라 엘립소이데아(*Chlorella ellipsoidea*), 타원형의 클로렐라 피레노이도사(*Chlorella pyrenoidosa*) 등이 있다. 클로렐라와 유사한 것으로 긴 타원형의 뗏목말(*Scenedesmus*)속이 있으며, 보통 4~8개의 낭세포들이 서로 연결되어 있다[그림 7-2].

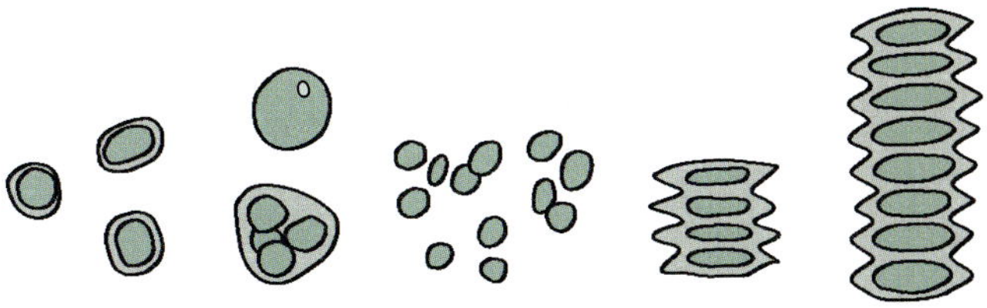

a: *Chlorella ellipsoidea*
b, c: *Chlorella vulgaris*
d, e: *Scenedesmus obliquus*

| 그림 7-2 | **클로렐라 및 *Scenedesmus obliquus* 의 형태**

출처: 심우만 외(2009).

3) 규조류

규조류(Diatoms)는 현미경적인 단세포 혹은 단세포 균체를 이루며, 담수, 해수, 습지 등의 다양한 자연환경에 서식하는 황색 식물로 대표적인 부유생물(식물 플랑크톤)에 해당된다. 수서 생태계 먹이사슬의 기반을 형성하며, 규산염 껍질을 갖고 있어 퇴적층에 오랫동안 보존되고 수질 변화에 민감하게 반응하므로 환경 변화를 모니터링하는 지표생물로 널리 이용되어 왔다. 지용성 비타민 A와 D가 풍부한 지방구 유적(fat globule)을 내포하고 있는데, 이는 먹이사슬에 의하여 갑각류를 경유하여 어류로 이행되므로 어류의 간유(fish liver oil)는 생리활성 소재 혹은 식품 소재로 활용된다.

규조류의 세포분열은 주로 무성생식인 이분법으로 증식하지만, 두 개의 낭세포 가운데 한 개는 모세포보다 크기가 작아서 세대를 반복하면 '세포의 축소화'로 이어지기 때문에 점차 크기가 작아지는 개체가 생긴다. 유성생식으로 접합자(zygote)가 급속히 커지는 성질에 유래하는 '증대포자(auxospore)'를 형성하여 세포의 형태를 유지한다. 그리고 세포 외피(외벽)에는 규산질(siliceous materials)이 함유되어 있어서 단단하며, 그 표면에 미세한 구멍이 있는 구조와 독특한 무늬가 있고, 세포 내에는 엽록소(chlorophyll)와 더불어 황갈색 색소체의 '조황소(phycoxanthin)'를 포함하고 있다. 규조류는 좌우대칭의 세포인 우상류(pennatae)와 방사대칭인 중심류(centricae)로 구분하며, 불들말(*Chaetoceros*)속과 깃들막(*Navicula*)속 등이 있다.

4) 편모조류와 쌍편모조류

편모조류(Flagellatae)는 현미경적인 단세포 혹은 단세포 균체를 나타내며, 하나 이상의 수개의 편모를 통하여 운동성이 있다. 연두벌레식물류(*Euglena*류)는 담수에 서식하며, 대부분 편모를 1~3개를 가지며 운동성이 있다. 불분명한 유성생식과 세포분열에 의한 증식을 하며, 두꺼운 막으로 되어 있는 휴면세포인 포낭(cyst)을 형성한다. 비타민 B_{12}를 생육소로 요구하므로 미생물 미량분석(bioassay)에 활용된다.

쌍편모조류(Dinoflagellatae류)는 단세포로서, 색소체는 노란색 · 암갈색인데 녹색 · 청록색인 것도 있다. 와편모조류(Dinophyta, dino-는 그리스어로 whirling: 소용돌이)라고도 하는데, 이것은 세포 끝에 하나는 가로(횡편모: tansverse flagellum, 균체 회전용)로 나머지 하나는 세로(종편모: longitudinal flagellum, 균체 전진용)로 부착된 두 개의 편모로 수중에서 회전하면서 전진하는 선회운동을 하는 것으로 보인다는 의미이다. 여름철 대규모 적조(red tide)를 일으키고, 마비성이나 신경성의 패류독소(shellfish poison)를 유발시키며, 규조류와 더불어 해안 주변의 플랑크톤(plankton)으로 어류의 먹이로 이용된다. 그리고 적조의 원인인 쌍편모조류에는 세라튬(*Ceratium*) · 김노디늄(*Gymnodinium*)속 등이 있다.

5) 갈조류와 다시마·미역

갈조류(brown algae)는 육안으로 식별할 수 있다. 다세포형 조류이며, 한류 해수에 서식하는 특징이 있는 다시마(*Laminaria*속)·미역(*Undaria*속)·톳(*Hizikia*속) 등이 있다[그림 7-3]. 유주자와 같은 무성생식과 유성생식으로 증식을 한다. 세포 내에 함유한 색소는 엽록소(chlorophyll) a와 b가 있으며, 갈조류 특유의 색소인 잔토필(xanthophyll)을 함유하는데, 관련 유사성분으로는 플라보잔틴(flavoxanthin), 푸코잔틴(fucoxanthin), 네오잔틴잔토필(neoxanthinxanthophyll), 네오푸코잔틴(neofucoxanthin) A & B, 비올라잔틴(violaxanthin)이 있고, 그 가운데 '갈조소'인 푸코잔틴과 네오푸코잔틴 A & B는 갈조류의 대표적인 황갈색 또는 흑갈색 성분이다. 그리고 갈조류 세포벽 저장물질로는 점성 검질을 만드는 음이온성 다당체인 알긴산(algin, alginate, alginic acid), 다시마(*Laminaria*속)에서 처음 발견된 라미나린(laminarin, laminaran), 저칼로리의 당알코올인 만니톨(mannitol) 등이 있으며, 세포벽에는 섬유소보다 펙틴질이 많고 알긴산(alginic acid)과 푸코이딘(fucoidin) 등의 다당류를 함유한다.

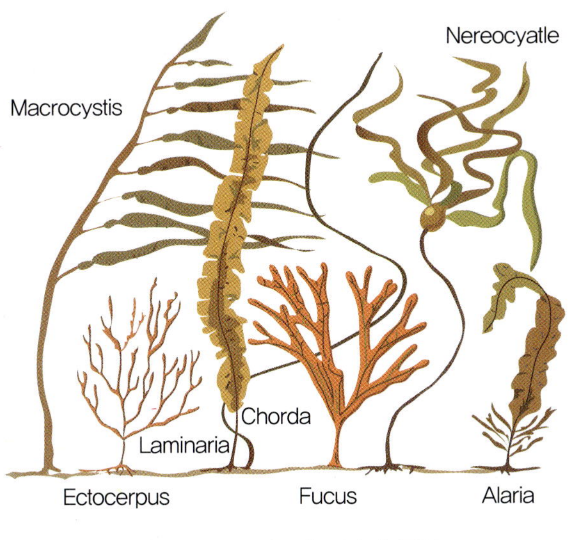

| 그림 7-3 | **갈조류의 종류**

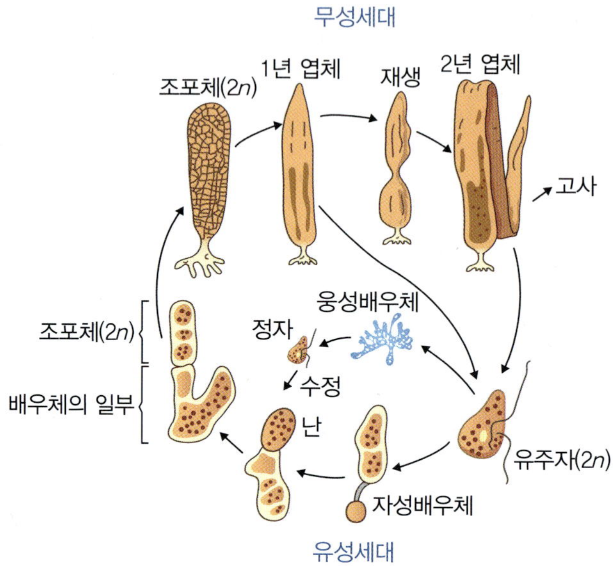

| 그림 7-4 | 다시마의 생활사

6) 홍조류와 김

홍조류(red algae)는 육안적으로 식별성이 있는 다세포형 조류로 바다 깊은 곳에서 자라며, 난류 해수에 서식하는 특징이 있는 홍색·자색·청록색의 조류로서 김(*Porphyra tenera*)·우뭇가사리(*Gelikium*속) 등이 있다. 유주자와 같은 무성생식과 유성생식으로 증식을 하며, 무성과 유성의 생식포자는 모두 운동성이 없다. 세포 내에는 엽록소(chlorophyll a와 b), 카로티노이드(carotenoid)류 외에도 잔토필(xanthophyll)을 포함한 홍조류 특유의 홍색소인 홍조소라는 피코에리트린(phycoerythrin)과 피코시안(phycocyan)이 다량 함유되어 있기 때문에 홍색 혹은 홍자색을 나타낸다. 세포 내의 생합성 저장물질로 '홍조전분(floridean starch)' 및 유지가 있으며, 세포벽은 펙틴을 포함한 섬유소가 풍부하고, 결착력이 있는 펙틴질과 홍조점질물인 '카라기난[(carrageenan): 홍근식물 돌가사리과의 바닷말인 진두발(*Chondrus*속)과 석초(*Giartina*속)의 세포 간 물질을 추출하여 얻은 점성 고분자 전해질인 다당류 혼합물]'과 미생물 배지의 고형제, 후식용 젤 등의 질감 상승을 위하여 사용되는 '한천[agar : 우뭇가사리의 중성다당류로 물과 친화성이 높고, 응고력이 강하며, 아가로스(agarose) 70%와 산성다당류인 아가로펙틴(agaropectin) 30%로 구성]'이 함유되어 있는데, 칼슘을 집적시키는 특별한 경우도 있다.

| 표 7-1 | 중요한 조류의 종류 및 특성

종류	크기·구조	색소·증식	서식처	주요성분	균종(속)
남조류 (blue-green)	현미경적 미세조류 (시안세균)	엽록소 a 무성생식 (분열, 유주자) 가장 원시적	담수, 토양	남조전분 β-카로틴 믹소잔틴	*Chrococcus* *Nostoc* *Anabaena* *Spirulina*(☆)
녹조류 (green)	현미경적 육안적 미세조류 단세포형	엽록소 a, b 무성생식 (분열, 유주자)	담수, 해수 토양 나무껍질	녹조전분 양질 단백질 생리활성성분	*Chrorella*(☆) *Chlamydomonas*
규조류 (diatoms)	현미경적 미세조류 단세포형	엽록소 a 잔토필 계통 무성생식(보통) 유성생식(간혹)	담수, 해수 토양	어류간유 (비타민A, D)	*Chaetoceros* *Navicula*
유글레나류 (euglena)	현미경적 미세조류 단세포형	엽록소 a, b 무성생식 (종축분열)	담수	비타민 B_{12}정량 (bioassay)	*Euglena*(☆) *Colacium* *Gracilis*
갈조류 (brown)	육안적 거대조류 다세포형	엽록소 a, c 잔토필 계통 무성·유성생식	한류 해수	점성 검질물 (알긴, 라미나린, 만니톨)	다시마·톳·미역(☆)
홍조류 (red)	육안적 거대조류 다세포형	엽록소 a, d 피코시아닌 피코에리트린 무성·유성생식	난류 해수	홍조전분 점성 검질물 (한천, 카라기난)	우뭇가사리·김(☆)

(☆) : 식품 및 건강기능식품산업 재료 활용

2. 지의류

지의류(lichen)는 단일 생물이 아니며, '균류[fungi · mycobionts/곰팡이 : 자낭균류(전체의 99.6%) 혹은 담자균류(0.4%)]'와 광영양성 파트너 생물인 '조류[algae · photobionts / 원핵생물의 남조류(현재는 진정세균인 시아노박테리아로 불림) 혹은 진핵생물의 녹조류]'와의 공생을 통해서 산림에서 질소공급원으로 중요한 역할을 한다. 전체 균류 중의 약 21%가 지의화되었으며, 가장 많은 자낭균류는 약 43%가 지의화가 되어 있다.

두 개의 미생물인 균류와 조류가 만나 하나의 지의체(thallus, 이끼류의 엽상체에 해당)를 만드는데, 균류는 조류에 같이 살 수 있도록 수분·무기염류 등을 공급해 주거나 지의체의 구조를 지지해 주고, 조류는 광합성을 통해 영양분(탄수화물)을 생성하여 균류에게 나누어 준다. 이런 점에서 균류나 조류가 단독으로 살 수 없는 불리한 환경(화산분출의 용암·고산의 바위표면 등의 토양화·산림토양의 양생)에서도 생존전략상 하나의 상리공생체(mutualism, 상호 간 이익 제공)로서 서식처에 앞서서 적응하며 살아가고 있기 때문에 다른 '식물군락의 개척자'라고도 말한다.

우리 주변의 나무표면·암석·토양 등 모든 안정한 환경에 생육하며, 남·북극권, 사막이나 고산지대 등의 극단 환경에도 분포하고 있다. 한국에는 약 7백 종이 있고, 전 세계적으로는 약 2만 종이 생육하고 있다. 겨울과 같은 건조하고 기온이 낮은 상태에서도 잘 시들지 않고, 환경에 잘 적응하며 진화하지만 수중이나 눈 위, 실내나 동굴 등에서는 생육하지 않는다.

지의류의 다양한 색깔은 균류보다는 지의류의 색소를 지닌 조류의 구성원(엽록소, 카로티노이드 색소)에 따라서 황색·주황색·오렌지색·갈색·적색·자색·회녹색 등을 나타내며, 그 형태 혹은 무늬도 반점이나 나뭇잎·퍼즐 모양 혹은 긴 실과 같은 것도 있다.

지의류는 질소 순환의 작은 공생체로, 콩과식물 뿌리의 '리조비아균(*Rhizo-*

bia)'과 비콩과식물인 오리나무 뿌리의 '방선균(*Frankia*)'의 역할과 같이 식물과 하등미생물의 공생과는 약간 차이가 있다. 즉 콩과식물과 뿌리혹박테리아의 공생에서는 둘 다 독립적으로 생활하다가 나중에야 공생상태에 들어가는 반면, 지의류의 경우는 균류와 조류가 처음부터 공생하게 된다고 알려져 있다. 예를 들면 리조비아균은 공생질소고정균(*Rhizobium*속, *Bradyrhizobium*속)으로 콩과식물(콩·땅콩·완두콩·알팔파·클로버 등)의 뿌리털에 다수가 감염되면 감염사(infection thread)를 생합성하므로 뿌리세포로 들어가서 세균 균사체(bacteroides)의 큰 형태로 변하고, 계속 채워지면 작은 뿌리혹(nodule)을 만드는 과정을 거친다.

지의류는 공생관계로 만들어진 지의체가 있는 균류이고 이끼류(선태류)는 녹색식물이지만, 비슷한 환경의 서식처에서 생육하는 경우가 많아서 두 가지를 육안적으로 구별하기는 매우 어렵다. 그러나 몇 가지의 생물학적 차이점이 있는데 지의류의 외형이 엽상·수지상·고착상이지만 이끼류는 고착상이 없으며, 지의류는 균류와 조류의 공생체이지만 이끼류는 단독 생물이라는 것이다. 또한 지의류는 균류가 대부분을 차지하는 지의체이지만 이끼류는 잎이 있는 경엽체 또는 엽상체이다. 특히 지의류는 각종 생리활성을 나타내는 이차 대사산물을 많이 생성하지만 이끼류는 거의 만들지 않는다.

지의류는 균류와 조류와 공동으로 지의체를 만들어 지속적인 안정된 공생관계를 유지하는데, 그 분류는 일반적으로 지의체의 특징(외부형태, 내부구조, 생리기능)에 따라 고착지의(crustose lichenes), 엽상지의(foliose lichenes), 수지상지의(fruticose lichenes)로 크게 나뉜다. 특히 외부형태를 구분하는 특징들은 지의체의 크기와 형태, 색과 표면에 위치한 기관(위배점: pseudocyphellae, 열편: lobe, 열아: isidia)의 유무와 형태, 가근체(rhizine)의 형태와 위치 등이다.

1) 지의체 모양과 크기에 따른 분류

지의류는 공생균류와 공생조류의 협동으로 독특한 지의체를 형성하지만, 몇 가지의 지의균종을 제외하고는 지의체의 구성은 공생균류의 균사가 거의 대부분을 차지하며, 그 모양에 따라 세 가지로 나눈다.

(1) 고착(가상·딱지)지의류

지의체가 얇은 막 형태로 되어 있고, 수층의 균사가 서식처의 기질에 단단히 밀착되어 붙어 있는 딱지(딱딱한 껍질) 형태의 지의류이다. 하피층이나 뚜렷한 부착기관이 발달되어 있지 않으며, 지의체는 평활한 것이 많고 간혹 균열이나 소구획이 있는 두꺼운 것도 있다.

(2) 엽상지의류

지의체가 얇은 나뭇잎 형태로, 앞과 뒤의 차이가 뚜렷하고, 후면에 가근 또는 결속사(가근의 평행 묶음)의 부속기관을 통하여 서식지의 기질에 부착하는 지의류이다. 지의체의 단면 구조는 맨 위의 상피층, 조류층(고니디아, gonidia), 수층(골수층, 조류층이 포함된 스폰지상), 하피층 순으로 아래로 나열되어 있다.

(3) 수지상지의류

지의체가 작은 관목상(나뭇가지 형태)과 비슷한 모양이다. 서식처 기질 위에 서 있거나 아래에 매달리는 형태를 한 지의류이다. 지의체의 단면 구조는 원형으로 피층, 조류층, 수층이 동심원상으로 나열되어 있다.

지의류는 모든 기후대에서 생육하며, 다양한 기질(나무, 암석, 토양의 표면)에서 발견된다. 지의체의 크기는 1mm 이상에서 수 m까지 다양하지만, 그 규모에 따라서 두 가지로 나누는데, 엽상지의류와 수지상지의류와 같은 지의체가 큰 '대형지의류'와 그 나머지의 아주 작은 크기의 '미세(미소)지의류'로 구분한다.

2) 지의체의 중요한 부속기관

'위배점'은 피층이 벗겨져 내부의 수층(medulla)이 보이는 부위로 가스교환을 시키는 역할을 하며 균종에 따라 모양이 다르다. '가근'은 헛뿌리(의근)처럼 나타난 부위로 서식처에 고정하는 데 사용된다. 그리고 '열편'은 엽상지의류에서 지의체가 성장해 나가는 선단 부분의 잎 모양의 부위이고, '열아'는 피층으로 싸여 있는 무성생식기관의 돌기형태로 균종에 따라 모양이 다르다.

3) 지의류의 성분

지의류는 균류와 조류가 한데 어우러져 복합체가 된 공생체로서 돌이나 나무 표면에 다양한 색깔과 무늬로 교차적으로 붙어서 생육하면서, 다양한 생리활성을 가진 일차·이차 대사산물을 축적하며, 그중에서 색소는 피층에 주로 있지만, 무색인 지의성분은 대부분이 수층에 존재한다.

(1) 지의색소

지의류는 대체로 지의체 표면의 피층에 함유된 색소에 의하여 회녹색이 가장 많지만, 주황색, 황색, 황록색, 레몬색 등도 있다. 주요 색소류는 녹황색의 우스닌산(usnic acid)과 풀빈산(pulvinic acid), 레몬색의 리조카르프산(rhizocarpic acid), 적등색의 파리에틴(parietin), 무색의 아트라놀린(atranorin), 황색의 엔토테인(entothein), 적색의 로도클라돈산(rhodocladonic acid) 등이 있다.

(2) 지의성분

지의성분은 대부분이 지의체의 수층에 있고, 일부는 피층에도 존재하는데, 주요 물질은 '세포벽 물질'과 '이차 대사물질'로 구분할 수가 있다. 세포벽 물질은 리케닌(lichenin), 이소리케닌(isolichenin), 섬유소(cellulose) 등이 있으며, 이차 대사물질은 대부분의 지의성분으로서 균사 내부에서 생합성되어 균사 표면에 쌓이는데, 수용성이 매우 낮으며 약산성을 나타내고, 지의체의 건물당 약 2~5%를 차지한다. 지의성분으로는 당알코올로 리비톨(ribitol)이 있고, 페놀카본산류로는 뎁사이드(depside), 뎁시돈(depsidone), 안트라퀴논(anthraquinone)이 있으며, 고급지방산류로는 카페라트산(caperatic acid), 프로토리케스테리닉산(protolichesterinic acid)가 있고, 그 외에는 아세테이트말로네이트(acetate-malonate), 아트라노린(atranorin), 칼리신(calycin), 메발론산(mevalonic acid), 시킴산(shikimic acid) 등이 있다.

4) 활용분야

대표적 식용 지의류로는 석이지의(*Umbilicaria esculenta*)가 많이 알려져 있는데, 요리를 할 때는 식물 석세포(stone cell, 배 · 매실 등의 과육 속에 들어있는 돌세포 혹은 후벽세포)나 통조림 스투르바이트(struvite, 중성 혹은 약알칼리성 어류 통조림 제조에서 마그네슘 및 인화합물과 암모니아 가스결합으로 생기는 유리 모양의 결정)와 같은 이질적 모래알 식감을 유발하는 상피층을 제거하고 초무침, 튀김, 된장국의 식재료로 활용한다. 이 외에도 원형끈지의(*Sulcaria sulcata*)와 영불지의(*Cetraria islandica* sp. *orientalis*), 이집트와 이란에 서식하는 고착지의인 접시지의(*Aspicilia esculenta*), 북미 서부지역의 철사나무지의(*Bryoria*) 속 등이 있지만, 대부분의 식용 지의류는 사람들의 소화력에 한계가 있어서 보조식품의 부재료로 사용되는 실정이다.

최근 국내외에서 일차·이차 대사산물의 기능적 생리활성 작용을 근거로 하여 농업(살충·살균·제초제), 화장품(미백), 식품산업(기능성 건강보조식품), 의약산업(항암제·항생제·면역증가·항산화), 환경산업(대기오염 모니터링, 산소공급, 공기 중의 질소 고정, 토양의 형성) 분야에서 지의류에 관한 연구들이 활발하게 이뤄지고 있다. 아직은 미활용 연구재료이나 고부가가치가 있어 앞으로 여러 분야에서 활용될 것을 기대할 수 있다.

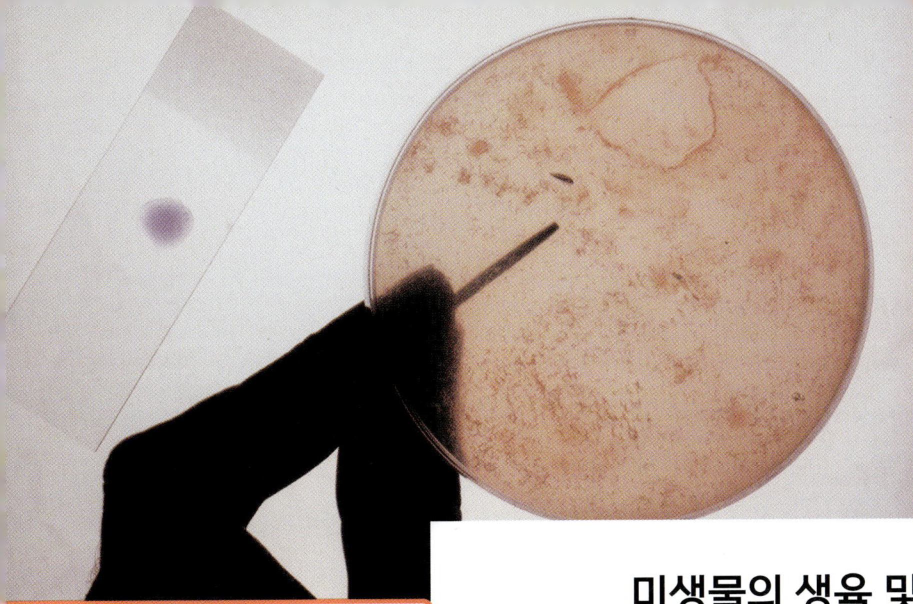

제8장

미생물의 생육 및 환경

1. 미생물의 증식곡선

미생물의 세포 증식은 여러 가지 환경적 요인에 의해 증식이 촉진 또는 저해된다. 미생물은 일정한 조건하의 배양시간에 따른 미생물의 균 수 또는 균체량의 변화가 일어나고, 그 증식곡선은 일반적으로 4단계인 유도기, 대수기, 정지기, 사멸기로 증식상태는 시그모이드(sigmoid) 곡선을 가진다[그림 8-1].

1) 유도기

유도기(lag phase)는 미생물이 새로운 환경에 적응하는 세포의 적응기간으로 생균 수가 사균 수보다 많고 세포증식에 필요한 영양성분이 많으며 ATP, 필수 보조인자, 리보솜 합성이 활발하다. 증식의 준비단계로 영양물질 대사에 필요한 효소를 합성하는 단계이다. 이 시기에는 RNA 함량은 증가하며 DNA 함량은 일정하고 세포크기가 2~3배로 성장하는 시기이다. 병원균의 경우 이 시기를 잠복기라 한다.

2) 대수기

대수기[exponential 또는 log(logarithmic) phase, 지수기]에는 새로운 환경에 대한 세포의 적응 준비가 끝나서 세포 수가 기하급수적으로 증가한다. 대수기에는 세포의 증식속도가 세포의 사멸속도보다 빨라서 세포질 합성 속도와 비례한다. 미생물의 생육이 왕성하여 배지의 생육영양분은 지수적으로 감소한다. 대수기 미생물은 생리적 활성이 강하고 민감해서 온도, pH, 산소량, 영양성분, 외부 자극(열, 화학약품 등)에 예민하다. 이 시기에 RNA 함량은 일정하며 DNA 함량은 증가하고, 세대기간과 세포크기는 일정한 시기이다.

3) 정지기

정지기(stationary phase, 정상기)는 생균 수의 변화가 나타나지 않는 시기로 새로 생성된 세포 수와 사멸된 세포 수가 거의 같다. 내생포자균의 포자 형성 미생물의 경우 이 시기에 포자를 형성하며 세포 수가 최대에 이르고, 세포크기가 정상 크기로 회복되는 시기이다. 이 시기에 영양분 고갈, 용존산소량 부족, 대사산물의 축적, 배지의 산성화(낮은 pH)가 나타나면 세포 사멸의 원인이 된다.

4) 사멸기

사멸기(death phase)는 생균수의 양이 감소하는 시기로 새로 생성된 세포 수가 사멸된 세포 수보다 적다. 영양성분의 고갈과 미생물 대사산물인 노폐물이 증가하여 생육에 열악한 환경이 되며 영양분을 얻기 위해 미생물의 효소 작용으로 자기소화(autolysis)를 통해 균체를 분해하여 사멸균 수가 증가하여 균체 수가 감소하는 시기이다. 한편 다른 미생물을 죽이기 위해 독소를 생성하는 시기이기도 하다.

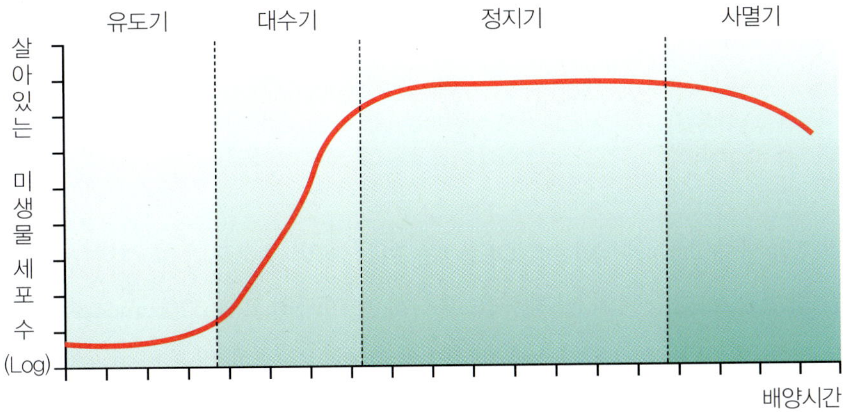

| 그림 8-1 | 미생물의 증식 곡선

2. 증식의 세대기간

세대기간(generation time)은 분열 또는 출아에 의해 생긴 한 개의 새로운 미생물 세포가 두 개로 증식하는 데 필요한 시간이다. 미생물의 종류와 환경에 따라 세대기간은 차이가 있지만 일반적으로 30분 이하이다. 대장균, 젖산균의 경 우 약 20분이고 곰팡이는 세대기간의 측정이 불가능하여 생육속도관으로 균체증식량을 측정하여 알 수 있다.

세대기간 공식

$$b = a \times 2^n$$

b=총균수 , a=초기균수, 2^n=n세대수

n세대까지 오는 데 소요된 시간을 t라고 하면 세대시간(g)= t/n이고, 세대수(n) = t/g이다.

3. 미생물 증식측정법

1) 건조균체량

건조균체량(dry cell weight, DCW)은 미생물의 증식도를 측정하는 가장 기본적인 방법으로 배양액의 일정량을 채취하여 여과하고 3,000rpm으로 10분간 원심분리한 후 균체분리한다. 생리식염수로 세척을 3회 반복하여 105~110℃의 건조오븐에서 10분간 건조하고 데시케이터에서 냉각하여 항량 때까지 칭량하여 균체량을 정량한다.

2) 균체질소량

균체를 구성하고 있는 단백질량을 식품분석과 동일한 방법으로 분석하여 질소량을 정량하여 균체량을 환산하는 방법이다. 전제조건으로 균체량의 증가와 질소량의 증가는 비례한다.

3) 원심침전법

원심침전법(packed cell volume, PCV)은 미생물 배양액 중의 미생물을 모세원심분리관에 넣어 원심분리한 후 얻은 균체를 생리식염수로 3회 원심분리 세척하여 침전된 균체량의 용적을 측정하는 방법이다. 이 방법은 간단하고 빠르나 정확도가 낮고 부피(용적, volume) 측정이므로 균체의 크기와 공간까지 포함된다.

4) 비탁법

비탁법(turbidometry)은 배양된 미생물을 일정량의 증류수에 희석하여 광전비색계(spectrophotometer)로 탁도(흡광도)를 측정한다. 균체가 전혀 없는 증류수와 비교함으로써 광학적 밀도(optical density, OD)를 측정하여 대체로 정확한 값을 측정할 수 있다[그림 8-2].

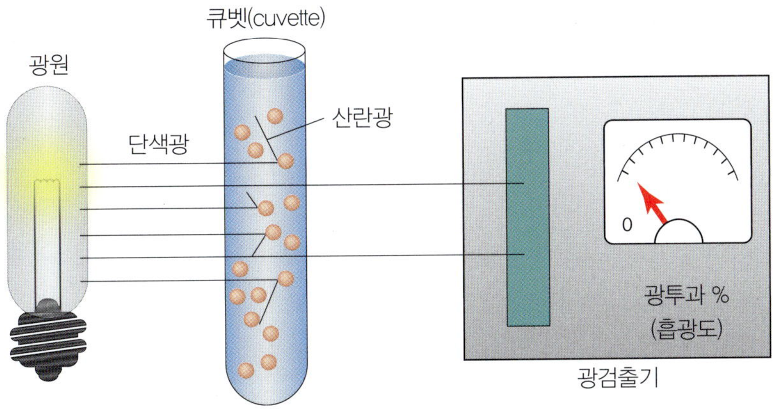

| 그림 8-2 | **광전비색계 원리**

5) 총균수 측정법(총균계수법)

총균계수법은 현미경에 의한 균체 수를 직접 세는 방법으로 혈구계수기의 눈금칸의 수와 균체의 희석배수를 곱하여 구할 수 있다. 효모 수는 토마(Thoma)의 hemocytometer를 이용하고 세균 수는 페트로프-하우저 계수기(Petroff-Hausser counting chamber)를 이용한다[그림 8-3]. 이때 0.1%의 메틸렌블루(methylene blue)를 첨가하여 생균, 사균을 판별하여 계수할 수 있다. 곰팡이는 균사가 연속적으로 증식하므로 균체 수 측정이 불가능하다. 따라서 일반적으로 생육도관으로 균체증식량을 측정하여 균체의 증식 생육을 비교한다.

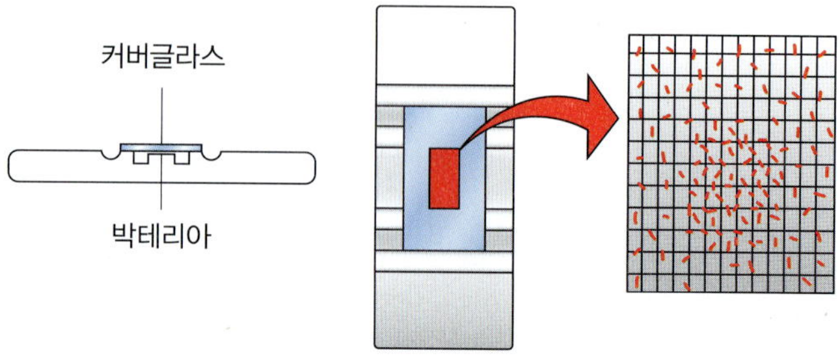

| 그림 8-3 | **혈구계수기**

6) 생균수 측정법(생균계수법)

생균계수법은 평판배양하여 생긴 집락(colony)의 수로 생균 수를 측정하는 방법으로 한 개의 생균이 한 개의 집락을 형성한다는 가정하에 측정한다[그림 8-4]. 곰팡이처럼 균사를 형성하여 균일한 현탁액을 만들 수 없는 경우 희석법을 이용한 생균 수 측정은 할 수 없다. 희석법을 이용할 때는 한천(agar) 배지에 배양하여 균 수를 측정한다.

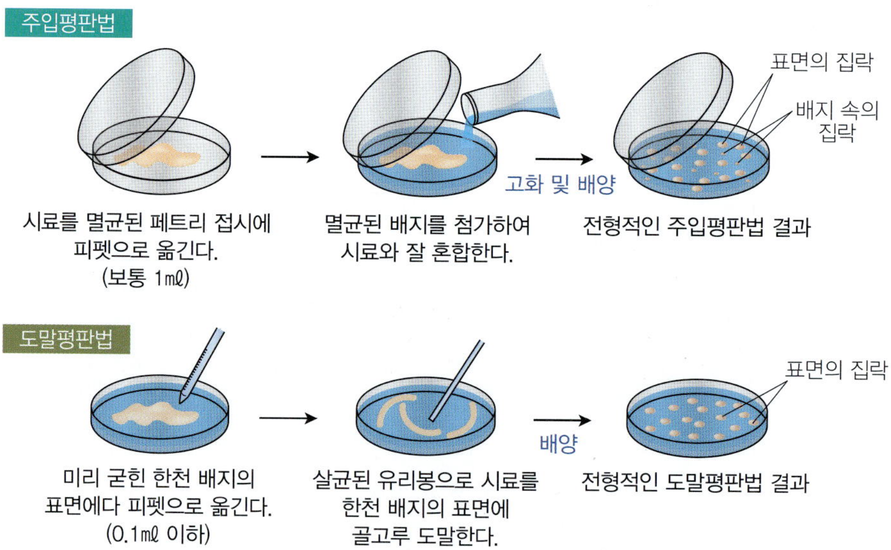

| 그림 8-4 | **주입평판법**(pour plate method) & **도말평판법**(spread plate method)

4. 미생물 환경인자

식품 내 미생물의 증식에 미치는 요인들은 물리적·화학적·생물학적 환경요인으로 크게 구분할 수 있다. 우선 물리적 요인으로는 온도(내열성), 압력(삼투압), 광선, 방사선, pH, 산화환원전위 등이 있고 화학적 요인으로는 수분, 산소, 탄산가스, 염류, 화학약품, 질소원, 탄소원, 무기이온, 미량발육인자, 항생물질 함유 여부 등이며 생물학적 요인은 미생물총(microflora)에 의한 영양분, 산소분압의 쟁취, 대사산물 생산 등이 있다. 따라서 미생물의 증식과 생리적 성질은 주어진 환경에 따라 달라진다. 이러한 미생물 증식에 미치는 요소들을 적절히 이용하면 식품 내 미생물을 조절하여 식품의 부패 또는 인체에 유해한 식중독 미생물을 억제하여 식품의 안전성을 유지하는 데 활용할 수 있다.

1) 수분

모든 미생물의 생육에 필수적인 수분은 75~85%이며, 세포 내 대부분의 생화학적 반응에 관여하고 영양소의 용매로 작용한다. 따라서 수분이 전혀 없는 환경에서는 미생물이 생육할 수 없다. 미생물은 수분이 적으면 정상적 대사활동이나 증식을 하지 않고 포자를 형성하여 휴면상태로 들어간다.

(1) 수분의 종류

식품 내 수분은 자유수와 결합수로 구분된다. 물리적 방법으로 쉽게 제거되어 미생물이 이용 가능한 물은 자유수(free water, 유리수)이고 결합수(bound water)는 식품의 유효성분과 화학적으로 결합된 수분으로 미생물이 이용할 수 없다. 열에 대한 저항성이 강한 포자의 수분은 거의 결합수로 휴면상태에서 잘 견딘다. 영양세포는 자유수가 감소되면 생육이 정지된다.

(2) 수분활성도(Aw)

미생물은 자유수만 이용이 가능하며 물질 속에는 미생물이 적절한 생육을 하는 데 이용할 수 있는 수분이 있다. 식품의 자유수는 대기의 수분함량의 변화에 영향을 받는데, 식품은 대기의 수분함량이 높으면 수분을 흡수하지만 주변 대기의 수분함량이 낮으면 식품의 수분을 증발시킨다. 한편 식품이 용기 및 포장 상태에서 보관되는 중에 온도 변화를 겪으면 수분함량에 영향을 받고 식품 내 미생물 생육에도 영향을 미친다. 따라서 미생물의 성장에 이용될 수 있는 수분의 적정량은 대기 중의 상대습도와 온도를 고려한 수분활성(water activity, Aw)으로 나타낼 수 있다.

$Aw = P_1/P_0$

P_1 : 임의의 온도에서 식품고유의 수증기압

P_0 : 그 온도에서 순수한 물의 수증기압

$Aw = RH/100$

RH(Relative Humidity) : 상대습도

동일한 온도에서 식품이 갖는 수증기 압력(P_1)은 순수한 물의 수증기 압력(P_0)보다 언제나 낮기 때문에 항상 수분활성 Aw는 1보다 작은 0~1까지의 범위를 갖는다. 순수한 물의 수분활성은 자유수 100%(Aw=1)로 표기하며 영양분이 전혀 없으므로 생육이 불가능한 상태이다. 모든 미생물의 생명활동이 정지되는 Aw는 0.65~0.60 이하이며, 미생물 증식의 최적 Aw범위는 0.94~0.99이다[표 8-1]. 식품의 Aw를 가능한 한 낮게 유지함으로써 식품을 보존할 수 있다. Aw를 낮추는 방법으로는 용질인 설탕, 식염 등을 첨가하는 당절임 또는 염장 삼투압을 이용하거나 농축, 건조에 의한 수분 제거 및 냉동온도 강하를 통해 Aw를 저하시켜 식품을 보존할 수 있다.

| 표 8-1 | 식품변질 미생물의 증식 가능한 최저 수분활성도(Aw)

미생물명	최저 Aw	미생물명	최저 Aw
세균	0.91	호염세균	0.75
효모	0.88	내건성 곰팡이	0.65
곰팡이	0.80	내삼투압효모	0.60

2) 온도

미생물 생육환경에 가장 중요한 요인인 온도는 미생물의 생육속도, 형태, 화학적 조성, 영양요구 등에 크게 영향을 미치는 요인 중의 하나이다. 따라서 미생물은 일정한 온도 범위 내에서 생육하여 증식하는 기본 생육온도가 낮은 온도에서 높은 온도까지 넓은 범위에 걸쳐 여러 미생물이 분포되어 있고 최적온도에 따라 크게 세 개의 군으로 분류할 수 있다[그림 8-5], [표 8-2].

기본 생육온도가 낮은 최저온도(minimum temperature, A)를 가지는 저온균으로 그 온도 이하에서는 성장하지 못하는 미생물이다. 그리고 미생물의 성장이 가장 활발하게 진행되는 생육온도가 중간온도의 최적온도(optimal temperature, B)를 가지는 중온균과 그 온도 이상에서는 성장되지 않는 최고온도(maximum temperature, C)를 가지는 고온균으로 미생물을 생육온도에 따라 나눌 수 있다.

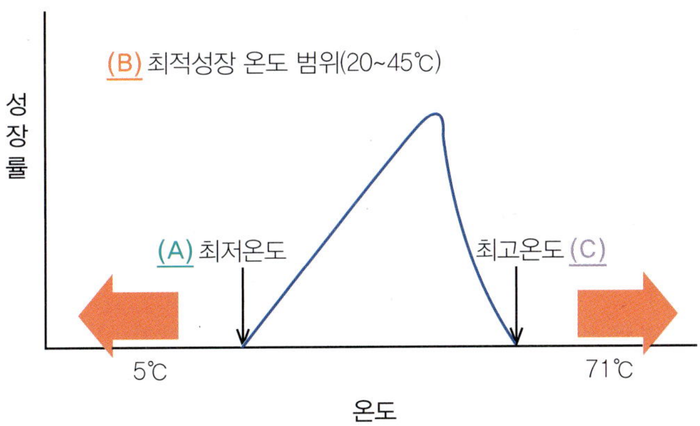

| 그림 8-5 | 미생물 생육온도

| 표 8-2 | 생육온도에 따른 미생물의 분류

미생물	생육온도(℃)			대표적인 예
	최저	최적	최고	
저온균	0~5	10~20	25~30	수중세균, 발광세균 (*Pseudomonas*속, *Achromobacter*속, *Flavobacterium*속 등)
중온균	10~15	25~40	40~50	대부분의 곰팡이, 효모, 세균(*Bacillus subtilis*, 병원성 세균, 장내 세균: *Escherichia coli*)
고온균	25~45	50~60	70~90	포자 형성균, 온천세균, 퇴비세균, 황세균, 젖산균 (*Bacillus thermofibrinoides*, *Bacillus coagulans*, *Clostridium thermosaccharolyticum*)

3) 산소(O_2)

산소의 존재 유무는 많은 미생물의 생육에 필수적이지만 어떤 미생물에서는 전혀 불필요하고 일부 미생물은 부분적인 요구도가 있다. 일반적으로 효모와 곰팡이의 생육에는 산소요구도가 있으나 세균 중에는 산소요구도가 없는 세균과 산소요구도가 있는 세균이 존재한다[그림 8-6]. 미생물의 생육에 절대적으로 산소를 요구하는 균은 편성호기성(절대호기성)균으로 호흡(산화적 대사)을 통해 에너지를 획득하며 스테롤(sterol)이나 불포화지방산의 생합성에도 산소를 필요로 하는 균이다. 일반적으로 곰팡이, 산막효모, 초산균(*Acetobacter*)·마이크로코쿠스(*Micrococcus*)·수중세균(*Pseudomonas*, *Achromobacter*, *Flavobacterium*)·브레비박테륨(*Brevibacterium*)속의 일부, 바실루스(*Bacillus*)속(호기성 포자형성) 균이 포함된다.

미호기성 세균은 산소를 요구하지만 대기압보다 낮은 산소분압에서 생육이 좋다. 편성호기성균과 같이 산소호흡을 통해 에너지를 획득한다. 젖산균, 근류균(*Rhizobium*)·캄필로박터(*Campylobacter*)속 등이 대표적인 미호기성균이다.

통성혐기성균은 유리산소의 유무에 관계없이 생육이 가능하며 호기상태에서는 산화적 대사인 호흡으로 에너지를 획득하는 반면 혐기상태에서는 발효나 질산염(NO_3^-)을 전자수용체로 한 혐기적 호흡으로 에너지를 획득하는 대부분의 효모와 세균이 포함된다.

편성혐기성(절대혐기성)균은 절대적으로 산소를 요구하지 않으며 유리산소가 있으면 과산화수소(H_2O_2)의 유해작용으로 산화환원전위가 상승되어 사멸하여 산소가 없는 환경에서만 생육하는 균으로 클로스트리듐[*Clostridium*, 혐기성 포자형성세균, 낙산균(butyric acid bacteria) 포함], 박테로이데스(*Bacteroides*)속, 메타노코쿠스(*Methanococcus*)속, 프로피온산균(propionic acid bacteria) 등이 있다.

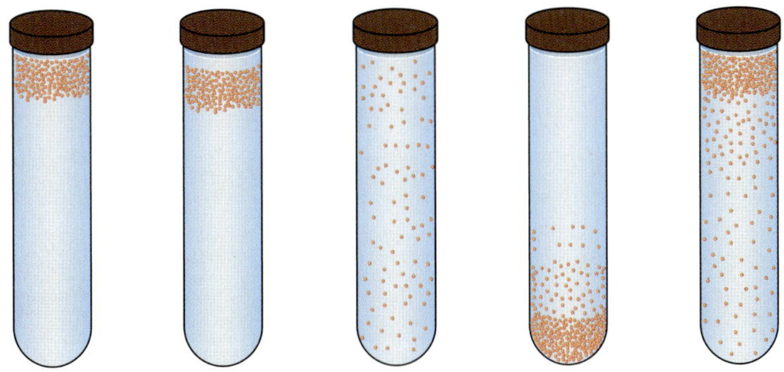

| 그림 8-6 | **산소 유무에 따른 미생물의 생육형태**

4) pH

미생물의 생육에 영향을 미치는 중요한 인자인 pH는 미생물 각각에 대한 최적의 pH가 있다. pH는 용액 속에 존재하는 수소이온 농도에 따라 용액을 알칼리성, 중성, 산성 용액으로 분류하는 기준이 된다. 미생물의 생육은 식품의 pH에 영향을 받고, 온도와 마찬가지로 미생물에는 일정한 pH 범위 내에서 생육하거나 최적의 성장을 하는 기본 생육에 적합한 최적 pH, 최저 pH는 산성측의 생육 pH 한계를 가진다. 최고 pH는 알칼리측의 생육 pH 한계를 갖는다. 곰팡이의 최적 pH는 5~6의 약산성, 미산성이며, 효모의 최적 pH는 4~6인 약산성, 미산성이다. 세균의 최적 pH는 7~8의 중성, 약알칼리이고 대장균의 최적 pH는 4.5~9.0이다. 곰팡이 포자는 pH 3~7 사이에서 발아하여 미생물의 포자 발아도 pH의 영향을 받는다.

세균영양세포와 포자의 내열성이 가장 강한 수소이온 농도는 pH 7의 중성이고 산성 또는 알칼리성일 때 내열성이 약하고 특히 산성일 때 내열성이 감소된다. 따라서 산성 pH의 식품인 과일 및 과일주스, 채소류는 곰팡이나 효모에 의해 부패되고 세균에 의해서는 잘 부패되지 않지만 중성 pH의 식품인 우유 및 유제품이나 육류, 수산물 등은 세균에 의한 부패가 잘 발생한다[표 8-3].

| 표 8-3 | 식품의 pH

식품	pH	식품	pH
레몬	2.2~2.4	딸기	3.1~3.9
토마토	3.9~4.6	배	3.7~4.7
바나나	4.5~4.7	당근	5.0~6.0
감자	5.3~5.6	고기	5.4~6.9
넙치	5.6	양상추	6.0
대구	6.2~6.6	우유	6.3~6.6
달걀흰자	8.6~9.6		

출처: 이종경 외(2014).

5) 압력

미생물은 자연계의 압력 1기압에서 대부분 생육하고 일반 미생물은 30℃, 300기압에서 생육이 저해되며 400기압에서 거의 정지된다. 온도 증가 시 압력에 의한 저해가 감소되는데 그 이유는 고온이 압력에 의한 단백질의 변성을 억제하기 때문이다. 심해, 유전층에 주로 존재하는 호압세균(barophile)은 대기압에서는 생육이 불가능하나 500기압 이상 고압일 때에만 생육이 양호한 균이다.

6) 식염농도(삼투압)

일반 미생물의 생육에 있어서 수분은 중요한 인자로 수분에 용해되어 있는 용질의 삼투압에 더 영향을 미친다. 미생물 세포는 염의 농도에 민감하여 2%의 식염농도로 미생물 생육 유무를 나눈다. 호염균으로는 2% 식염농도 이상에서만 생육 가능한 편성호염균과 2% 식염농도 이하에서도 생육, 즉 2% 이상, 이하 모두 생육 가능한 통성호염균이 있다. 비호염균은 2% 식염농도에서 생육이 불가능하여 식염농도가 2% 이하여야 한다. 내염성균은 10~20% 식염농도에서도 생육 가능한 균으로 효모인 사카로미세스 룩시(*Saccharomyces rouxii*), 세균인 페디오코쿠스 할로필루스(*Pediococcus halophilus*)가 대표적인 균이다. 대부분의 균들이 고도의 식염농도에서 생육이 저해되는 원인은 다음과 같다.

① 삼투압이 증가하여 원형질 분리
② 탈수작용
③ 효소의 활성 저해
④ 산화환원전위를 낮춰 산소용해도 감소
⑤ 이산화탄소 감수성이 높아짐
⑥ 염소의 살균작용(독작용)($NaCl \rightarrow Na^+ + Cl^-$)

7) 당농도(삼투압)

미생물 세포에 당용액의 삼투압은 이당류, 올리고당, 다당류보다 단당류가 세포에 대한 삼투압이 높아 같은 농도일 경우 분자량이 적은 당이 삼투압을 높여 미생물 생육의 저지효과가 높다. 삼투압의 순서는 다당류 < 이당류(maltose, sucrose, lactose) < 단당류(glucose, fructose)이다. 미생물의 생육저지 농도는 설탕(sucrose)은 60~70%, 포도당(glucose)은 45~50%이다.

8) 영양소

미생물은 성장과 증식을 위해 외부의 영양물질을 섭취함으로써 필요한 에너지원과 균체의 구성성분인 탄소원, 질소원, 유기염류, 발육인자(growth factor) 등을 획득한다. 각 인자들은 미생물의 종류에 따라 대사 합성능력의 차이가 다르므로 이용되는 물질과 형태는 각기 다르다. 미생물의 에너지 합성과 영양 요구성에 따라 미생물을 분류할 수 있다. 첫 번째는 무기영양균, 자력영양균으로 불리는 독립영양균으로 유기물을 필요로 하지 않고 무기물의 산화나 광합성을 통해 스스로 에너지를 획득하여 생육하는 균이다. 두 번째는 유기영양균, 타력영양균으로 불리는 종속영양균으로서 유기물을 분해하여 발생하는 에너지를 이용하는 균으로 대부분의 식품미생물은 종속영양균이 많다. 세 번째는 기생영양균으로서 무력영양균으로도 불리며 바이러스와 같이 숙주세포의 대사계를 이용하면서 외부 영양분도 이용하는 미생물로 분류할 수 있다.

(1) 독립영양균(무기영양균, 자력영양균)

독립영양균은 무기 탄소원(CO_2, HCO_3^-), 무기 질소원(NH_4^+, NO_3^-)을 영양으로 이용하며 광합성균과 화학합성균으로 나뉜다. 광합성균은 광합성 색소로 빛 에너지를 이용하는 홍색유황세균[$CO_2+H_2S \rightarrow (CH_2O)+H_2O+2S$]이 있다. 화학합성균은 무기질의 산화로 균체 합성에 필요한 에너지를 획득하는데, 암모니아(NH_3)를 이용하는 니트로소모나스(*Nitrosomonas*)·니트로소코쿠스(*Nitrosococcus*)속과 아질산(HNO_2)을 이용하는 니트로박터(*Nitrobacter*)속 등의 질화세균이 있으며 그 외 유황세균, 수소세균, 메탄산화세균, 철세균이 포함된다.

(2) 종속영양균(유기영양균, 타력영양균)

다른 동·식물에 의해 생성된 유기물을 이용하는 생체 기생균과 사물 기생균으로 유기물의 분해 즉 호흡이나 발효에 의해 생기는 유리 에너지를 이용한다.

대부분의 식품미생물, 질소고정균(*Azotobacter* · *Rhizobium*속), nonexacting균, exacting균, 젖산균은 종속영양균이다.

① 질소 고정균은 호기성으로 토양에 존재하며, 기체(gas)상의 질소를 이용한다.
② Nonexacting균(덜 엄격한 영양요구균)은 탄소원으로 유기물을 요구하고 질소원으로 NH_4^+, NO_3^-등의 무기염을 이용하여 균체 성분을 합성한다. 대장균, 슈도모나스(*Pseudomonas*)속, 효모, 곰팡이가 포함된다.
③ Exacting균(엄격한 영양요구균)은 질소원인 무기질소만으로 생육하지 못하고 아미노산이나 발육소 등을 요구하는 균이다.
④ 젖산균은 영양요구가 복잡하다. 탄소원의 대부분을 아미노산, 핵산염기, 비타민류 형태로 요구하고 에너지원인 당류는 극히 일부만 이용하며, 거의 정량적으로 발효생산물로 전환한다.

(3) 배양에 필요한 영양소

종속영양균의 생육에 필요한 영양소는 탄소원, 질소원, 무기염류, 발육인자(발육소) 등이 있다[표 8-4].

① 탄소원

독립영양균을 제외한 대부분의 미생물은 유기탄소원의 에너지원을 요구한다. 탄소원은 세포의 에너지원과 세포구성에 이용되며 미생물의 유전적 형질에 따라 많은 차이가 있으나 일반적으로 단당류(glucose, fructose)와 이당류(sucrose, maltose)를 주로 이용하고 락토스(lactose)는 장내 세균(*Escherichia coli*)과 젖산균의 일부만 이용하며, 초산균은 알코올류의 탄소원을 주로 이용한다. 미생물 생육에 알맞은 당농도는 세균은 0.1~2%, 효모와 곰팡이 5%, 발효 시에는 10~15% 이상에서 배양하며 고농도의 당농도에서는 저해를 받는다.

| 표 8-4 | 영양원의 종류와 관련 미생물의 이용

영양원		이용하는 미생물
탄소원 (0.5~5%) 에너지원 세포성분	유기탄소원	
	단당류, 이당류 (포도당, 과당, 맥아당, 설탕)	일반 세균, 효모, 곰팡이
	(유당)	젖산균, 장내 세균
	다당류(전분, 펙틴)	아밀레이스, 펙티네이스를 가지는 곰팡이, 방선균, 낙산균
	유기산, 알코올류, 탄화수소류	유기산 염류, 알코올, 글리세린 등의 탄화수소류를 이용하는 미생물, 초산균 등
	무기탄소원	
	CO_2, 탄산염	광합성세균, 황세균, 질산균, 메탄산화균
질소원 (0.1~0.5%) 단백질, 핵산 염기성분	유기질소원	
	단백질, 펩톤류	곰팡이, 효모, 세균
	아미노산류	곰팡이, 고초균
	무기질소원	
	질산염류	곰팡이, 질산균
	암모니아염류	대장균, 효모, 곰팡이, 아질산균
	유리질소가스류	공중질소 고정균
무기염류	P, S, Ca, Mg, Na, K, Cu, Mn 등	대부분의 미생물 생육에 필요함
발육인자 (극미량)	각종 비타민, 필수아미노산, 필수지방산, 핵산류 등	탄소, 질소, 무기염류 외에 특정한 생육인자가 필요한 미생물이 존재

출처: 신해헌 외(2012).

② 질소원

미생물은 그 균체의 성분 또는 각종 효소성분, 단백질, 퓨린(purine), 피리미딘(pyrimidine) 핵산 염기를 함유하므로 이 성분을 합성하는 데 질소원(N)이 필요하며 생육배지의 질소함량에 따라 미생물의 성장에 영향을 미친다. 일부 미생물을 제외한 대부분의 미생물인 곰팡이와 효모는 공기 중 질소를 이용할 수 없으므로 배지에 유기질소원인 아미노산류 또는 무기질소원인 NH_4^+, NO_3^-를 첨가해야 한다. 미생물 배지에 최적 질소함량은 0.1~0.5% 정도이다.

③ 무기염류

미생물에서 무기염류의 기능은 세포성분, 대사과정 중의 효소, 세포 내 삼투압 조절 및 배지의 완충작용 역할을 한다. 생육에 비교적 다량 필요한 원소는 P, S, Mg, Na, K, Ca 등이고, 생육에 비교적 소량 필요한 원소는 Fe, Mn, Co, Zn, Mo, Cu 등으로 미량원소들은 기질의 효소 촉매제 또는 보조인자로 이용된다[표 8-5].

| 표 8-5 | 무기염류의 생육작용

무기질		작용
다량 무기질 (0.05~0.1%)	P	AMP, ADP, ATP, TTP 등의 조효소 구성성분
	Mg	해당과정에 관계되는 효소의 부활제, 세포분열 관여
	S	효소의 활성기로 -SH그룹 작용, 세포대사의 효소계 관여
	K	효소의 부활제
	Ca	단백질효소 합성에 필요하지만 일반적으로는 불필요
	Na	생화학적 반응의 촉매적 요소로 칼륨을 대용할 수가 없음
미량 무기질 (극미량)	Fe	효소의 헴(heme) 구성성분
	Zn	효소의 부활제, 포자형성 촉진
	Cu	균체 내 산화 환원과 관계
	Mn	포자형성, 효소 부활제
	Co	비타민 B_{12} 구성성분
	Mo	질산환원효소의 부활제

④ 발육인자(발육소)

주요 영양성분으로 탄소원, 질소원, 무기염류 이외에 미생물의 생육에 절대적으로 필요하나 합성되지 않는 필수 유기 화합물(생육인자, growth factor)이 필요한 미생물이 있다. 생육인자는 미생물의 종류와 생육환경에 따라 다양하지만 일반적으로 아미노산, 퓨린, 피리미딘, 비타민류(B, C)이며 효모의 생육인자로는 판토텐산, 비오틴이 대표적이다.

9) 광선과 방사선

태양광선은 파장에 따라 자외선, 가시광선, 적외선 등으로 분류할 수 있다. 이 중 자외선은 강한 살균력을 가지는 반면 가시광선과 적외선은 살균력이 약하거나 미생물에 거의 영향을 주지 않는다. 살균력이 가장 큰 자외선 파장은 250~260㎚ 부근 단파장의 자외선이다. 자외선 조사는 DNA 손상 유발로 사멸을 초래하고 동시에 돌연변이주의 발생이 많다. 자외선은 공기 및 표면 미생물에 대한 살균력이 강하여 식품제조 용수, 생수, 음료 살균 및 식품가공기계의 표면 살균, 시설 내 공기살균 등에 널리 이용한다. 한편, 소형 자외선 살균소독기는 컵, 식기, 도마 등의 살균·소독에 활용되고 있다.

방사선은 방사능을 가진 원자에서 발생하는 빛 또는 물질 또는 에너지가 높아 불안정한 물질이 안정된 상태를 찾기 위해 방출하는 에너지의 흐름을 말한다. 투과력이 약한 자외선에 비해 방사선은 투과성이 강하여 미생물의 내부까지 살균할 수 있는 장점이 있다. 식품에는 ^{60}Co, ^{137}Cs 동위원소를 이용하여 조사·살균하며 이 방법은 살균 과정에서 열이 발생하지 않으므로 비가열 살균 또는 냉살균이라 한다. 방사선은 열처리 멸균이 어려운 수술용 라텍스, 채혈세트, 일회용 주사기 등에 사용되며 식품에는 그 사용 범위가 한정되어 있다. 우리나라에서는 농산물의 발아 억제, 발근 방지, 살충, 숙성조절, 품질개선 및 살균 등의 목적으로 사용하며 식품첨가물의 향신료에 대해 조사가 허용되고 있다.

10) 미생물 간의 상호작용

미생물 간의 상호작용은 증식환경의 생물학적 요인에 해당한다. 대부분의 식품미생물은 한 가지 이상의 종류와 양이 존재하여 각 미생물의 생육이 달라질 수 있다. 많은 미생물은 공존하며 서로 영향을 주고받는데, 식품 내에서 산소, 생육장소, 영양물질 등을 서로 경쟁(경합, competition)하거나 서로 생육을 억제(길항, antagonism)하거나 상호이익을 주고받는 공생(symbiosis) 등으로 구분할 수 있다.

또한 공생관계는 서로의 공생관계에 따라 편리공생(commensalism)과 불편공생(neutralism)으로 다시 구분할 수 있다. 또한 두 종류 이상의 미생물이 서로 촉진하는 공동작용(synergism)이 있다.

(1) 경합(competition)

다양한 종류의 미생물들이 공존할 때 영양물질, 산소, 생활공간 등을 서로 차지하려는 현상이다.

(2) 길항(antagonism)

미생물 공존 시 한 미생물의 대사산물이 다른 균의 생장을 억제하는 현상이다.

예 젖산균의 번식으로 pH가 저하되어 일반세균이 억제

(3) 편리공생(commensalism)

미생물 공존 시 한 미생물의 대사산물이 다른 균의 생장에 유리하게 작용하는 현상이다.

예 간장 숙성 시 내염성 젖산균인 페디오코쿠스 할로필루스(*Pediococcus halophilus*)의 번식으로 pH가 저하되었을 때 내염성 효모인 사카로미세스 룩시(*Saccharomyces rouxii*)의 번식이 왕성

(4) 불편공생(neutralism)

미생물 간에 서로 영향을 미치지 않고 생육하는 관계이다.

(5) 공생(symbiosis)

어느 한쪽이나 양자가 서로 유리하게 작용하는 관계이다.

예 콩과식물과 질소고정균

(6) 공동작용(synergism)

서로 종류가 다른 미생물이 공존하면서 각 미생물이 가지지 않는 새로운 기능을 발현하는 경우이다.

제9장

미생물 효소 및 대사

효소(enzyme)는 생체 내의 화학반응을 매개시키는 생체촉매(biocatalyst)로 작용하는 단백질이다. 효소의 성분은 단순단백질만으로 구성되어 있는 것과 단백질이 아닌 물질[조효소(coenzyme)나 보조인자(cofactor)]을 함유하고 있는 복합단백질로 구성된 것이 있다. 비단백질 부분을 '보결분자단(prosthetic group)'이라 부르며 보결분자단이 효소로 작용할 때는 조효소(coenzyme)라고 한다. 대부분의 경우 보결분자단만 복합단백질에서 생물학적 활성을 잃지 않고 제거하는 것은 어렵다.

보결분자단의 예로는 핵단백질의 핵산 부분, 당단백질의 당 부분, 헤모글로빈이나 시토크롬의 헴, 플라보 단백질(탈수소효소 등)의 플라빈 부분(조효소 역할), 리포단백질의 인지질 부분 등이 있다. 그리고 투석 등에 의해 쉽게 해리되는 금속이온을 보조인자(cofactor)로 가진 것도 있다[그림 9-1].

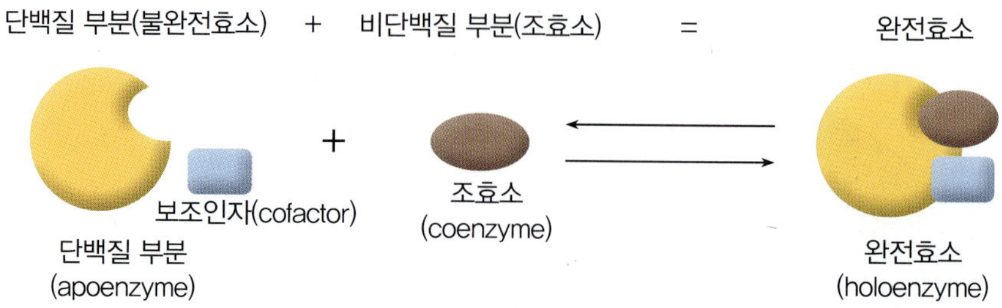

| 그림 9-1 | **아포엔자임(apoenzyme)과 홀로엔자임(holoenzyme)의 형태**

미생물의 경우에 균체 내(세포 내, intracellular enzyme)에 존재하는 효소를 균체 내 효소, 균체 밖(세포 외, extracellular)으로 배출하는 효소를 균체 외 효소라고 한다.

또한 효소의 기질이 존재할 때만 합성되는 효소로 아민 산화효소와 같이 특정물질을 첨가하였을 때 생성되며 합성 속도를 증가시키는 효소를 적응효소(adaptive enzyme) 또는 유도효소(inducible enzyme)라고 하며, 생육 조건에 관계없이 일정량이 합성되는 효소를 구성효소(constitutive enzyme)라고 한다. 그리고 각 형태는 물리적, 화학적, 면역학적으로 서로 다르지만 동일한 촉매반응을 하는 효소를 동질효소(isoenzyme)라고 부른다.

1. 미생물 효소의 일반적인 특징

효소는 단순단백질로 구성된 주효소와 보조효소로 이루어져 있다. 주효소는 단백질이고, 보조효소는 비타민과 무기질로 되어 있다. 따라서 효소가 정상적인 활동을 하기 위해서는 단백질과 무기질, 비타민 공급이 충분해야 한다. 효소는 반응의 평형농도를 변화시킬 수 없으나 반응을 더 빨리 평형농도에 도달하게 한다. 또한 효소는 자유에너지(△G)에 영향을 주지 않고 반응 후에도 변하지 않고 계속 작용한다.

1) 효소의 특이성

효소는 반응을 할 때 특정 기질에만 결합하여 반응을 촉매한다. 이와 같이 효소의 기질에 대한 선택성을 효소의 기질 특이성이라 하며 효소와 기질이 결합하여 효소-기질 복합체를 만든다. 효소의 활성부위의 입체구조가 기질의 입체구조와 일치할 때만 결합이 이루어지므로 효소는 특정 기질에만 결합하여 반응을 촉매한다. 효소에 기질이 결합(효소-기질 복합체)한 후 효소의 모양이 일부 변형되어 효소-생성물 복합체를 형성한 후 효소에서 생성물을 분리한다. 반응물에서 생성물이 만들어지는 화학반응은 기질 분자의 어떤 부분이 분자 내의 나머지 부분보다 더 많은 내부 에너지를 가지고 있어 전이상태(transition state)라 부르는 에너지 정점에 분자를 이동시킴으로써 일어난다. 이 기질과 효소결합의 기작은 활성부위의 정확한 공간배열에 의존한다. 즉, 기질이 효소의 모양에 꼭 맞는 모양을 가져야 한다[그림 9-2]. 즉, 효소와 기질은 열쇠와 자물쇠의 관계에 있으며, 효소단백질의 표면구조와 기질의 형이 일치한 것이 아니면 효소-기질 복합체는 만들어지지 않는다.

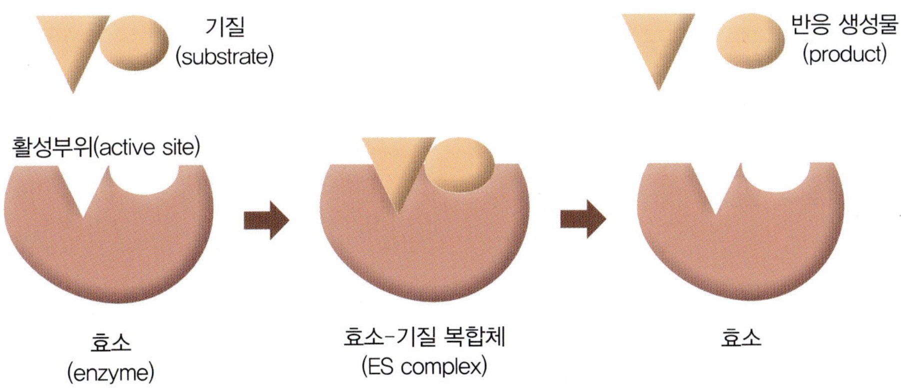

| 그림 9-2 | 효소-기질 반응

2) 효소의 작용기작

효소가 반응할 때는 기질과 결합하여 효소-기질 복합체를 형성하여 반응의 활성화 에너지(activation energy)를 낮추는 역할을 한다[그림 9-3]. 활성화 에너지란 화학반응이 일어나려면 반응을 일으킬 수 있을 만큼의 에너지가 필요한데, 반응 분자들이 화학반응을 일으키기 위해 필요한 최소한의 에너지를 말한다.

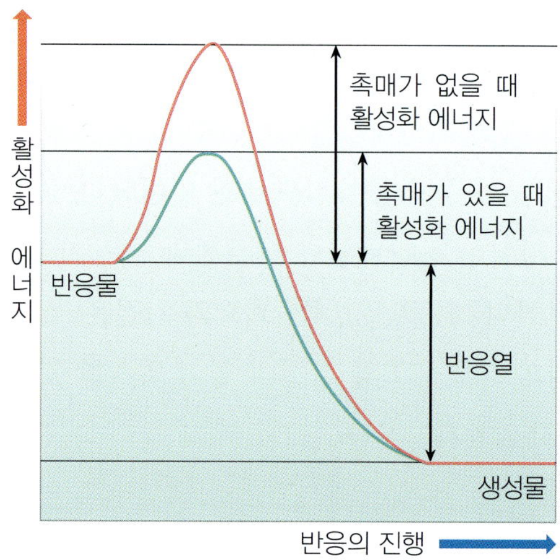

| 그림 9-3 | **효소반응의 활성화 에너지 변화**

2. 호흡과 발효

생물은 생명활동을 위해 에너지의 공급을 필요로 하며 그 에너지는 환경으로부터 얻고 있다. 대부분의 식물은 대기 속에서 광합성을 통해 태양의 광 에너지를 화학 에너지로 바꾸고 당과 그 밖의 식물체를 구성하고 있는 복잡한 화합물을 직접 만들어내지만, 미생물들은 근본적으로 생명유지에 필요한 물질을 합성할 수 없으므로 식물이나 다른 동물처럼 고분자 유기 화합물을 섭식하고 분해시켜 이것에서 생성되는 에너지로 생명활동을 유지한다.

미생물이 섭취한 먹이는 소화와 흡수의 과정을 거쳐 생체에 이용될 수 있는 단순한 화합물로 분해되고, 이러한 저분자물질들은 다시 복잡한 화학반응을 거쳐 필요한 에너지를 생산해 내고 세포의 구성요소들을 합성·조립하는 데 사용된다. 생물의 체내에서 일어나는 이러한 유기 화합물의 모든 화학반응과 이에 수반되는 에너지의 변환을 물질대사라 하고, 대사경로는 혐기적 대사(anaerobic metabolism)인 발효(fermentation)와 호기적 대사(aerobic metabolism)인 호흡(respiration)의 두 그룹으로 나뉜다.

특히 세포대사에서는 에너지를 이용해 저분자물질에서 고분자물질을 합성하는 과정을 동화작용(anabolism), 고분자물질이 저분자물질로 분해되면서 에너지를 방출하는 과정을 이화작용(catabolism)이라고 한다. 에너지의 저장과 방출을 담당하는 핵심물질은 ATP(adenosine triphosphate)이다.

1) 호흡

대부분의 생물은 산소를 사용하여 유기물을 물과 이산화탄소로 완전히 분해하는 세포 호흡을 하는데, 이를 산소 호흡이라고 한다. 산소 호흡은 해당작용, TCA 회로, 산화적 인산화의 세 가지 과정으로 진행된다.

포도당은 많은 생물들이 필요로 하는 주요 탄소 및 에너지원이다. 생물에 따라 몇 가지 다른 대사경로가 포도당의 분해대사(catabolism)를 위해 사용된다. 많은 생물들에 있어서 포도당의 분해대사는 주로 해당과정 또는 다른 말로 EMP(Embden-Meyerhof-Parnas) 경로를 거친다.

(1) 해당과정

해당과정(glycolysis)은 에너지를 전환하는 과정이다. 해당과정에서는 포도당(glucose)이 두 개의 피루브산으로 되고 이 과정에서 두 개의 ATP가 생성된다. 해당과정의 첫 단계는 포도당을 세포 안에 잡아 두고, 인산기가 붙은 세 개의 탄소가 있는 화합물로 인산화하는 과정이다. 이어지는 두 번째 단계는 과당-1,6-2인산(fructose-1,6-diphosphate)의 생성단계이며, 세 번째 단계는 피루브산의 탈탄산 단계로 세 개의 탄소가 있는 분자가 산화되어 피루브산(pyruvate)이 되면서 ATP를 생성하는 과정이다[그림 9-4].

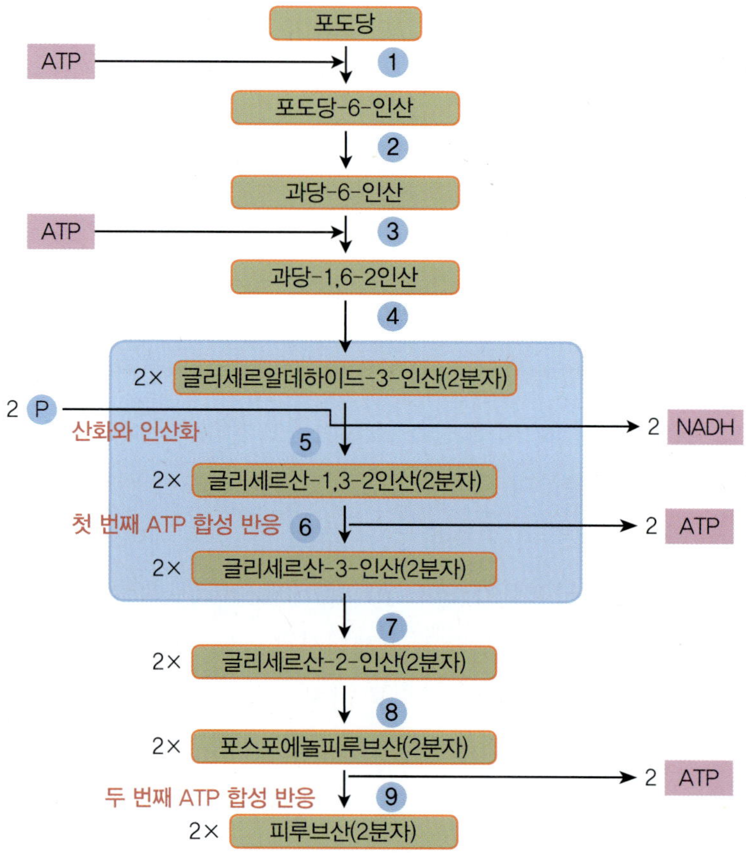

| 그림 9-4 | 해당과정경로

포도당(glucose)은 특별한 수송 단백질(glucose transporters)을 통해서 세포 안으로 들어가는데, 세포 안에서 첫 번째로 ATP를 사용해 인산화되어 '포도당-6-인산(glucose-6-phosphate)'이 된다. ATP의 인산기(phosphoryl group)가 포도당의 6번 탄소의 수산화기(hydroxyl group)에 붙는데, 이때 헥소인산화효소(hexokinase)가 촉매한다. 헥소인산화효소는 포도당이나 만노스(mannose)와 같은 다양한 6탄당에 ATP로부터 인산기를 옮기는 것을 촉매하고 다른 모든 인산화효소(kinase)처럼 활성을 갖기 위해서는 Mg^{2+}를 필요로 한다(또는 다른 2가 금속인 Mn^{2+}을 필요로 한다).

해당과정의 그다음 단계는 포도당-6-인산이 이성화(isomerization)를 통해 과당-6-인산(fructose-6-phosphate)이 되는 것이다. 이 반응은 포스포 글루코스 이성화 효소(phosphoglucose isomerase)를 통해 진행된다. 이성질화 반응은 중요한데 해당과정의 뒤쪽 반응에서 오직 탄소 세 개인 분자만이 대사될 수 있기 때문이다. 포도당-6-인산은 세 개의 탄소를 가진 분자로 쉽게 쪼개지지 않지만, 과당-6-인산은 쉽게 쪼개진다. 이성화 반응에 이어서 두 번째 인산화반응(phosphorylation)이 진행된다. 포스포프룩토인산화효소(phosphofructokinase, PFK)가 ATP 분자의 말단 인산기를 1번 탄소에 전달하여 과당-6-인산을 과당-1,6-2인산(fructose-1,6-diphosphate)으로 바꾼다. 과당-1,6-2인산은 과당 2인산 알돌레이스(fructose diphosphate aldolase)에 의하여 2분자의 삼탄소 화합물, 즉 디하이드록시아세톤-인산(dihydroxyacetone - phosphate)과 글리세르알데하이드-3-인산(glyceraldehyde-3-phosphate, GAP)으로 분해된다. 이 두 3탄당은 3탄당 인산 이성질화효소(triose phosphate isomerase)에 의하여 상호 전이되며, 호흡이 계속 진행되는 한 디하이드록시아세톤-인산은 계속 글리세르알데하이드-3-인산으로 변한다.

지금까지 해당과정에서는 포도당 한 분자를 두 개의 글리세르알데하이드-3-인산으로 바꾸었지만, 에너지는 발생하지 않았다. 오히려 두 개의 ATP가 소모되었다. 해당과정의 남은 반응은 GAP로부터 ATP를 얻어내는 과정으로 첫 번째 반응은 GAP가 글리세르알데하이드 3-인산 탈수효소(glyceraldehyde 3-phosphate dehydrogenase)를 통해 1,3-디포스포글리세르산(1,3-diphosphoglycerate, 1,3-DPG)이 되는 과정이다. 1,3-디포스포글리세르산은 아실 인산(acyl phosphate)으로서 인산(phosphoric acid)과 카복실산(carboxylic acid)의 무수물 혼합물이다. 이 화합물은 인산기-이동퍼텐셜(phosphoryl group - transfer potential)이 크다. 따라서 이어지는 반응에서 1,3-DPG는 ADP에 인을 붙일 수 있다. 1,3-DPG는 ATP의 인산기-이동퍼텐셜보다 더 큰 에너지를 가지고 있다. 포스포글리세르산 인산화효소(phosphoglycerate kinase)가 촉매해서 1,3-DPG와 ADP 그리고 인이 반응해 3-포스포글리세르산(3-phosphoglyceric acid)과 ATP가 생성된다.

한 개의 ATP가 피루브산(pyruvic acid)을 생성하는 과정에서 더 얻어진다. 3-포스포글리세르산은 포스포글리세르산 뮤테이스(phosphoglycerate mutase)를 통해 2-포스포글리세르산(2-phosphoglyceric acid)이 된다. 이 반응은 인산기가 위치를 바꾼다. 이어서 2-포스포글리세르산은 에놀레이스(enolase)를 통해 한 개의 물분자가 빠지며 포스포에놀피루브산(phosphoenolpyruvic acid, PEP)이 된다. 마지막으로 PEP는 피루브산 인산화효소(pyruvate kinase)를 통해 ATP와 피루브산(pyruvic acid)을 생성한다. 이로써 한 개의 GAP는 두 개의 ATP를 생성한다. 한 개의 포도당은 두 개의 GAP를 생성하고 총 네 개의 ATP가 생성된다.

전체 반응식은 다음과 같다.

$$\text{포도당} + 2Pi + 2ADP + 2NAD^+ \rightarrow 2\ \text{피루브산} + 2ATP + 2NADH + 2H^+ + 2H_2O$$

(2) TCA(tricarboxylic acid) 회로

TCA(tricarboxylic acid) 회로는 세균, 효모 등의 미생물에서 동 · 식물에 이르기까지 광범위하게 존재한다는 것이 알려져 있으며, 이 회로는 해당작용 결과로 생긴 피루브산이 산소가 충분히 공급되는 조건하에서 미토콘드리아 막을 통과하여 H^+와 전자를 잃고 CO_2로 분해되는 반응이다[그림 9-5].

해당작용에서 생성된 피루브산은 능동 수송에 의해 미토콘드리아로 들어간다. 미토콘드리아의 기질에서 피루브산은 피루브산 탈수소효소 복합체의 작용에 의해 이산화탄소(CO_2)가 방출되고, H^+와 전자를 NAD^+에 전달하여 NADH를 생성하며, 조효소 A(coenzyme A, CoA)와 결합하여 2탄소 화합물인 아세틸-CoA로 전환되고, 이것이 회로 내의 옥살아세트산과 결합하여 구연산을 생성함으로써 회로가 시작된다.

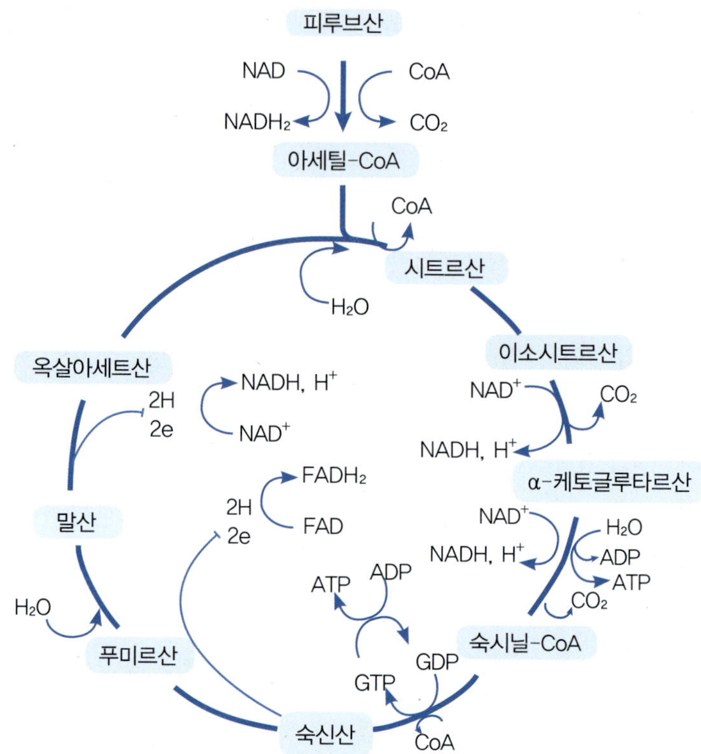

| 그림 9-5 | TCA 회로

아세틸-CoA(acetyl-CoA)와 옥살로아세트산(oxaloacetic acid)의 축합반응에 의해 구연산(citric acid)이 만들어지며 구연산이 다시 이소구연산(isocitric acid) 그리고 α-케토글루타르산(α-ketoglutaric acid)으로 바뀌는 과정에서 이산화탄소(CO_2)가 발생한다. α-케토글루타르산은 또 한 분자의 이산화탄소를 방출하고 NAD^+에 두 개의 수소 이온과 두 개의 전자를 넘겨주며 동시에 CoA와 결합하여 숙신산 CoA(succinyl coenzyme A)가 되며, 앞의 NAD^+는 NADH가 된다. 숙신산 CoA는 다시 CoA와 떨어지며 ADP(adenosine diphosphate)와 인산에 에너지를 공급, 숙신산(succinic acid)이 된다.

숙신산은 FAD에 두 개의 수소 이온과 두 개의 전자를 넘겨주어 $FADH_2$를 만들고 푸마르산(fumaric acid)이 된다. 푸마르산에 푸마르산 가수효소(fumaric acid hydrase)와 물 분자를 첨가하여 말산(malic acid)을 만든 후, NAD^+에 두 개의 수소 이온과 두 개의 전자를 넘겨주어 NADH를 만들면 맨 처음의 옥살아세트산이 된다. TCA 회로에 들어가는 피루브산(pyruvic acid) 한 분자당 세 개의 CO_2, 네 개의 NADH + H^+ 그리고 한 개의 $FADH_2$가 생성된다. TCA 회로에서 만들어진 숙신산(succinic acid)과 α-케토글루타르산은 특정 아미노산들의 합성을 위한 전구체로 사용된다. 생성된 NADH+H^+ 와 $FADH_2$는 생합성 대사 또는 전자전달계를 통한 ATP 생성에 쓰인다.

TCA 회로의 주요 역할은 생합성과 전자전달계에 필요한 전자(NADH)의 생성, 아미노산 합성을 위한 탄소계 골격물질(C skeletones)의 공급 그리고 에너지의 발생이다.

(3) 전자전달계

전자전달계(electron transport system)는 생물체의 유기적 호흡인 산소호흡 과정 중 세 번째 단계에 해당한다. 생물체 내부로 유입된 산소에 의해, 영양분의 산화와 분해를 거쳐 에너지를 생성하는 호흡 과정은 세 단계로 이루어진다.

① **해당과정:** 포도당이 잘게 분해되어, 두 개의 $NADH_2$와 소량의 ATP(아데노신 3인산)가 생성된다.

② **TCA 회로:** 1단계를 거친 영양소가 더욱 잘게 분해된다. $NADH_2$와 $FADH_2$, 적은 양의 ATP가 생성된다.

③ **전자전달계:** 전자전달계의 시작은 두 단계에서 생성된 NADH가 3단계인 전자전달계에 전자를 넣어 줌으로써 진행된다. 전자의 이동을 통해 다량의 ATP가 만들어진다. 포도당과 산소와 물을 이용하여 이산화탄소와 물, ATP와 열에너지를 얻는 이와 같은 산소호흡의 과정에 산소가 최종 전자수용체로 이용된다.

진핵세포에서 일어나는 포도당 대사의 전체 반응은 아래와 같다.

$$포도당 + 36Pi + 36ADP + 6O_2 \rightarrow 6CO_2 + 6H_2O + 36ATP$$

세포의 에너지를 생성하는 미토콘드리아에는 크기가 큰 포도당 분자가 들어가 분해될 수 없기에, 피루브산으로 나뉘는 과정에서 ATP가 발생한다. ATP는 생체 에너지를 공급·운반·저장하며, 단백질 합성과 근육을 움직이게 하고, 열을 발생하는 기능을 갖는다.

2) 발효

일부 미생물은 산소가 없는 상태에서 유기물을 분해하여 생활에 필요한 에너지를 얻는데, 이를 무산소 호흡이라고 한다. 무산소 호흡은 유기물이 완전히 분해되지 않기 때문에 발생되는 에너지양이 산소 호흡에 비해 적고, 고에너지의 중간 산물이 생성된다.

무산소 호흡의 경우, 호흡 기질의 분해 결과에서 생긴 물질이 인간에게 유용하면 발효, 인간에게 해를 끼치면 부패라고 한다. 발효의 과정에는 포도당이 피루브산으로 되는 해당작용이 포함되며, 그 이후의 과정은 세포 호흡과 크게 다르다. 발효는 생성되는 최종 산물의 종류에 따라 알코올 발효, 젖산 발효, 아세트산 발효 등으로 나뉜다.

3) 생합성 대사

(1) 포도당 신생합성

대사산물로부터 포도당을 합성하는 능력은 대부분의 유기생명체에 있어서 매우 중요하다. 우리의 신체는 하루에 공급된 포도당보다 더 많은 양부터 새로운 포도당을 생산해야만 한다. 이와 같은 활동을 위한 과정을 새로운 포도당의 생산이라는 의미의 포도당 신생합성(gluconeogenesis)이라고 부른다.

포도당의 신생합성 경로는 해당과정의 단순한 역과정과는 다르다. 해당과정 중 헥소키네이스(hexokinase), posphofructokinase-1(PFK-1), 피루브산 탈수소효소 복합체(pyruvate dehydrogenase complex)에 의해 진행되는 반응은 본질적으로 비가역적이므로 포도당신생합성 과정에서는 위의 반응을 우회하는 역과정을 이용한다[그림 9-6].

① 피루브산 대사경로상에서의 조절

피루브산은 피루브산 탈수소효소 복합체에 의해 아세틸-CoA로 전환되거나 피루브산 카복실레이스(carboxylase)에 의해 옥살로아세트산이 되는데 아세틸-CoA의 농도가 증가하면 피루브산 탈수소효소 복합체를 저해하여 피루브산으로부터 아세틸-CoA가 생성되는 반응을 저해하게 된다. 반면 피루브산 카복실레이스를 활성화하여 포도당 신생합성을 촉진하게 된다.

② PFK-1과 fructose 1,6-bisphosphate(FBPase-1)의 활성 조절

서로 상반된 이 과정은 상호 통합적인 방식으로 조절된다. 세포 내 물질농도 변화에 따른 알로스테릭 기작에 의한 다양한 조절 작용들은 세포 내 변화에 의해 개시되고 매우 빠르고 가역적이며 알로스테릭 조절 방식에 의해 조절된다. 해당과정이나 포도당 신생합성의 호르몬 조절은 과당-1,6-2인산(fructose-1,6-diphosphate)에 의해 매개된다[그림 9-6].

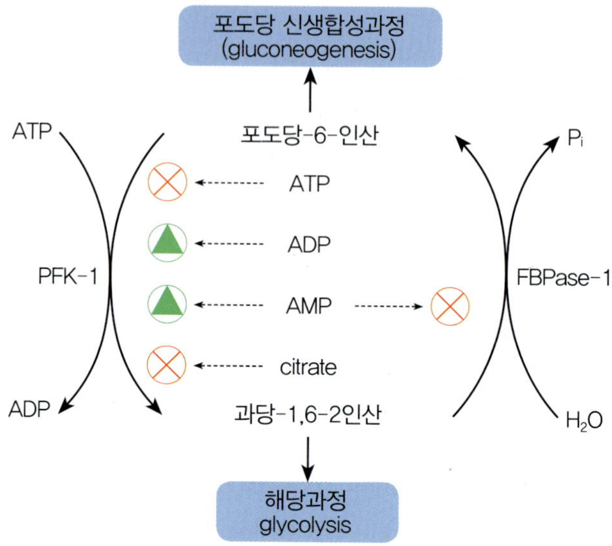

| 그림 9-6 | **포도당 신생합성 과정(PFK-1과 FBPase-1의 활성 조절)**

(2) 아미노산 대사

단백질의 구성단위인 아미노산은 미생물뿐 아니라 모든 생물의 세포성분으로서 중요한 역할을 담당하고 있다. 아미노산은 일반적으로 에너지원으로서는 그다지 중요하지 않다. 대부분의 미생물은 아미노산을 분해하거나 단백질의 합성에 이용한다. 미분해 대사나 합성은 탄수화물 대사와 밀접한 관계가 있으며 특히 TCA 회로나 글리옥실산 회로(glyoxylate cycle)가 관계된다.

단백질→폴리펩티드, 올리고펩티드, 아미노산
↑
단백질분해효소 : 세포 외 효소

아미노산 α-케토산→에너지원(해당작용)
↓
NH_4^+→간→요소→뇨중 배설

① 아미노산의 분해

• **탈아미노 반응(amino acid dehydrogenase)**

아미노산 분해 대사의 첫째 반응은 아미노산의 아미노(amino)기 혹은 카복실(carboxyl)기를 제거함으로써 시작한다.

탈아미노 반응은 직접적으로 에너지를 생성하는 반응계로 대사되거나, 다른 에너지 화합물의 생합성에 필요한 아미노기를 제공하는 두 대사계에 속해 있다.

탈아미노 반응은 가장 기본적인 아미노산의 분해 반응이다. 이 반응은 NAD를 조효소로 하는 탈수소효소(dehydrogenase)의 촉매와 FAD를 조효소로 하는 산화효소(oxidase)의 촉매에 의한 산화적 탈아미노 반응(oxidative deamination)과 암모니아분해효소(ammonia lyase)의 촉매에 의한 비산화적 탈아미노 반응이 있다.

산화적 탈아미노 반응은 케토산(keto acid)과 NH_3를 반응 생성물로 하는 반응이다.

$$\text{glutamate} \rightarrow \alpha\text{-ketoglutarate} + NH_3$$
$$\uparrow$$
$$\text{glutamate dehydrogenase}$$

NAD를 조효소로 하는 산화적 탈아미노 반응은 글루탐산 탈수소효소(glutamate dehydrogenase)에 의하여 글루탐산(glutamic acid)에서 알파-케토글루타르산염(α-ketoglutarate)과 암모니아(NH_3)를 생성하는 가역반응이므로 아미노산의 분해뿐만 아니라 생합성에도 관여한다. FDA를 조효소로 하는 산화적 탈아미노 반응은 트립토판 산화효소(tryptophan oxidase), 타이로신 산화효소(tyrosine oxidase) 등에 의하여 일어나는 반응으로서 반응양식은 NAD에 의한 탈아미노 반응과 같다.

- **아미노기 전이반응(transamination)**

가역적인 산화적 탈아미노 반응과 함께 대사계의 중요한 반응으로서 아미노산의 아미노기를 α-케토산에 전이하여 다른 아미노산을 생성시키고 자기 자신은 케토산으로 분해되는 가역반응이다. 이와 같은 반응을 아미노기 전이반응(amino transferation)이라 한다.

$$\text{아미노산} + \alpha\text{-ketoglutamic acid} \xrightarrow[\text{아미노기 전이효소}]{\text{PALP (coenzyme)}} \text{글루탐산} + \text{케토산}$$

아미노기 전이반응은 암모늄이온을 직접 이용할 수 없는 아미노산의 생합성에 쓰이면서 다른 아미노산의 분해에 관여한다. 글루탐산 아미노기전이효소(glutamate transaminase), 아스파트산 아미노기전이효소(asparate transaminase) 및 알라닌 아미노기전이효소(alanine transaminase) 등의 촉매에 의한 반응으로서 피리독살인산(pyridoxal phosphate, PALP)을 조효소로 요구하는 반응이다.

- **탈탄산반응(decarboxylation)**

탈탄산효소(decarboxylase)에 의하여 아미노산에서 CO_2가 이탈되고 암모니아 유도체인 1차 아민이 생성되는 반응이다. 반응 생성물은 식품의 부패, 독성을 가진 것이 많으므로 강한 생리작용을 가진다. 이 효소의 보조효소로서 PALP가 필요하다[표 9-1].

| 표 9-1 | 아미노산의 탈탄산반응 생성물질

아미노산	탈탄산반응 생성물
Glutamate	γ-Aminobutyric acid
Histidine	Histamine
Tyrosine	Tyramine
Aspartate	β-Alanine
Tryptophan	Tryptamine
Serine	Ethanolamine
Lysine	Cadaverine
Ornithine	Putrescine
Arginine	Creatine, Spermine

② 각 아미노산 계열의 생합성 경로

아미노산의 C골격은 포도당 등 탄수화물의 주요한 세 가지 대사경로에 의해 만들어진다[그림 9-7]. 즉, ① TCA회로에 의해 α-케토글루타르산(α-ketoglutaric acid), 옥살로아세트산(oxaloacetic acid), 푸마르산(fumaric acid)이 만들어지고, ② HMP 경로에 의해 에리트로스-4-인산(erythrose-4-phosphate)이, ③ EMP 경로에서 3-포스포글리세르산(3-phosphoglyceric acid), 피루브산(pyruvic acid)이 만들어진다.

이들은 C 골격에서 여러 가지 아미노산이 합성되므로 그 합성과정은 글루탐산(glutamic acid) 계열, 아스파트산(aspartic acid) 계열, 피루브산 계열, 방향족 아미노산 계열, 세린(serine) 계열 등으로 분류된다.

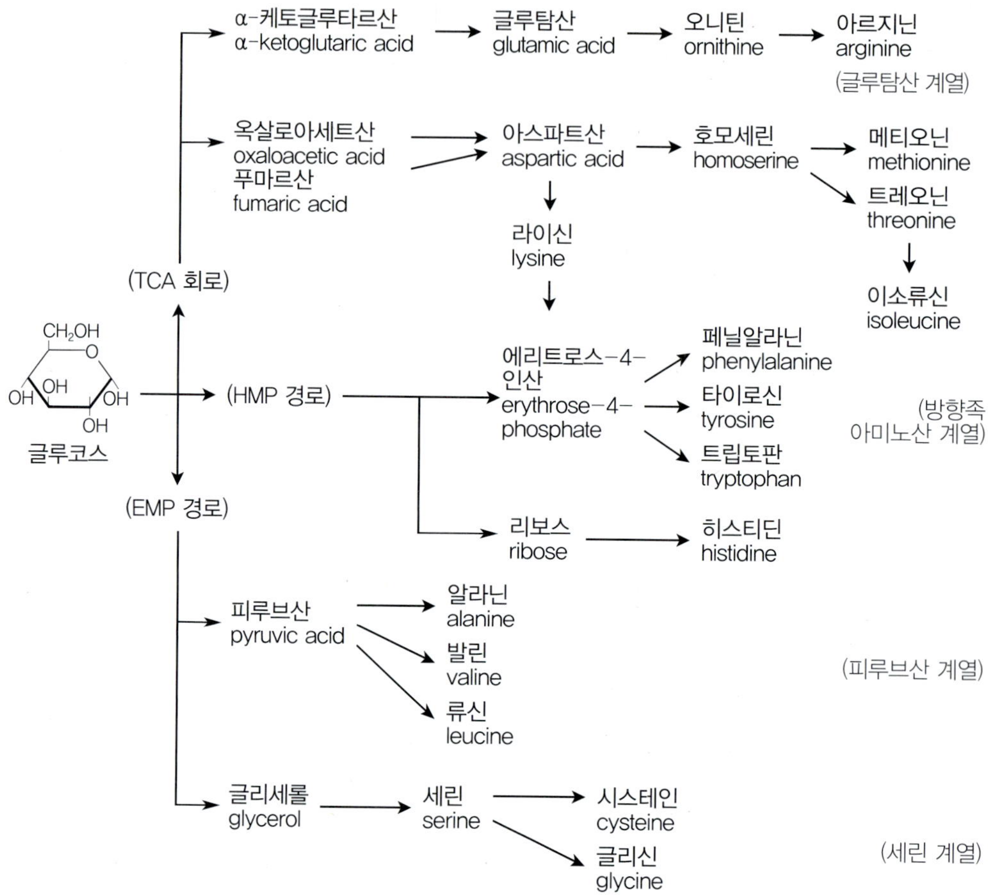

| 그림 9-7 | **포도당으로부터의 각종 아미노산의 생합성 경로**

(3) 지질 대사

지방은 지방산과 글리세롤(glycerol)로 분해되며 글리세롤은 먼저 ATP 존재하에서 글리세롤 인산화효소(glycerol kinase)에 의해 글리세롤-3-인산(glycerol-3-phosphate)이 되어 EMP 경로로 대사되고 지방산은 β-산화 과정을 거쳐 아세틸-CoA를 생성한다. 이에 반하여 지방산의 합성은 아세틸-CoA를 출발 물질로 하여 아세틸-CoA 분자가 연속적으로 탄소를 두 개씩 집합시켜 형성한다.

① 지방산의 분해

지방산 분해의 주요 경로인 베타-산화(β-oxidation)는 그린과 리넨(Green & Lynen)에 의해 그 기구가 밝혀졌다. 지방산은 ATP가 에너지를 이용해서 CoA의 존재로 아실(acyl)-CoA로 되어 활성화된다. 이어서 α, β 불포화, 수화, 산화되며 다시 베타-산화로 탄소수 두 개가 적은 지방산과 아세틸-CoA는 TCA 회로에 들어가 대사된다. 이 지방산 분해 경로는 하나의 회로를 만들고 있어 지방산 회로라고 한다. 지방산 활성화에는 2분자의 ATP가 소비될 뿐인데 이것이 완전 산화되면 많은 양의 에너지(ATP)를 생성한다.

불포화지방산의 산화는 포화지방산의 산화와 달리 이중결합이 존재하며 이중결합 1개당 1$FADH_2$(1.5 ATP)가 감소한다.

β-산화에 의한 분해로 짝수 탄소수의 지방산에서 마지막에는 아세틸-CoA가 생성되는데, 홀수 탄소수의 것에는 프로피오닐(propionyl)-CoA가 탄산고정반응에 의해 숙시닐(succinyl)-CoA로 되고 TCA 회로를 통해 대사된다.

불포화지방산의 경우 직접 활성화되지 않고 이중결합이 이성화나 수화에 의해 CoA화합물이 되고 드디어 β-산화로 분해된다. 오메가-산화(ω-oxidation)에 의해 디카복실산(dicarboxylic acid)이 생성된 경우 오메가(ω) 말단에서 β-산화에 의해 분해된다.

| 표 9-2 | 지방산의 베타 산화와 생합성 과정의 차이점

요소	β 산화	생합성
대사계의 세포 내 위치	미토콘드리아, 퍼옥시좀	세포질
대사 중간체	아세틸-CoA	acetyl-CoA와 malonyl-CoA
아실운반체	CoA-SH	ACP-SH
전자운반체	NADH, $FADH_2$ 생산	NADPH 소모

② 지방산의 생합성

지방산의 β-산화계는 미토콘드리아에서 이루어지는데, 생합성은 주로 미토콘드리아 밖에서 이루어진다. β-산화계에 관여하는 효소반응은 가역적인데 생체 내에서는 β-산화의 역행이 일어나지 않는다[표 9-2].

지방산의 생합성은 β-산화와는 다른 과정을 거친다는 사실이 리넨(Lynen) 등에 의해 밝혀졌다.

아세틸(acetyl)-CoA에서의 지방산의 합성은 두 단계의 반응에 의해 일어난다. 먼저 아세틸-CoA는 ATP의 존재하에서 비오틴(biotin) 효소인 아실기 운반단백질(acyl carrier protein, ACP)에 의한 탄산고정에 의해 말로닐(malonyl)-CoA를 생성한다.

이것에 아세틸-CoA 또는 아실(acyl)-CoA가 결합하고 이어서 탈탄산되어 β-케토산 CoA로 된다. 이것이 환원, 탈수, 환원되어 탄소 수가 두 개 많은 지방산 CoA로 된다[그림 9-8].

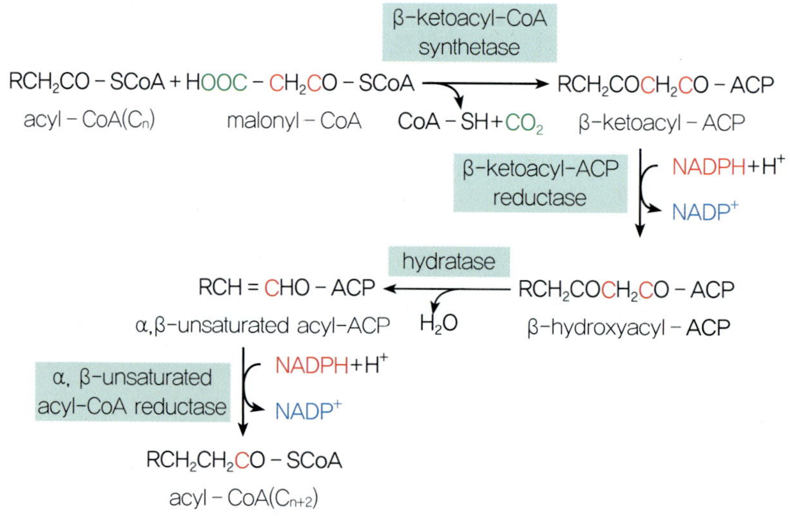

| 그림 9-8 | **지방산 생합성 경로**

제10장

미생물 대사산물

1. 일차 대사산물

1) 미생물 대사

생물체의 대사(metabolism)란 생물체 안에서 일어나는 모든 생화학적인 활동을 뜻하는데 이화작용(catabolism)과 동화작용(anabolism) 두 가지로 나뉜다. 물질대사의 목적은 이화작용을 통한 에너지를 생산하여 생물체가 필요한 이동, 생체물질 합성 등을 수행하고 동화작용을 통하여 생물체가 필요한 세포물질을 생산하여 이들을 이용한 세포의 성장, 분열 등을 통한 세포의 증식(proliferation)을 하는 것이다.

생체의 대사작용이 일어나기 위해서는 에너지가 필요하며, 에너지는 주로 탄수화물을 산화해서 얻는다. 세균은 환경으로부터 영양분을 섭취하여 균체의 분열과 증식을 위해 분해함으로써 에너지를 얻는 과정을 이화작용이라고 하며, 이화작용에 의해 얻어진 에너지는 균체 내에 축적되어 동화작용에 이용한다.

세포 내 대사과정의 큰 흐름을 살펴보면 해당작용(glycolysis)과 크렙스 회로(krebs cycle) 또는 TCA 회로 과정에서의 생화학적 물질의 교환작용을 들 수 있다. 이 과정은 3단계로 분류할 수 있는데, 첫째 거대분자로부터 단량체로 해당작용을 통한 물질교환, 그리고 TCA 회로로부터의 아미노산과 핵산과의 물질교환으로 분류된다.

미생물은 세포 밖에 있는 많은 고분자 물질을 분해하여 단순한 형태로 먼저 변경시키고 이를 흡수하여 대사를 수행한다. 탄수화물의 경우 전분, 글리코젠(glycogen) 등을 분해하여 단당류 또는 올리고당으로 만들어 흡수한다. 다른 일부 미생물들은 섬유소(cellulose), 펙틴(pectin) 등도 분해하는 효소를 분비하여 이들을 사용한다. 지질의 분해 과정 중 생산되는 글리세롤은 해당과정으로, 지방산은 β-산화 과정으로 아세틸-CoA로 변화되고, 이들은 다시 탈아미노화되고 남은 탄소골격은 TCA 회로로 들어간다. 또한 필요한 아미노산은 α-케토글루타르산으로부터 아미노기를 옮겨 생산할 수 있다.

2) 해당작용: 유기분자의 원료 공급원

해당과정은 대부분의 미생물 및 생물체가 사용하는 방법으로서 주요한 반응회로로는 EMP(Embden-Meyerhof Parnas) 회로가 있다. 이 과정에서 생성되는 피루브산은 생체 내의 호기적 조건에서는 TCA 회로에 의해 물과 탄산가스로 완전 산화되며, 혐기적 조건에서는 발효 과정을 거쳐 여러 유기산을 생성한다. 통성혐기성 미생물인 대장균과 젖산균, 효모 및 특정 진균들은 피루브산을 젖산으로 분해시키며 클로스트리듐(*Clostridium*)속 등과 같은 편성혐기성 미생물 등은 피루브산을 낙산, 부탄올 및 아세토인과 같은 물질로 분해한다. 해당작용은 한 개의 포도당분자를 두 개의 피루브산 분자, 두 개의 ATP 분자 및 두 개의 NADH 분자를 생성한다. 해당작용에서 얻어진 유리 에너지의 양은 크렙스 회로에서 얻어진 에너지의 양보다는 훨씬 적다.

3) 피루브산 유래 일차대사산물

(1) 알코올 발효와 젖산 발효

피루브산(pyruvic acid)은 효모와 카복실레이스(carboxylase)의 작용으로 조효소인 2인산(diphosphate)과 Mg^{++} 이온의 존재하에 탈탄산(decarboxylation)되어 아세트알데하이드와 탄산가스로 된다. 아세트알데하이드는 NADH의 존재하에 알코올 탈수소효소(alcohol dehydrogenase)의 작용을 받아 에틸알코올이 되고 NADH는 NAD가 된다.

젖산균(lactic acid bacteria)이나 동물세포는 효모와 달리 카복실레이스가 존재하지 않으므로 아세트알데하이드의 생성이나 에틸알코올은 생성되지 않는다. 그러나 효모는 젖산 탈수소효소가 존재하여 NADH의 수소원자를 피루브산으로 전달하여 젖산을 생성한다.

알코올 발효나 젖산 발효 및 동물조직의 해당작용은 포도당에서 피루브산의 생성까지는 EMP의 도식과 동일하나 그 이후의 반응은 차이가 있다.

(2) 유기산의 생산

① 초산

포도주가 생산되어 왔던 기간만큼 초산도 생산되었다. 아세트산 생산을 위해 아세토박터(*Acetobacter*)속과 글루코노박터(*Gluconobacter*)속의 균주를 사용한다. 아세토박터속의 균주들은 에탄올을 아세트산에서 더 나아가 이산화탄소와 물로 분해시킨다. 이에 비하여 글루코노박터속의 균주를 살펴보면 글루코노박터 옥시단스(*Gluconobacter oxydans*) 균주는 아세토박터속과 달리 아세트산에서 이산화탄소와 물로 분해시키는 과정이 없다. 생합성 과정을 살펴보면 불완전 산화가 되어 1mole의 에탄올이 1mole의 아세트산으로 변하는 호기성 반응이고 산소가 없으면 세균은 죽게된다.

② 구연산

EMP 경로를 거쳐 생성된 피루브산은 구연산 회로(citric acid cycle, TCA cycle)에 의하여 호기적 산화과정을 거쳐 대사되고, 최종적으로 물과 이산화탄소(CO_2)로 분해된다. 이 회로에서 피루브산은 조효소 A(CoA)의 존재하에서 아세틸-CoA로 되고, 이것은 옥살로초산과 축합하여 최초로 구연산이 된다.

구연산은 여러 유기산으로 전환되는 경로를 거치면서 이산화탄소와 물로 완전히 산화되고 에너지가 방출된다.

4) 아미노산의 생산

미생물이 생존하기 위해서는 단백질, 핵산, 효소 및 그밖에 많은 물질이 대사되어야 한다. 단백질이나 핵산은 비교적 큰 분자로서 세균 내에 직접적으로 운반될 수 없으므로 저분자로 소화된 후 균체 내로 흡수된다. 이때 발생하는 대사가 질소 대사(nitrogen metabolism)이다.

대부분의 세균은 폴리펩티드를 펩티데이스(peptidase)로 분해하여 아미노산을 생성한다. 아미노산이 호기적으로 분해하면 탈아미노 반응에 의해 α-케토산과 암모니아를 생성하고, TCA 경로를 거친 후 이산화탄소와 물(H_2O)로 분해되고 이때 ATP가 생성된다. 그러나 균체 내로 도입된 아미노산이 혐기적 분해 과정을 거치면서 최종 산물로서 휘발성 물질인 암모니아, 황화수소, 인돌과 아민류를 생성하며 이를 부패라고 한다.

한편 미생물은 무기질의 질소원의 이용은 대부분 TCA-케토글루타르산염(TCA-ketoglutarate)으로 전달되어 글루탐산염(glutamate)으로 변환시켰다가 이로부터 다른 유기산으로 아미노기를 전달하여 여러 가지의 아미노산을 생산한다. 그중 아스파르트산(aspartic acid), 아스파라진(asparagine), 트레오닌(threonine), 이소류신(isoleucine) 등의 아미노산과 글루타민(glutamine), 글루탐산

(glutamic acid), 아르지닌(arginine), 프롤린(proline) 등의 아미노산은 TCA 회로로부터 생산된다[그림 10-1].

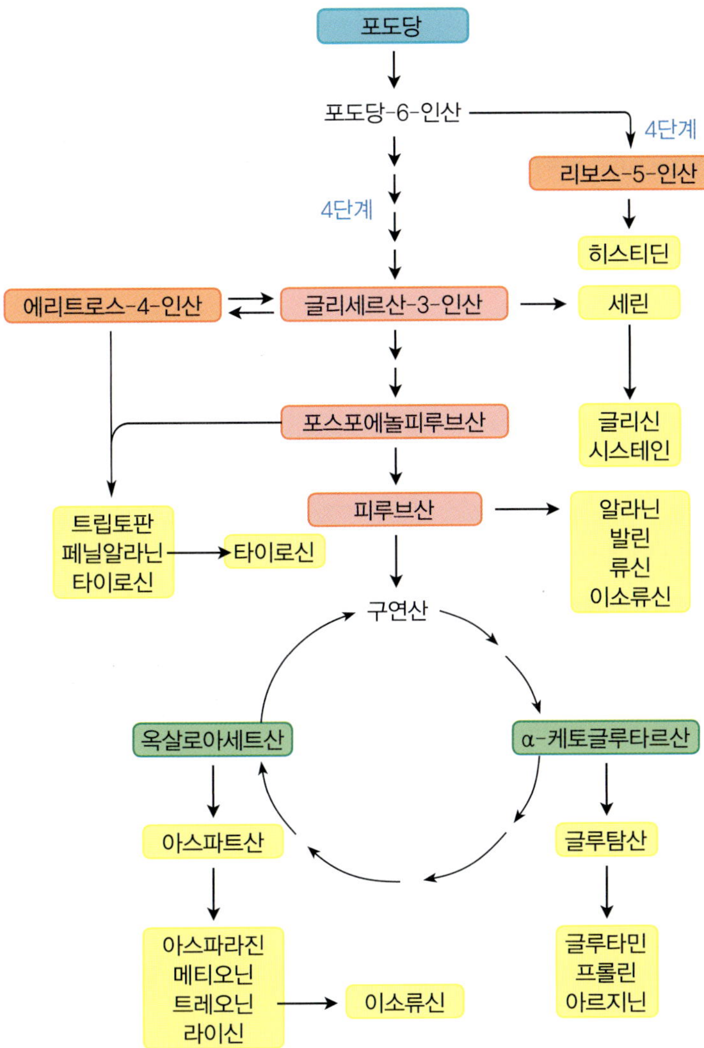

| 그림 10-1 | 아미노산의 생산

피루브산은 일부 아미노산을 생산하는 데 축합반응으로 첨가되어 탄소원으로 작용한다. 효모에서 글루타민산, 아스파라진산 및 알라닌은 피루브산으로부터 만들어지며, 이들 아미노산들은 유리 아미노산 풀(pool)로 존재하였다가 다른 아미노산 합성에 이용된다. 미생물은 시스테인, 메티오닌 같은 황함유 아미노산을 합성하기 위하여 무기황산염을 황의 원료로 이용하여 환원 과정에서 황화물로 환원시키고, 황의 공급원으로 다른 황함유 물질을 생산하는 데 사용하기도 한다. 황은 아미노산뿐만 아니라 각종 조효소의 합성에 필요하다.

5) 핵산

퓨린(purine) 및 피리미딘(pyrimidine)은 신생(de novo)경로를 거쳐 합성된다. 이미 뉴클레오시드(nucleoside)나 뉴클레오티드(nucleotide)가 존재하는 경우에는 재생경로(salvage pathway)에 의해 뉴클레오시드의 인산화나 뉴클레오티드의 상호 변환으로 공급된다. 이들은 핵산의 구성성분이 되기도 하고 분해되면 퓨린(purine)은 영장류에서는 요산으로 되고 피리미딘(pyrimidine)은 베타-알라닌(β-alanine), 암모니아, 이산화탄소가 된다.

퓨린 신생합성은 HMP 경로에서 유래한 리보스-5-인산(ribose-5-phosphate)에서부터 시작하여 이노신-5′-1인산(inosine-5′-monophosphate, IMP)이 생성되고 IMP가 계속해서 각각 2단계를 더 거치면 AMP와 GMP로 전환된다[그림 10-2].

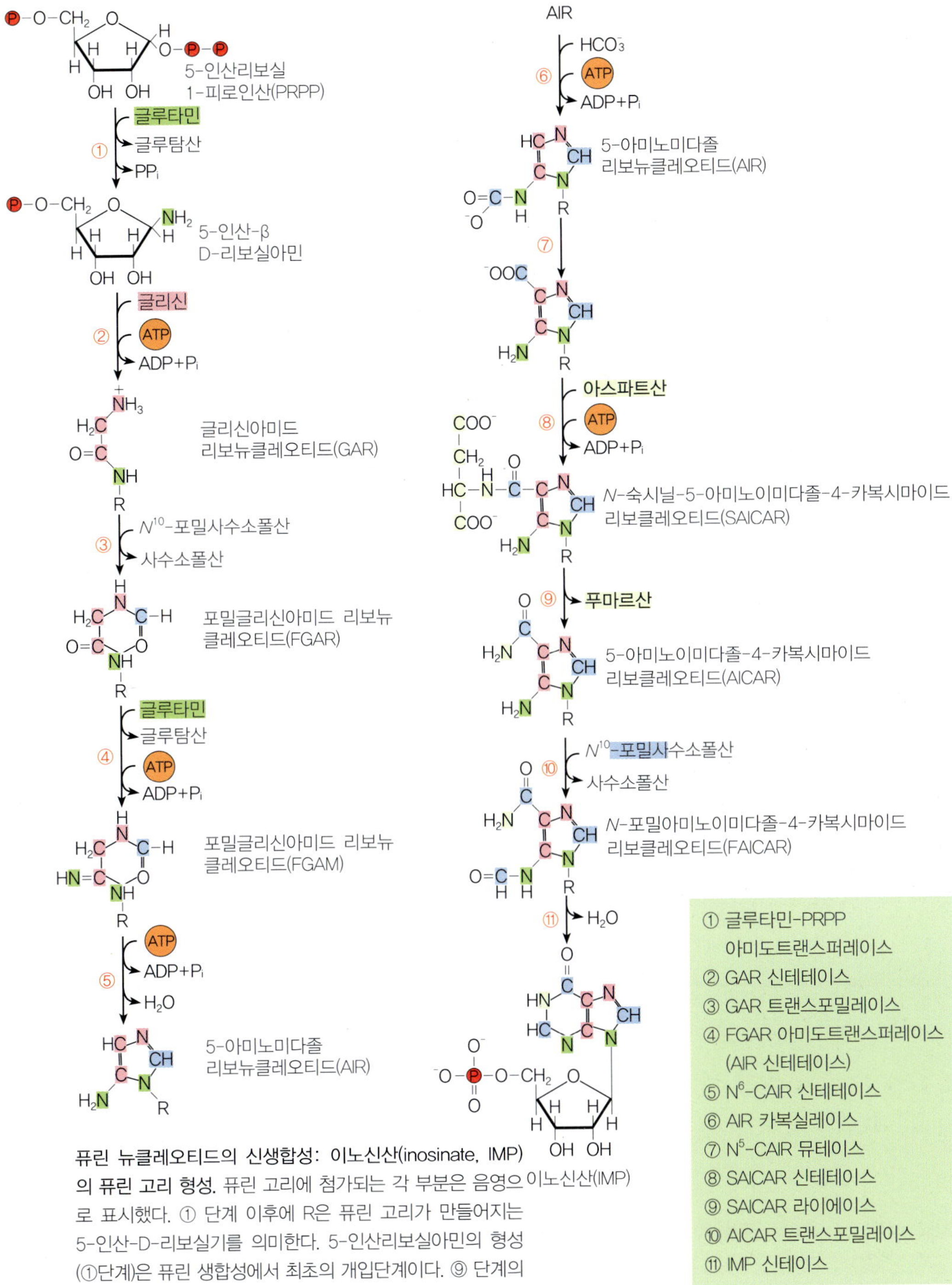

퓨린 뉴클레오티드의 신생합성: 이노신산(inosinate, IMP)의 퓨린 고리 형성. 퓨린 고리에 첨가되는 각 부분은 음영으로 표시했다. ① 단계 이후에 R은 퓨린 고리가 만들어지는 5-인산-D-리보실기를 의미한다. 5-인산리보실아민의 형성(①단계)은 퓨린 생합성에서 최초의 개입단계이다. ⑨ 단계의 생성물인 AICAR는, 히스티딘 생합성에서 유리되는 ATP의 잔유물이라는 것에 주의하라(⑤단계). 효소의 명명을 간단하게 하기 위하여 대부분의 중간체들은 약어로 표기했다. (단계는 고등진핵세포에서 AIR이 CAIR로 바뀌는 대체경로이다.

| 그림 10-2 | 퓨린의 신생합성 경로

출처: David L. Nelson(1970).

피리미딘 고리의 신생합성에는 아스파트산염(aspartate), NH_3 및 CO_2가 필요하며 피리미딘 고리의 합성은 글루타민으로부터 유래한 NH_3와 CO_2가 카르바모 1인산 합성효소(carbamoyl phosphate synthase) Ⅱ의 작용으로 카르바모 1인산(carbamoyl phosphate)을 형성하는 반응으로부터 시작된다. 세균에서는 이 반응을 촉매하는 효소가 사이티딘 3인산(cytidine triphosphate, CTP)에 의해 되먹임 저해(feedback inhibition)를 받는다. 이어서 탈수반응과 산화반응으로 오로트산염(orotate)이 생성되고, 포스포리보실기 피로인산(phosphoribosyl pyrophosphate, PRPP)으로부터 리보스 인산(ribose phosphate)을 얻어 오로티딘-5′-인산(orotidine-5′-phosphate, OMP)이 되어 사이티딘-3-인산과 유리딘인산(uridine monophosphate, UMP) 및 데옥시티미딜산(deoxythymidylic acid, dTMP)가 형성된다.

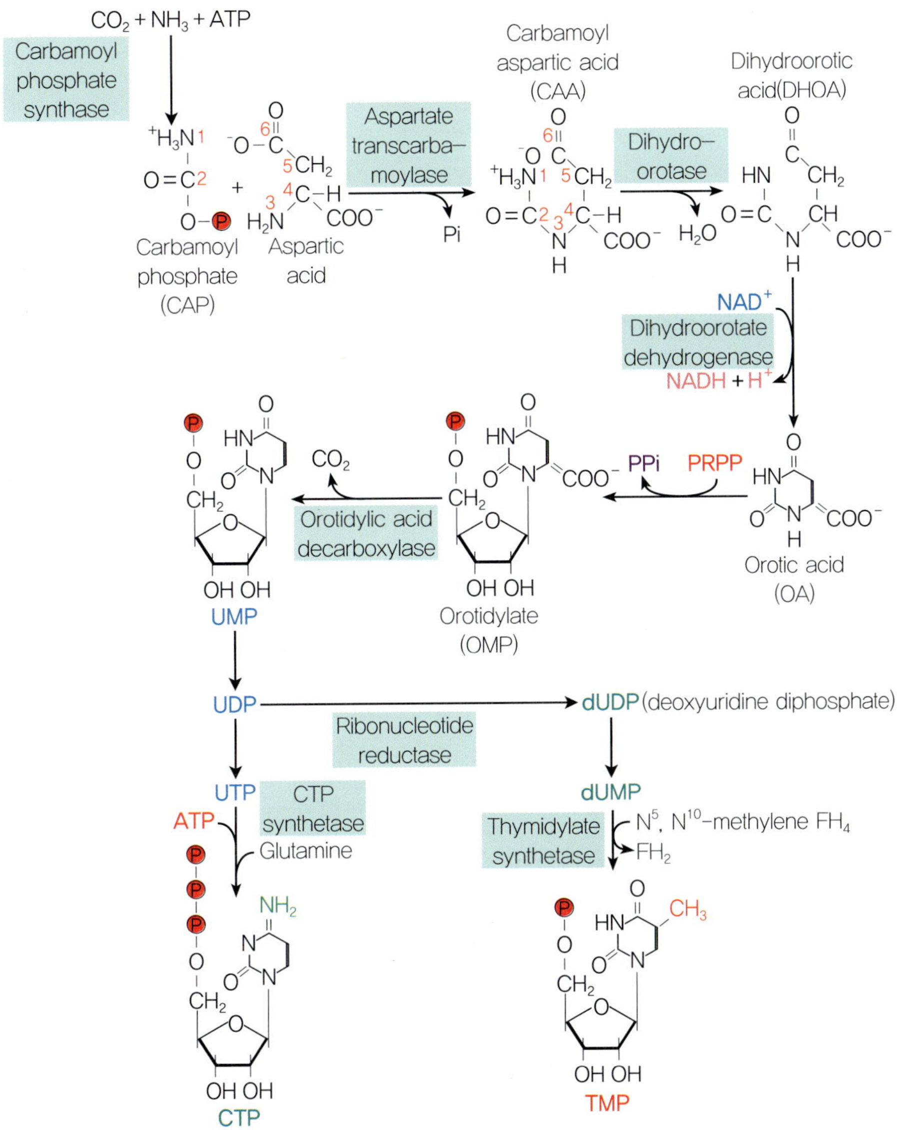

| 그림 10-3 | 피리미딘 뉴클레오티드의 신생합성 경로

6) 균체 및 세포 내 대사물질

(1) 균체 생산

① 단세포 단백질

단세포 단백질(single cell protein, SCP)이란 미생물의 아미노산 합성 능력과 세포물질을 형성하기 위한 단백질의 생산을 통해 미생물 자체를 하나의 단백질 원으로(세포중량의 40~70%) 이용하는 일차 대사를 말한다.

미생물들은 핵산 함량이 높아 핵산 소화 과정에서 퓨린화합물을 생성시켜 혈액 중 요산의 수준을 증가시켜 통풍, 신장결석을 유발한다. 따라서 미생물을 사용하기 위해서는 여러 가지 처리가 필요하다.

알케인(alkane)을 이용하여 단세포 단백질의 생산이 가능하며 효모 중에 칸디다 트로피칼리스(*Candida tropicalis*), 칸디다 올레오필라(*Candida oleophila*), 사카로미콥시스 리폴리티카(*Saccharomycopsis lipolytica*)가 있다. 펄프생산 부산물을 이용한 단세포 단백질 생산은 효소 또는 산을 이용, 미생물이 이용할 수 있도록 한다. 셀룰레이스(cellulase)는 세포 외 분비 셀룰레이스(extracellular cellulase)를 이용하는데 셀룰로모나스(*Cellulomonas*), 방선균(Actinomycetes)과 같은 박테리아 기원의 효소와 트리코데르마(*Trichoderma*) · 페니실륨(*Penicillium*) · 서모아스쿠스(*Thermoascus*) · 스포로트리쿰(*Sporotrichum*) · 휴미콜라(*Humicola*)속과 같은 곰팡이 기원의 효소를 이용한다.

(2) 조효소

효소가 기질에 작용하여 떨어져 나온 기능기 등을 일시 수용하거나 다른 물질에 전달해 줌으로써 효소의 기능을 도와주는 물질로, 효소는 이렇게 작용기를 운반하는 중간체이다. 작용기 전이반응은 특정한 한 조효소에 의하여 진행되며, 효소는 그 조효소를 생산하고 소비한다. 따라서 조효소는 계속해서 만들어지고, 사용되며, 재활용된다.

주요 조효소 중 하나가 세포 공동의 에너지 통화라 할 수 있는 아데노신 3인산(adenosine triphosphate, ATP)이다. ATP는 서로 다른 화학 반응 간에 화학적 에너지를 전달하는 데 사용된다. 세포에는 소량의 ATP만 존재하고, 에너지 요구량에 부합하기 위해 세포는 계속해서 ATP를 빠르게 재생성한다. ATP는 동화작용과 이화작용 사이에서 다리 역할을 한다. 이화작용은 분자를 분해하는 과정이고 동화작용은 결합하는 과정이다. 이화작용을 통하여 ATP가 생산되고 동화작용은 ATP를 소모한다. 그 밖에도 ATP는 인산화반응에서 인산기를 운반하기도 한다. 대부분 분자 내에 비타민 B 복합체 성분을 함유하고 있으며, 종류로는 NAD, FAD, 조효소 A(coenzyme A) 등이 있다.

(3) 비타민

비타민은 소량 필요하지만 세포가 생산할 수 없는 유기화합물이다. 사람의 영양 측면에서, 비타민은 체내에서 변화된 후 대개 조효소 기능을 한다. 예를 들어 수용성 비타민은 세포에서 이용될 때 인산화되거나 뉴클레오티드와 결합한다. 비타민 B_3(나이아신)의 유도체인 니코틴아미드 아데닌 디뉴클레오티드(NAD^+)는 수소 받개 역할을 하는 중요한 조효소이다. 수백 종류의 탈수소효소가 각자의 기질에서 전자를 제거하고 NAD^+를 NADH로 환원한다. 환원된 조효소 형태인 NADH는 수많은 환원효소의 기질이 되어 환원반응에 참여한다. NAD^+는 세포 내에서 두 가지 연관된 형태인 NADH와 NADPH로 존재한다. NAD^+/NADH형은 이화 반응에서, $NADP^+$/NADPH는 동화반응에서 각각 더 주요 역할을 맡는다.

(4) 호르몬

내분비샘의 주 기능은 호르몬(hormone)을 혈류로 직접 분비하는 것이다. 기본적으로 호르몬은 전달자로서 작용하여 인체 전반에 걸친 활동을 제어하고 조정한다.

호르몬은 표적 부위에 도달하면 자물쇠에 들어맞는 열쇠와 매우 유사하게 수용체와 결합한다. 일단 호르몬이 그 수용체에 결합되면, 이것은 표적 부위가 특정 행동을 취하도록 만드는 메시지를 전달한다. 호르몬 수용체는 핵 내에 있을 수도 있고 세포 표면에 있을 수도 있다.

궁극적으로 호르몬은 성장과 발달, 생식 및 성적 특징과 같은 다양한 과정에 영향을 미치는 전체 기관의 기능을 조절한다. 호르몬은 에너지를 사용하고 저장하는 방식에 영향을 미치며, 체액량과 혈중 염 및 당(포도당)의 수치를 조절한다. 극소량의 호르몬은 세포에서 매우 큰 반응을 유발할 수 있다.

호르몬은 인체를 통해 순환하지만, 각 유형의 호르몬은 특정 기관과 조직에만 영향을 미친다. 일부 호르몬은 한두 기관에 영향을 미치는 반면, 다른 호르몬은 인체 전반에 걸쳐 영향을 미친다. 예를 들면, 뇌하수체에서 생산되는 갑상샘 자극 호르몬은 갑상샘에만 영향을 미친다. 대조적으로 갑상선에서 생산되는 갑상샘 호르몬은 인체 전반의 세포에 영향을 미치며, 세포 성장의 조절, 심박 제어 그리고 칼로리 소모 속도에 영향을 미치는 등의 중요 기능에 관여하고 췌장의 췌도세포에 의해 분비되는 인슐린은 인체 전반에 걸쳐 포도당, 단백질 및 지방의 가공(대사)에 영향을 미친다.

호르몬 대부분은 단백질로 이루어져 있으며, 일부 호르몬들은 콜레스테롤에서 유래된 지방 물질인 스테로이드이다.

2. 이차 대사산물

1) 미생물의 이차 대사산물

미생물의 성장단계에서 후반부에 합성되는 물질로 성장에는 요구되지 않으나 생존에 필요한 물질이다. 항생물질, 독소, 색소, 풍미물질 등이 속하며 건강기능성 식품에 응용되는 많은 생리활성물질 또한 이차 대사산물인 경우가 많다. 일반적으로 이차 대사산물은 미생물의 증식속도가 낮아지거나 증식이 정지된 후에 생산되고 세포 밖으로 분비된다.

이차 대사산물의 생합성은 세포 내 효소의 생화학적 반응에 의해 이루어지므로 이차 대사산물 생합성효소의 유도나 효소활성에 의해 조절되고 있다. 미생물 증식이 활발한 경우에는 생산되지 않고 영양원이 고갈되어 증식이 중지되거나 증식속도가 낮아졌을 때 이차 대사산물의 생합성이 시작된다. 따라서 배지에 존재하는 탄소원, 질소원, 염류 등이 이차 대사산물 생합성에 중요하다. 특히 특정 이차 대사산물의 전구체나 촉진물질 등이 이차 대사산물의 생산성을 결정하는 중요한 요소로 알려져 있다.

2) 주요 이차 대사산물

(1) 독소

미생물에 의해 생산된 식품에 오염되면 식중독의 원인이 되며, 세균성 독소에 의한 식중독은 잠복기가 매우 짧은 급성인 특징을 갖는다. 곰팡이독소의 영향은 독소의 종류와 오염량에 따라 다르지만 발항성 등 증상이 서서히 발생하므로 주의가 요구된다.

① 세균독소

• 세레우스균 독소

세레우스균(*Bacillus cereus*)에 의해 생성되는 장독소로 설사형과 구토형 독소가 있다. 설사형 독소는 복합체로 설사형 용혈독소(hemolysin BL, HBL)로 명명되고 다양한 음식에 오염된다. 오염된 음식 섭취 후 8~16시간 이내에 증세가 나타나고 메스꺼움, 복부통증, 설사 등의 증세가 나타나며 가스괴저균 식중독과 유사하다. 구토형은 분자량이 작고 비교적 열에 강하며 잠복기가 1~6시간으로 짧고 증상은 포도상구균 장독소 식중독과 유사하며 김밥 같은 쌀 음식, 감자 등이 주로 오염된다.

• 보툴리누스균 신경독소

보툴리누스균(*Clostridium botulinum*)에 의해 생산되는 신경독소(neurotoxin)로 50% 인간 치사량이 1ng/kg 체중으로 치명적인 독소이다. A~G의 일곱 가지 유형의 독소가 알려져 있으며 7S, 12S, 16S, 19S의 네 가지 크기로 생산된다. 열에 민감하여 80℃에서 10분 가열 또는 끓는 온도에서 가열에 의해 쉽게 파괴되며, 식중독 증세는 독소 함유식품 섭취 후 12~72시간 사이에 나타나며 메스꺼움, 구토, 피로, 어지러움, 두통, 피부, 구강 및 목의 건조, 변비, 근육마비, 시력 손상, 심할 경우 호흡정지 및 사망에 이르나 고열증상은 나타나지 않는다. 보툴리누스균은 편성혐기성균으로 주요 오염식품으로는 통조림식품이다.

• 퍼프린젠스균 장독소

가스괴저균인 퍼프린젠스균 A형(*Clostridium perfringens* type A)에 의해 생산되는 장독소(enterotoxin)로 포자형성 시 함께 생성되며 35kDa의 분자량을 가지고 있다. 주요 오염식품은 고기 음식이며 열에 민감하여 조리 시 쉽게 파괴된다. 식중독 증세는 괴사성 장염(necrotizing enterocolitis, NEC)질병을 유발하고 복부 통증, 설사, 메스꺼움, 고열 등이 나타나며 구토 증세는 적다. 증세는 6~26시간 이내에 나타나며 보통 하루 또는 하루 이내에 사라지고 노약자 등에게 문제가 될 수 있으나 치사율은 매우 낮은 편이다.

• **포도상구균 장독소**

포도상구균 장독소 A(staphylococcal enterotoxin A, SEA)는 황색포도상구균(*Staphylococcus aureus*)에 의해 생산되는 세포 외 독소로 모두 아홉 종류(SEA, B, C_1, C_2, C_3, D, E, G, H)의 장독소가 동정되었다. 26.9~43.1kDa의 단순 단백질로 생산 유전자는 염색체 또는 플라스미드에 존재한다. 독소는 내열성이어서 불충분한 조리에 의해 파괴되지 않아 식중독의 원인이 될 수 있으며 주요 오염식품은 돼지고지, 소고기, 닭고기 등 가금육이며 수작업에 의해 가공된 제품이나 냉장보관에 이상이 생긴 경우 오염 가능성이 높다. 오염된 식품은 섭취 후 보통 4시간 이내에 증상이 나타나며, 증상은 메스꺼움, 구토, 복부경련, 설사, 식은땀, 두통, 쇠약 등이고 24~48시간 지속되나 치사율은 낮은 편이다.

② 곰팡이독소

곰팡이독소(mycotoxin)가 생성되는 과정에서 일부는 돌연변이성 및 발암성을 가지며, 특정 장기에 독성을 나타내기도 한다. 적어도 14종의 발암성을 띤 곰팡이독소가 알려져 있고, 그중 아플라톡신이 가장 강한 발암성을 가지고 있다.

• **아플라톡신**

아플라톡신(aflatoxin)은 아스페르길루스 플라부스(*Aspergillus flavus*)와 아스페르길루스 파라시티쿠스(*Aspergillus parasiticus*)에서 주로 생성되는 곰팡이독소로 옥수수, 땅콩 등을 오염시켜 암을 유발하는 것으로 널리 알려진 물질이다. 다량의 아플라톡신을 짧은 기간 내에 섭취하면 급성 아플라톡신 중독증에 걸리는데, 이것에 저항성을 나타내는 동물은 아직까지 없다. 아플라톡신 중독증은 발생빈도가 높고, 독성이 강하다. 미국 FDA에서 정한 사람이 먹는 곡물이나 가공식품의 아플라톡신 허용한계는 20㎍/kg, 한국 식약처는 10㎍/kg다. 사례로는, 1960년 영국에서 곰팡이에 오염된 땅콩이 포함된 사료를 먹은 십만 마리의 칠면조 새끼가 폐사되어 최소 수십만 달러의 경제적 손상을 초래한 적이 있다.

발병 초기에는 원인규명을 못 해 이 질병을 칠면조에서 발생한 원인불명의 질병이라는 의미로 'Turkey X disease'라고 불렀다. 그 후 1962년 땅콩에서 아스페르길루스 플라부스로부터 원인물질을 분리하여 아플라톡신이라 명명하였고, 이를 계기로 공중보건학적으로 중요한 곰팡이독소에 대한 연구가 본격적으로 진행되었다.

아플라톡신 종류에는 자외선 아래에서의 색깔에 따라 B_1, B_2(푸른색)와 G_1, G_2(녹색)가 있으며, 우유에서 최초로 검출된 아플라톡신 B_1, B_2의 대사산물인 M_1, M_2가 있다. 그중에서 아플라톡신 B_1이 가장 강력한 간의 발암물질이며, 유전독성 물질이다. 아플라톡신에 의한 주요 손상장기는 간으로, 역학조사 결과 사람에서 B형 간염환자가 그렇지 않은 개체보다 아플라톡신에 더 민감하다는 것이 밝혀졌다. 이 사실은 간 독성과의 밀접한 관련성을 설명해 주고 있다.

아플라톡신 B_1은 아스페르길루스 플라부스 등에 의해 생성되는 맹독성의 독소로서 주로 땅콩, 보리, 옥수수, 쌀, 밀 등의 곡물에서 검출된다. 온도가 25~30℃, 상대습도가 80~85% 이상인 고온다습한 곳에서 잘 생성되며 수확에서 건조까지의 기간(저장기간)이 길수록, 환기가 불충분할수록 잘 생성된다. 이 독소는 열에 안정하여 270~280℃ 이상으로 가열해야 분해되므로 식품의 일반적인 열처리나 가공공정에 의해서는 독소가 완전히 제거되지 않는다. 아플라톡신 B_1은 지금까지 발견된 천연물질 중 가장 강력한 발암물질로 동물에 대해 간암을 유발하는 것으로 알려져 있다.

| 표 10-1 | 주요 곰팡이독소의 독성

곰팡이독소	독성	오염 농산물
아플라톡신 (aflatoxin B_1)	간장장애(간염, 간암, 면역체계 약화 등), 장관출혈, 신장출혈	곡류, 두류, 땅콩, 견과류 등
오크라톡신 A (ochratoxin A)	신장장애(신장염, 신장암), 간장장애(급성 지방변성, 간의 면역작용 저해), 장염, 기형 등	옥수수, 밀, 보리 등
제랄네논 (zearalenone)	과에스트로겐증, 생식기능 저하, 불임, 유선 비대, 유산 등	옥수수, 보리 등
시트리닌 (citrinin)	신장장애	쌀, 보리, 밀, 옥수수
파튤린 (patulin)	운동신경 마비, 부종, 폐 출혈, 모세관 손상, 구토	곡류, 맥아, 사과, 사과주스
페니실릭 애시드 (penicillic acid)	간장장애, 신장장애, 혈관팽창	옥수수, 보리
니발레놀 (nivalenol) 티투톡신 (T-2 toxin) 푸사레논 (fusarenon X)	부종, 피부염, 출혈, 백혈구 감소증	곡류, 옥수수, 밀

- **오크라톡신**

오크라톡신(ochratoxin)류의 곰팡이독소로는 오크라톡신 A, 오크라톡신 B, 오크라톡신 C, 4-하이드록시오크라톡신 A(4-hydroxyochratoxin A) 등 17종의 유사체가 알려져 있는데, 이 중에서 독성이 가장 강한 것은 오크라톡신 A로서 일반적으로 오크라톡신이라 하면 오크라톡신 A를 말한다.

오크라톡신 A는 아스페르길루스(*Aspergillus*) · 페니실륨(*Penicillium*)속 곰팡이에 의해 생성되는 독소로서 주로 온도가 4℃ 정도로 낮고 습도가 18.5~40.4%인 상태에서 잘 생성되는데 밀, 옥수수 등 곡류와 육류, 가공식품에서 검출되며, 유럽에서는 돼지와 사람의 혈액 및 모유에서도 검출된다는 보고가 있다.

- **제랄레논**

제랄레논(zearalenone)은 푸사륨(*Fusarium*)속 곰팡이에 의해 생성되는 곰팡이독소로서 주로 건조가 불충분하여 수분함량이 많은 옥수수, 맥류 등에서 검출되며, 다른 곰팡이독소와 마찬가지로 열에 비교적 안정하여 가열 및 가공 시에도 잘 제거되지 않는 특성이 있다.

에스트로겐(estrogen: 여성호르몬의 일종)과 비슷한 성질을 가지고 있어 발정효과를 유발하며, 과에스트로겐증이 유발되어 그 결과 자궁확대, 불임증 등이 나타나기도 한다. 특히 돼지에 대해 민감하게 작용하여 발정증후군, 성장발육 저해, 생식기능 저해, 불임증 및 난소 위축 등을 유발한다. 동물사료의 경우 1,000㎍/kg을 초과하지 않도록 WHO/ FAO에서 권고하고 있다.

- **시트리닌**

시트리닌(citrinin)은 페니실륨 시트리눔(*Penicillium citrinum*), 페니실륨 비리디카툼(*Penicillium viridicatum*), 홍국균(*Monascus*)속 등에 의해 생산되는 곰팡이독소로 곰팡이에 오염된 쌀, 밀 등의 곡류, 빵, 햄 등에서 검출된다. 발암성을 가지며 신장 및 간에 독으로 작용한다.

- **파튤린**

파튤린(patulin)은 다른 곰팡이독소에 비해 위험성이 적은 것으로 알려져 있으나 발암성을 가진다. 폴리케티드 락톤(polyketide lactone)으로 페니실륨 익스팬숨(*Penicillium expansum*), 페니실륨 파툴룸(*Penicillium patulum*) 등을 포함한 페니실륨(*Penicillium*)속 곰팡이와 아스페르길루스 클라바투스(*Aspergillus clavatus*) 등의 아스페르길루스(*Aspergillus*)속 및 비소클라미스(*Byssochlamys*)속 균류에 의해 생성된다. 이들 곰팡이는 다양한 과일과 일부 채소에 감염될 수 있다. 파튤린은 사과에서 가장 흔히 발견되며, 배, 포도 등의 다른 과일을 포함하여 상한 과실류와 상한 과실류로 제조된 주스 및 과실 가공품에서 발견되고 있다. 또한 채소류, 곡류와 사일로에 저장된 사료에서 때때로 파튤린 오염이 보고되고 있다. 사과주스에서 파튤린을 생성하는 균은 주로 페니실륨 익스팬숨(*Penicillium expansum*)이다.

(2) 색소 및 풍미물질

미생물의 이차 대사산물은 색소 및 풍미물질로의 활용이 극히 제한적이지만 천연식품 원료로서 미생물의 발효에 의한 풍미증진제로 사용되는 이노신산(inosinic acid, 5′-IMP) 및 구아노신(guanosine, 5′-GMP) 등의 핵산류가 생산되고 있다.

(3) 생리활성물질

생리활성물질(physiologically active substance)은 생체 내에 존재하며 미량으로 생리현상에 영향을 주는 물질로 각종 호르몬, 활성아민, 비타민 등이다. 생체내에는 각종 생리기능, 생체반응, 염증 등이 모두의 신체기능에 관여하고 조절한다. 이차 대사물질로는 효소 저해물질이나 특정 생리활성을 갖는 저분자물질이 미생물에 의해 생산된다. 그 예로 홍국균은 모나콜린 K(monacolin K)를 생산하는데, 이 물질은 콜레스테롤 생합성에 중요한 효소인 hydroxymethylglutaryl-CoA 환원효소(reductase) 활성을 저해하여 혈중 콜레스테롤 농도를 낮추는 효과가 있는 것으로 알려져 있다.

3. 미생물 고분자 물질

1) 미생물 유래 식품효소

효소는 이론적으로 식물, 동물, 미생물 등 모든 생명체로부터 얻을 수 있으나 대부분 미생물 효소가 선호된다. 그 이유는 미생물 효소의 생산이 비교적 용이하고 경제적이기 때문이다. 많은 세균이나 균류는 자연환경으로부터의 영양원을 흡수하기 위하여 효소를 세포 외로 분비하기 때문에 효소의 분리 및 정제가 용이하다. 또한 고초균(*Bacillus subtilis*), 바실루스 리체니포르미스(*Bacillus licheniformis*), 검정곰팡이(*Aspergillus niger*) 등 효소 생산에 이용되는 미생물이 전통적으로 안정하게 식품에 이용되어 왔으므로 이들로부터 분리한 효소 또한 식품에 안전하게 적용할 수 있다. 많은 미생물이 다양한 종류의 효소를 동시에 생산하여 특정 효소의 정지 없이 효소 혼합물로써 활용도 가능하다.

효소는 식품산업에 오래전부터 다양하게 사용되어 왔다. 전분 가공, 밀가루 가공, 치즈 제조, 과일주스 제조, 인공 감미료 생산, 육가공 등 효소의 이용은 매우 광범위하며, 양조나 포도주 양조에도 빈번하게 이용된다. 특히 화학적 전환이 필요할 때 효소는 유용하다. 화학적 전환(또는 생물전환)은 가수분해(protease에 의한 단백질분해), 첨가반응(aspartase를 이용한 aspartate 생산), 재배열(glucose isomerase를 이용한 포도당의 과당으로의 전화)등으로 나눌 수 있다.

현재 효소시장은 전 세계적으로 10억 달러 이상이며 적어도 400여 개 이상의 회사에서 효소가 생산·판매되고 있다. 대표적인 식품생산 및 가공에 이용되는 효소는 [표 10-2]와 같다.

| 표 10-2 | 식품가공산업에 사용되는 효소

효소	용도	효소반응 산물	생산 미생물
알파-아밀레이스 (α-amylase)	전분 가공	덱스트린(dextrin)	*Bacillus subtilis*, *Aspergillus niger*, *Aspergillus oryzae*
베타-아밀레이스 (β-amylase)	알코올 발효(양조)	맥아당(maltose)	*Bacillus subtilis*
글루코아밀레이스 (glucoamylase)	전분 가공 및 양조	포도당(glucose)	*Aspergillus niger*, *Aspergillus oryzae*
글루코스 이성화효소 (glucose isomerase)	과당(fructose) 생산	과당	*Streptomyces olivaceus*, *Streptomyces olivochromo-gence*, *Streptomyces rubiginosus*, *Bacillus coagulans*
인버테이스(invertase)	캔디 가공, 식품의 자당 결정 석출 방지	포도당, 과당	*Sacchromyces cerevisiae*
펙티네이스(pectinase)	과일주스의 청징	갈락투론산염 (galacturonate)	*Klebsiella* sp.
키모신(chymosin)	우유의 응고	치즈커드	*Kluyveromyces* sp.
레닛(rennet)	우유의 응고	치즈커드	*Mucor miehei*
베타-글루칸 (β-glucan)	양조	β-글루코스 (β-glucose)	*Aspergillus niger*
리페이스(lipase)	치즈가공	풍미물질	*Rhizopus oryzae*
락테이스(lactase)	유가공	포도당, 갈락토스(galac-tose)	*Aspergillus niger*
프로테이스(protease), 리페이스(lipase)	식육연화제 향료 및 맛 제조	펩티드(peptide), 아미노산	*Aspergillus oryzae*

출처: 한국의과연구원(2021).

(1) 전분분해효소

① 알파-아밀레이스

발아(sprouting) 중인 여러 곡류 종자(germinating seed)에 많이 함유되어 있다. 정상적인 곡류 낟알의 경우, 알파-아밀레이스(α-amylase)의 활력은 거의 없으나, 발아할 시기에는 그 활력이 발아 전에 비해서 1,000배 이상으로 급증한다. 그 외에도 췌장액(pancreatic juice)이나 침, 즉 타액(saliva), 일부 세균(*Bacillus subtilis*, *Bacillus stearothermophillus*), 곰팡이(*Aspergillus oryzae*) 등에 존재한다.

알파-아밀레이스는 α-D-포도당의 α-1,4-결합을 무작위적으로 가수분해하는 효소로 액화효소(liquefying enzyme) 또는 덱스트린화 아밀레이스(dextrogenic amylase)라고 불린다. 아밀로스(amylose)에 작용하면 첫 단계로 아밀로스 분자들의 α-1,4-결합을 분자의 외부쪽(엑소 타입)이나 내부쪽(엔도 타입) 등을 가리지 않고 무작위적으로 가수분해하여 포도당 6, 7, 8개 정도로 구성된 덱스트린류(dextrins)를 형성한다. 덱스트린류는 계속 효소의 작용을 받아서 말토트리오스(maltotriose), 말토테트라오스(maltotetraose), 말토펜타오스(maltopentaose) 등의 과당류로 분해된다. 과당류는 계속 α-아밀레이스의 작용을 받아 서서히 포도당과 맥아당으로 분해된다.

아밀로펙틴에 작용하는 경우에도 α-1,6-결합을 포함하는 과당류, 즉 올리고사카라이드들(말토트리오스, 말토테트라오스, 말토펜타오스)과 맥아당이 형성되나, α-1,6-결합을 비롯하여 α-1,4-결합이 아닌 모든 형태의 결합은 가수분해되지 않고, 최종적으로는 α-1,6-결합을 가지고 있는 구성단위인 α-D-포도당 네 개 이상에서 열 개 정도로 구성된 저분자량 덱스트린들(low molecular-weight dextrins)이 형성된다. 이들은 보통 α-아밀레이스 한계 덱스트린류(α-amylase limit dextrins)로 알려져 있다.

알파-아밀레이스에 의한 전분의 가수분해가 진행됨에 따라 전분의 요오드와 정색반응(color reaction)을 일으키는 성질은 점차 소실되며, 점도(viscosity)의 급속한 감소와 환원력의 증가를 가져온다. 예를 들면, 알파-아밀레이스를 각종 밀 또는 기타 곡류들의 가공식품들에 직접 첨가함으로써, 반죽(dough)의 가스 생산(gas production)을 증가시키며, 빵껍질(bread crust)의 색깔을 개선시킬 수 있다.

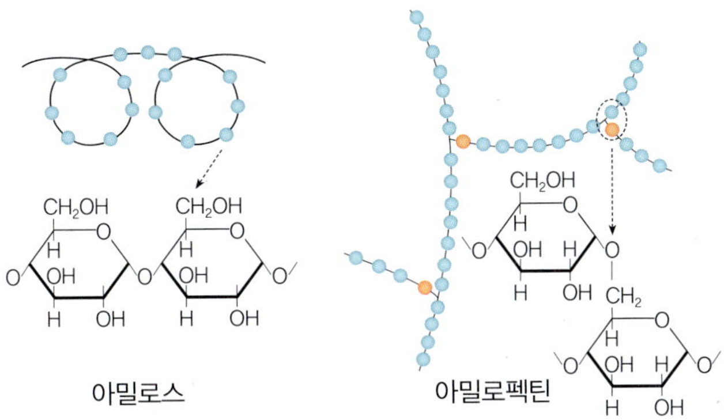

| 그림 10-4 | **아밀로스, 아밀로펙틴의 구조**

② 베타-아밀레이스

베타-아밀레이스(β-amylase, amylo-1,4-maltosidase, 1-4-α-D-glucan-malto-hydrolase)는 고구마와 같은 서류, 곡류, 두류 또는 엿기름(malt), 침(saliva) 등에 널리 포함되어 있다.

전분 중의 아밀로스나 아밀로펙틴 분자들을 외부에서부터, 즉 바깥쪽에서부터(엑소 타입) 맥아당의 단위로 차례로 가수분해하여 결과적으로 전분 현탁액을 당용액(糖溶液)으로 바꿔놓기 때문에 당화효소(糖化酵素, saccharifying enzyme)로도 알려져 있다.

③ 글루코아밀레이스

글루코아밀레이스(glucoamylase, 1,4-α-D-glucanglucohydrolase, EC 3.2.1.3)는 검정곰팡이(*Aspergillus niger*)와 같은 아스페르길루스속 또는 리조푸스속에

속하는 곰팡이들, 일부 효모(*Saccharomyces diastaticus*)나 일부 세균(*Clostridium acetobutylicum*), 동물조직, 특히 간 조직(liver tissue) 등에 널리 분포되고 있는 효소로서 아밀로글루코시데이스(amyloglucosidase)라고도 불려 왔다.

④ 풀루라네이스

풀루란(pullulan)은 α-D-글루칸(α-D-glucan)의 하나다(α-1,4-결합, α-1,6-결합 포함). 풀루란은 세균(*Aerobacter aerogenes*)에서 얻어지는 효소, 즉 풀루라네이스(pullulanase)에 의해서 그 α-1,6-결합이 가수분해되는 사실이 알려진 후, 이 풀루라네이스류에 속하는 효소들도 아밀로펙틴의 α-1,6-결합을 가수분해하는 사실이 알려져 왔다. 풀루라네이스류는 이소아밀레이스(isoamylase)류와 함께 아밀로펙틴들의 가지, 즉 α-1,6-결합을 제거(가수분해)해 주기 때문에, 가지를 제거하는 효소들(debranching enzymes)로도 불리고 있다.

⑤ 글루코스 이성화효소

글루코스 이성화효소(glucose isomerase)는 포도당이 이성화하여 과당으로 전환하는 효소로 바실루스 메가테리움(*Bacillus megaterium*)이나 스트렙토미세스(*Streptomyces*)속 미생물의 배양 균체를 이용하여 과당시럽 제조에 이용한다.

⑥ 사이클로덱스트린 당전이효소

사이클로덱스트린 당전이효소(cyclodextrin glycosyltransferase)는 덱스트린을 환형의 사이클로덱스트린으로 전환하는 데 이용한다. 사이클로덱스트린은 식품산업에 현재 널리 사용되고 있지 않지만 효소나 풍미물질의 캡슐화에 이용될 수 있다.

⑦ 전분의 가공

전분을 가공할 때는 얻고자 하는 최종산물에 따라 다양한 효소가 이용된다. 전분 분해 산물은 분해 정도에 따라 포도당 당량(dextrose equivalent, DE)으로 표시되는데, 완전히 포도당으로 분해된 정도는 DE=100으로 표시하며 DE는 0~100값을 갖는다.

비변형 전분은 DE값이 0이거나 0에 가까운 전분으로 식품산업에 있어 점증제(thickener)로 사용된다. DE=20 이하의 값을 갖는 말토덱스트린은 덤덤한 맛을 가지며 식품산업에 널리 사용된다. 식품의 흡습성을 낮추거나 씹는 질감을 위해 사용하며, 아이스크림 제조 시 얼음결정 형성을 막기 위해 사용되기도 한다.

옥수수시럽 고형물(corn syrup solid)은 말토덱스트린보다 더 분해되어 DE값이 20 이상이며 약간의 단맛을 갖는다. 식품의 산화 방지를 위해서나 풍미물질의 캡슐화를 위해 식품에 첨가된다. 포도당시럽(glucose syrup)은 전분이 거의 분해된 상태로 DE값은 100에 가깝다. 식품에 있어 단맛을 내기 위해 주로 사용하며 저칼로리 식품의 첨가제로 널리 이용된다. 고순도 맥아당시럽(maltose-rich syrup)은 포도당시럽과 유사하나 포도당은 거의 없고 높은 수준의 맥아당(maltose)을 포함하여 중간 정도의 단맛을 갖는다. 고과당시럽(high-fructose syrup)은 많은 가공식품의 감미료로 널리 사용되며 포도당시럽의 효소 전환에 의해 생산된다. 전형적인 효소에 의한 전분분해 과정은 아래의 단계를 거친다.

- **액화**(liquefaction)

전분을 95℃로 가열하고 '바실루스 리체니포르미스 알파-아밀레이스(*Bacillus licheniformis* α-amylase)'를 첨가하는데, 이 효소는 열에 안정하며 전분을 분해한다. α-아밀레이스를 처리한 후 DE값은 10~12 정도이다.

- **당화**(saccharification)

검정곰팡이(*Aspergillus niger*) 글루코아밀레이스를 이용하여 전분 조각의 비환형 말단으로부터 포도당을 유리시킨다. 또한 바실루스(*Bacillus*)나 클렙시엘라(*Klebsiella*)의 풀루라네이스(pullulanase)를 첨가하여 α-1,6-결합을 분해한다. 캐러멜화를 억제하기 위해 60℃에서 이루어지며 당화 정도는 글루코아밀레이스(glucoamylase)의 처리시간 조절에 의해 조절 가능하다. 고말토당시럽(high-maltose syrup)의 경우는 글루코아밀레이스 대신에 식물유래의 β-아밀레이스(β-amylase)가 사용된다.

• 정제

활성탄을 이용하여 탈색하는 비효소적 과정으로 활성탄 처리 후 여과를 통해 제거하고 가열 증발에 의해 시럽으로 농축한다.

• 이성화(isomerization)

고과당시럽(high fructose syrup)을 만들고자 할 경우 적용되는 단계로 고정화된 스트렙토미세스속의 글루코스 이성화효소(*Streptomyce* sp. glucose isomerase)가 널리 이용된다.

(2) 리페이스

리페이스(lipase)는 지방을 분해하여 지방산과 글리세린을 생성하는 효소이다. 동물의 이자액에 많이 있고, 식물에서는 아주까리 종자에 많이 들어 있다. 주로 동물의 소화 효소로서 작용하며 각종 소화액에 분비되고 각종 조직 및 혈액에도 있으나 그 외의 생물에도 있다. 담즙산염은 간에서 생성되어 쓸개에 저장되었다가 소화관으로 분비되는 지방의 물리적 분해를 돕는 물질로서 지방 자체의 표면적을 늘려 리페이스의 화학적 지방 분해 작용의 촉진을 유도한다. 이러한 효소의 특성을 이용하여 식품산업에 있어서 리페이스는 원하는 지방산을 갖는 지질의 생산이나 버터, 치즈 등의 풍미를 증진시키기 위해 사용된다.

단순지질에 원하는 지방산과 리페이스를 첨가하게 되면 원래 지방산이 희망하는 지방으로 대체가 가능하다. 이러한 목적으로 칸디다 루고사 리페이스(*Candida rugosa* lipase)가 다양한 범위의 사슬 길이와 불포화도를 갖는 지방산에 잘 작용하므로 널리 이용되고 있다.

리페이스의 분해활성은 유리 지방산 생산에 의해 풍미를 증진시키기 위해 사용되고 버터나 치즈 가공에 널리 활용되고 있다.

(3) 펙티네이스

펙틴분해효소(pectinase, pectin enzyme)라고 불리며, 그중 펙토리에이스(pectolyase), 펙토자임(pectozyme) 및 폴리갈락투로네이스(polygalacturonase)가 가장 널리 연구되고 있다. 펙틴은 식물 세포를 함께 시멘트로 만들고 셀룰로스 섬유와 같은 다른 세포벽 성분이 묻어 있는 젤리 같은 기질이기 때문에 유용하다. 따라서 펙티네이스는 사과 및 사포타(sapota)를 비롯한 과일에서 과일주스의 추출 속도를 높이는 것과 같이 식물 재료의 분해를 포함하는 공정에서 일반적으로 사용된다. 또한 1960년대 이후로 와인 생산에 사용되어 왔다. 양조에서 펙티네이스는 두 가지 역할을 하는데, 첫째, 식물(일반적으로 과일) 물질을 분해하는 데 도움을 주며, 특히 매실에서 향료를 추출하는 데 도움이 된다. 둘째, 완성된 와인에 펙틴이 존재하면 응집물이 생기거나 약간 흐려지게 되는데, 펙티네이스는 이것을 분해하고 와인을 맑게 하는 역할을 한다. 이것은 검정곰팡이(*Aspergillus niger*)와 같은 균류에서 추출할 수 있다.

(4) 셀룰레이스

셀룰레이스(cellulase)는 주로 세포벽 분해, 셀룰로스 및 일부 관련 다당류의 분해를 촉매하는 곰팡이, 박테리아 및 원생동물에 의해 생성되는 몇 가지 효소 중 하나이다. 다양한 효소의 복합체에 사용된다.

다양한 박테리아의 생체 내 셀룰레이스는 초분자 복합체인 셀룰로스로 구성된 복잡한 효소 구조로 엔도 셀룰레이스(endocellulase), 엑소 셀룰레이스(exocellulases), 셀로바이에이스(cellobiase), 산화성 셀룰레이스 및 셀룰로스 포스포

릴레이스를 대표하는 약 다섯 개의 상이한 효소를 포함하며, 셀룰로스 분자를 β-글루코스 또는 짧은 다당류 및 올리고당과 같은 단당류(단순한 설탕)로 분해하는 효소로 트리코더마 비리드(*Trichoderma viride*)를 이용하여 공업적으로 생산된다. 식물의 세포벽을 분해하여 내용물의 추출을 용이하게 하므로 전분 제조, 대두단백 추출, 해초로부터 한천 제조, 두류 및 곡류의 탈피, 소화제, 사료 첨가제 등으로 이용된다.

(5) 인버테이스

인버테이스(invertase)는 수크로스(sucrose, table sugar)의 가수분해를 촉매하는 효소로, 다른 이름으로는 saccharase, glucosucrase, β-D-fructosidase, β-fructosidase, invertin, sucrase, maxinvert L 1000, fructosylinvertase, alkaline invertase, acid invertase 등이 있다.

인버테이스(invertase)와 수크레이스(sucrase)는 포도당과 과당이 같은 혼합물을 만들기 위해 수크로스(sucrose)를 가수분해하는 효소로 사카로미세스 세레비시에(*Saccharomyces cerevisiae*)로부터 추출된다.

(6) 락테이스

락테이스(lactase)는 전체 우유의 완전한 소화에 필수적이며 우유에 단맛을 주는 설탕인 락토스를 가수분해한다. 락테이스는 식품 보충제로 구입할 수 있으며 '유당이 없는' 유제품을 생산하기 위해 우유에 첨가된다. 락테이스는 사카로미세스 프라길리스(*Saccharomyces fragilis*)에 의해 생산된다. 아이스크림, 농축유 등에서 젖당의 결정 석출 방지 및 감미 증진을 목적으로 이용된다.

(7) 레닛

레닛(rennet, 응유효소)은 포유류인 반추 동물의 위에서 생산된 효소복합체로 주요 성분인 키모신(chymosin)은 우유의 카세인을 분해하는 단백질 가수분해 효소(protease)이다. 레닛은 우유를 치즈 제조 및 액체 유청으로 분리하는 데 사용될 수 있으며 대부분은 치즈 생산에 사용된다. 무코르 푸실루스(*Mucor pusillus*), 무코르 미에헤이(*Mucor miehei*) 등의 곰팡이 유래 효소가 이용되었으나, 최근에는 소의 키모신 유전자를 클로닝하여 미생물에서 생산한 응유효소가 사용되고 있다.

(8) 프로테이스

프로테이스(protease)는 단백질 분해를 수행하는 효소이며 동물계(animalia), 식물계(plantae), 진균계(fungi), 진정세균계(bacteria), 고세균계(archaea) 및 바이러스(virus)에서 찾을 수 있다. 공업적으로 이용되는 프로테이스로는 아스페르길루스 니제르(*Aspergillus niger*, 검정곰팡이), 아스페르길루스 오리제(*Aspergillus oryzae,* 누룩곰팡이), 아스페르길루스 사이토이(*Aspergillus saitoi*), 아스페르길루스 아와모리(*Aspergillus awamori*) 등 곰팡이 유래의 것과 고초균(*Bacillus subtilis*), 바실루스 아밀로리퀴파시엔스(*Bacillus amyloliquefaciens*), 클로스트리듐 아세토부틸리쿰(*Clostridium acetobutilycum*) 등 세균 유래의 것 등이 있다. 식품과 관련하여 제빵, 맥주나 청주의 혼탁 제거, 식육의 연화, 합성주의 향미액 제조 등에 이용되고 있다.

2) 핵산 관련 물질

핵산 관련 물질인 리보뉴클레오티드(ribonucleotide) 중 IMP(inosine-5′-mononophosphate), GMP(guanosine-5′-monophosphate) 등은 감칠맛을 내어 정미성분으로 생산되고 있다.

(1) RNA 분해법에 의한 IMP와 GMP의 생산

효모(*Saccharomyces cerevisiae*, *Candida utilis*)의 RNA를 식염수로 추출한 후 페니실륨 시트리눔(*Penicillium citrinum*)의 5′-인산디에스터 가수분해 효소(5′-phosphodiesterase)와 누룩곰팡이의 AMP 탈아미노효소(AMP deaminase)를 이용하여 정미성분인 5′-GMP와 5′-IMP를 얻을 수 있다. RNA를 효소처리하여 65℃에서 분해하면 5′-GMP, 5′-AMP, 5′-TMP, 5′-CMP의 뉴클레오티드가 생성되는데 5′-AMP가 5′-IMP로 전환된다.

(2) 발효법

코리네박테륨 암모니아게네스(*Corynebacterium ammoniagenes*)의 변이주를 사용하여 공업적으로 IMP, GMP를 생산하고 있으며, 코리네박테리움 암모니아게네스, 고초균의 변이주의 분해억제 및 조절해제를 통하여 이노신(inosine)을 생산한 후 이노신의 화학적 인산화를 통하여 5′-IMP를 생산하는 방법이 실용화되고 있다.

3) 미생물 다당류

(1) 잔탄검(xanthan gum)

잔탄검은 일반적인 식품 첨가물을 포함하여 다양한 용도의 다당류로 강력한 증점제이며 성분 분리 방지제로도 사용된다. 발효 과정을 통하여 다양한 범위의 단순한 당으로부터 생산될 수 있으며, 잔토모나스 캄페스트리스(*Xanthomonas campestris*)에 의해 생산된다. 브로콜리, 콜리플라워 및 기타 잎이 많은 채소에 검은 썩음이 생기는 원인이 되는 세균이다.

잔탄검(1%)은 액체의 점도를 크게 증가시킬 수 있다. 음식에서 잔탄검은 샐러드 드레싱과 소스에 흔히 사용하는데 유제를 안정화시켜 유분 분리를 방지하는 데 도움이 된다. 또한 잔탄검은 향신료와 같은 고입자를 부유시키는 데 도움을 주고 아이스크림에서 원하는 질감을 만들어 낸다. 치약에는 종종 제품을 균일하게 유지하기 위한 바인더(binder)로서 잔탄검이 들어 있다. 대부분의 식품에서 0.5% 이하의 농도로 사용된다.

(2) 덱스트란

덱스트란(dextran)은 다양한 길이의 사슬(3~2000KD)로 이루어진 복잡한 분지 글루칸(많은 포도당 분자로 이루어진 다당류)이다. 포도당 분자 사이의 알파-1,6 글리코시드 결합으로 구성된다.

덱스트란은 파스퇴르에 의해 포도주의 미생물 생성물로 처음 발견되었지만 대량 생산은 진스(Allene Jeanes, 1906~1995)가 박테리아를 사용하는 공정을 개발한 후에 가능했다. 덱스트란은 유산균인 류코노스톡 메센테로이데스(*Leuconostoc mesenteroides*)와 스트렙토코쿠스 무탄스(*Streptococcus mutans*)에 의해 자당에서 합성된다.

덱스트란은 물에 잘 녹고 점도가 높으며 화학적으로 안정하므로 유화제 및 안정제로 아이스크림, 시럽, 젤리 등에 사용된다.

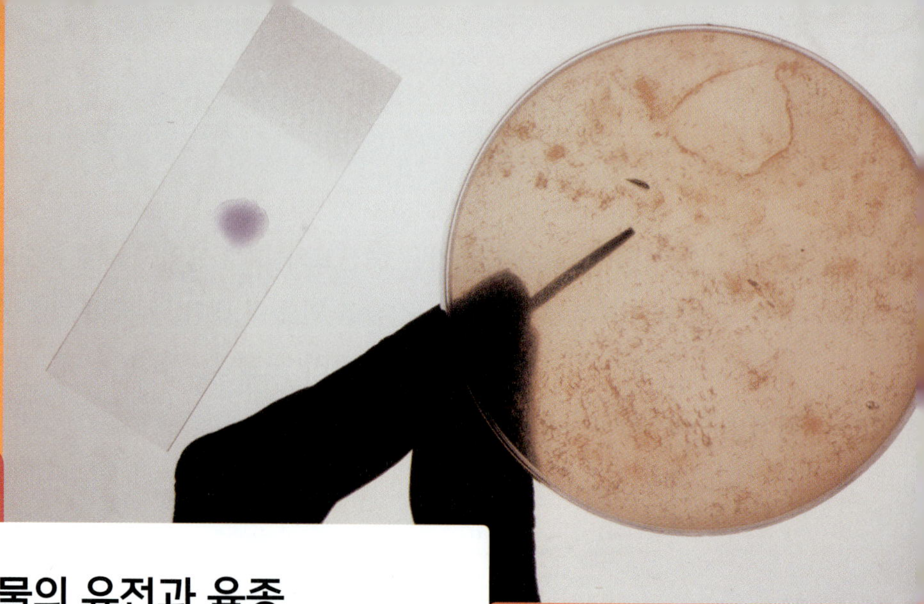

제11장

미생물의 유전과 육종

유전자(gene)는 생명체의 유전 현상을 설명하는 기본 단위이다. 그 본체는 세포 내의 DNA(deoxyribonucleic acid)라는 것이 다양한 실험으로 밝혀지게 되었다. 세포 중에서 유전자는 세포구성의 물질 합성과 기능에 대한 모든 정보를 가지고 있다. 세포의 유전에 필수적인 기능과 관련된 거대분자로는 유전물질인 'DNA'와 중간역할을 하는 'RNA(ribonucleic acid)' 및 실제 기능을 하는 '단백질(protein)'이다.

DNA가 유전자의 본체라는 사실은 19세기 중반에 사람의 백혈구 핵의 화학물질의 특이성 조사부터 시작되었다. 핵 속의 염색체 존재와 전달과정 및 핵단백질 등이 밝혀지고, 또한 유전물질은 형질전환(transformation)·형질도입(transduction) 실험들에 의하여 단백질이 아닌 DNA인 것이 입증되었고, 그 구조의 기본단위도 네 가지의 뉴클레오티드(nucleotide)로 구성되어 있는 것이 밝혀지게 되었다.

1. 유전자의 구조와 기능

1) 핵산과 유전자

핵산(nucleic acid)에는 DNA와 RNA가 존재하며, 기본단위는 뉴클레오티드이다. 핵산은 폴리뉴클레오티드(polynucleotides)라는 뉴클레오티드의 중합체(polymer)로 존재하는 고분자물질이다. 두 가지는 화학적 성질과 세포에서 기능적 역할의 차이가 있는데, DNA는 유전정보의 저장소 역할을 하지만 RNA는 유전정보의 발현 과정인 단백질 합성에서 다른 기능을 나타낸다. 핵산은 세 가지의 구성물질로 환상의 5탄당(cyclic five-carbon sugar)과 염기(base) 및 인산(phosphate)이 있다[그림 11-1].

(1) 5탄당

뉴클레오티드의 기본 골격으로 DNA의 데옥시리보스(deoxyribose)는 RNA의 리보스(ribose)의 2번 탄소에서 -OH가 -H로 교체된 것이며, 3번 탄소는 인접한 5번 탄소와 인산 1분자로 연결되어 있다. 1번 탄소에 염기가 연결된다.

(2) 염기

유전정보를 나타내는 중요한 물질인 DNA는 아데닌(adenine, A), 구아닌(guanine, G), 시토신(cytosine, C), 티민(thymine, T)으로 구성되며, RNA는 DNA와 동일하지만 티민(T)을 대신해서 우라실(uracil, U)로 되어 있다. 퓨린 염기(A, G)의 9번 질소와 피리미딘 염기(DNA의 C, T / RNA의 C, U)의 1번의 질소에 5탄당의 1번 탄소가 N-글리코실 결합(N-glycosylic bond)으로 연결되어 있다.

(3) 인산

인산은 음전하를 나타내어 핵산에 수용성을 강하게 하며, 당의 5번 탄소와 3번 탄소 사이에 인산이 디에스테르 결합(phosphodiester linkage)이 되어 있다.

5탄당과 네 가지의 염기로 구성되는 각각의 물질들은 뉴클레오시드(nucleoside)라고 하며, 여기에 인산 1분자가 결합하면 뉴클레오티드(nucleotide) 또는 인산뉴클레오시드(nucleoside monophosphate)라고도 불린다. 그리고 당의 5번 탄소에 인산기가 1개, 2개 및 3개가 결합하고 당의 1번 탄소에 염기로 시토신(C)이 결합하면, 각각 사이티딘 1인산(cytidine monophosphate, AMP), 사이티딘 2인산(cytidine diphosphate, CDP) 및 사이티딘 3인산(cytidine triphosphate, CTP)으로 인산화된 세 가지의 뉴클레오티드가 된다[그림 11-2].

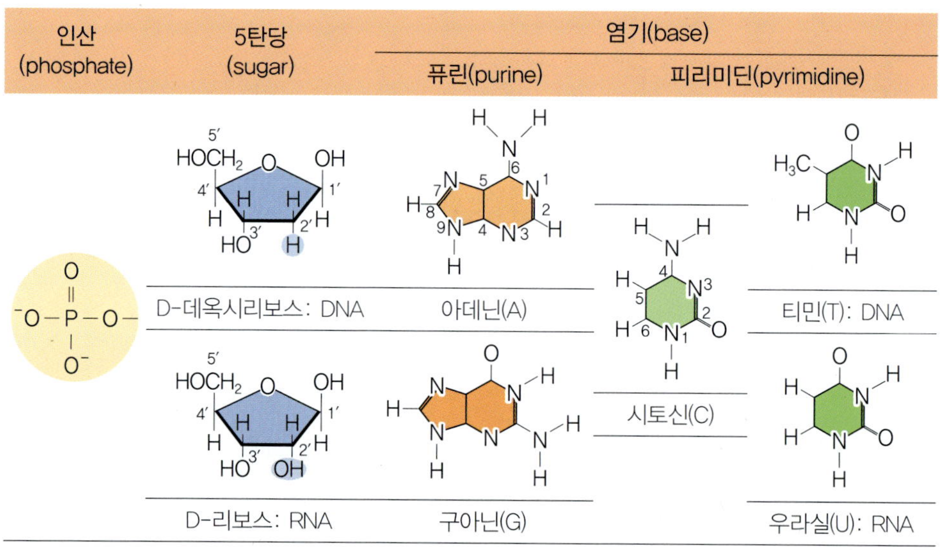

| 그림 11-1 | **뉴클레오티드의 구성성분 구조**

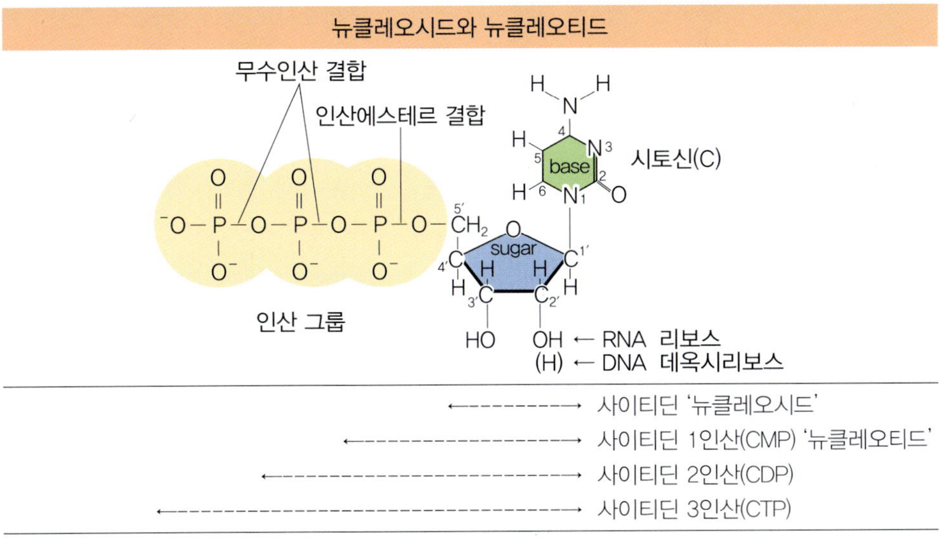

| 그림 11-2 | **뉴클레오시드 및 뉴클레오티드의 인산화 종류**

2) DNA 구조와 복제

(1) DNA 구조

핵산 중에 DNA는 네 가지의 뉴클레오티드 기본단위체(dAMP, dGMP, dCMP, dTMP)들이 일정한 순서를 가지는 정보성 고분자(informational macromolecules)이다[표 11-1]. 이들은 특정 단백질의 아미노산 순서를 결정하는 정확한 유전정보를 암호화하는 기능을 담당한다. 즉 RNA와 공동의 역할로 세포 유전정보를 저장하거나 차세대에 전달하며, 대사조절 및 효소의 기능을 가지기도 한다.

| 표 11-1 | RNA와 DNA를 구성하는 염기, 뉴클레오시드 및 뉴클레오티드

염기		RNA		DNA	
		뉴클레오시드	뉴클레오티드	뉴클레오시드	뉴클레오티드
퓨린	아데닌(A)	아데노신 (adenosine)	아데노신 1인산(AMP)	디옥시아데노신 (deoxyadenosine)	디옥시아데노신 1인산(dAMP)
	구아닌(G)	구아노신 (guanosine)	구아노신 1인산(GMP)	디옥시구아노신 (deoxyguanosine)	디옥시구아노신 1인산(dGMP)
피리미딘	시토신(C)	사이티딘 (cytidine)	사이티딘 1인산(CMP)	디옥시사이티딘 (deoxycytidine)	디옥시사이티딘 1인산(dCMP)
	우라실(U)	우리딘 (uridine)	우리딘 1인산(UMP)	-	-
	티민(T)	-	-	디옥시티미딘 (deoxythymidine)	디옥시티미딘 1인산(dTMP)

DNA는 단위체들이 인산디에스테르 결합으로 연결된 한 가닥이 상보적인 또 다른 한 가닥과의 나선형 이중구조로 감겨 있는 형태이다. 각 사슬의 골격은 데옥시리보스의 5탄당과 인산으로 이루어지며, 극성을 나타내는 수산화기의 당과 함께 전하를 띠고 있는 인산은 이중나선구조의 외부로 노출이 되어 DNA의 수화성을 증대시키는 역할을 한다. 그리고 상대적으로 소수성이 강한 염기는 이중나선의 두 가닥 안쪽으로 들어가면서 수소결합을 통하여 상보적인 염기쌍을 형성한다[그림 11-3].

핵산에서 RNA는 보통 단일가닥으로 되어 있지만, DNA는 대체로 이중나선 구조로 되어 있으며, DNA 합성은 항상 5′→3′방향으로 일어난다. 두 가닥이 서로 반대방향으로 배치되어 역평행(antiparallel)이면서 상보적(complementary)으로 수소결합에 의하여 독특한 염기쌍(base pair, 퓨린과 피리미딘)을 이룬다. 즉 퓨린 염기인 아데닌(A)과 피리미딘 염기인 티민(T)이 두 개의 수소결합으로 염기쌍을 이루고, 동일한 방식으로 구아닌(G)과 시토신(C)은 세 개의 수소결합으로 염기쌍을 이룬다.

세포 내의 이중나선 가닥은 동일한 축을 중심으로 종종 오른쪽 방향으로 꼬이는 'B-DNA'라고 불리는 형태로 존재한다. 이 외에 B-DNA 분자 내에 끼어들어가 있는 단편 DNA가 있는데, 'A-DNA'는 B-DNA보다 짧고 두꺼운 오른쪽 방향으로 꼬인 이중나선구조를 갖고 있으며, 'Z-DNA'는 왼쪽 방향으로 꼬여 있는 이중나선구조로 당과 인산의 골격이 길고 얇으며 지그재그의 형태로 되어 있다.

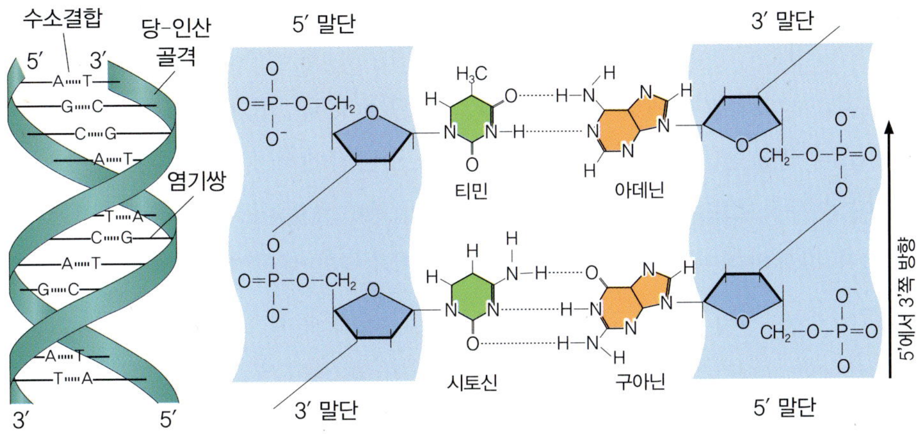

| 그림 11-3 | 핵산의 이중나선 및 수소결합. 아데닌(A)=티민(T), 구아닌(G)≡시토신(C)

(2) DNA 복제

미생물은 자체 유전정보를 반보존적 복제(semiconservative replication)라는 생합성 과정을 통하여 정확하게 두 배가 되며, DNA 복제의 기본단위를 레플리콘(replicon)이라고 하고, 세포분열을 통하여 다음 세대로 전달된다. 대장균의 경우는 세포막이 안쪽으로 함몰된 세포막인 메소솜에 환상의 이중나선 DNA가 부착되어 있으며, 이 특정 부위를 복제의 개시점(origin)이라고 하는데, 두 가닥이 서로 떨어지면 합성점(growing point)이 나타나면서 한 방향(unidirectionary)이나 두 방향(bidirectionary)으로 복제가 일어난다. 그리고 복제가 종료되는 직전에 세포막의 일부인 종지점(terminus)이 있으며, 세포 내에서 핵양체가 두 배로 되면 이분법에 의한 세포분열이 일어난다.

두 가닥의 상보적인 폴리디옥시리보뉴클레오티드(polydeoxyribonucleotide)가 각각 주형 DNA(template DNA)로 되어 DNA 중합효소(DNA polymerase)에 의해 주형의 3′→ 5′ 방향(즉 새로운 DNA 합성의 5′→3′ 방향)으로 만들어진다.

그 합성 과정은 DNA 분자의 말단에는 당의 5번 탄소(5′ 말단)의 -OH기에 인산이 부착되지만, 다른 말단에는 당의 3번 탄소(3′ 말단)에 유리 -OH기가 노출된다. 복제는 3′ 말단에 새로운 뉴클레오티드(인산-당-염기) 단위가 첨가됨으로써 만들어지는데, 그 전구물질의 단위는 네 가지의 디옥시리보뉴클레오시드 3인산(deoxyribonucleoside triphosphate : dATP, dGTP, dCTP, dTTP)이다.

DNA의 생합성(복제)은 두 가닥 DNA의 3′ 말단에서 시작하는데, 다양한 효소들이 순차적으로 관여한다. 먼저 이중나선 가닥을 풀어 주는 헬리케이스(helicase)가 필요하며, 한쪽 사슬(3′→5′)은 이중나선이 풀리면서 상보적인 새로운 사슬이 DNA 중합효소에 의하여 5′→3′으로 동시에 합성이 진행되는 '선도가닥(leading strand)'을 합성한다. 그러나 다른 한쪽 사슬(5′→3′)은 주형 DNA의 이중나선이 풀리는 방향 쪽으로 동시 합성이 불가능하므로 비연속적인 작은 단편 DNA(Okazaki fragment)가 만들어지면서 DNA 연결효소(ligase, 리게이스)에 의하여 연결된다. 따라서 비연속적으로 합성되는 쪽의 DNA 단편은 이중나선이 풀리는 방향과 동일하게 연속적으로 생합성이 되는 쪽보다 '지연가닥(lagging strand)'으로 불리게 된다.

DNA가 비연속적으로 합성되는 경우(지연가닥)에는 DNA 프라이머(primer, 시발체)가 존재하지 않으므로 DNA 의존성의 RNA 중합효소(RNA polymerase)에 의하여 특정 부위 염기배열로 결정되어 있는 DNA에서 합성되는 RNA 프라이머(primer, 시발체)가 그 합성 개시점의 역할을 한다.

그 RNA 프라이머에 DNA 중합효소 III가 계속하여 긴 뉴클레오티드를 합성하며, 동시에 DNA 중합효소 I에 의하여 초기 RNA 프라이머는 제거되면서 그 자리에 상보적인 DNA를 합성시키게 되고 최종적으로는 DNA 연결효소가 두 가지 DNA 분자를 연결시킨다.

3) RNA 구조와 전사

미생물 단백질 합성에서 나타나는 주요 RNA는 DNA 유전정보(암호)를 전사(전령, transcription)하는 전령 RNA(messenger RNA, mRNA)와 원료인 아미노산을 단백질 합성공장(ribosome)까지 운반(전이)하는 운반 RNA(transfer RNA, tRNA)가 있다.

mRNA의 경우, 효모와 곰팡이와 같은 진핵세포에서는 핵을 둘러싸고 있는 핵막이 있고 유전적 형질이 있는 엑손(exon)과 그렇지 않은 인트론(intron)이 혼재되어 있는 상태인 이질성 핵 RNA(heterogenous RNA, hnRNA)를 합성한다. 다시 RNA 가공(RNA processing)을 통하여 인트론 부분의 RNA를 잘라 내어 최종적인 mRNA를 만들고, 다시 핵 구멍을 통과하여 원형질 내의 리보솜 중에 큰 과립(50S subunit)이 아닌 작은 과립(30S subunit)에 결합한다.

유전정보를 정확하게 전달하는 mRNA의 구조는 단일 나선상(single strand)으로 진핵세포(핵막 내)와 원핵세포(세포질)에 분포하며, DNA 분자의 네 종류 염기(A, G, C, T)를 주형으로 합성된다. DNA의 염기배열에서 A는 U로, G는 C로, T는 A로, C는 G로 각각 mRNA로 전사되지만, 이렇게 합성되는 mRNA의 염기배열은 T가 U로만 바뀌는 동일한 구조가 된다.

mRNA의 합성에서 DNA를 주형으로 전사효소(DNA 의존성 RNA polymerase, transcriptase)의 촉매를 통하여 한 개의 효소 단백질을 생성하는 유전자 단위를 시스트론(cistron)이라고 하며, 여러 개의 시스트론이 동시에 전사되는 단위는 오페론(operon)이라고 한다.

대장균의 전사효소는 다섯 가지의 하부단위(subunit)로 구성되어 있으며, 알파(α, alpha)와 오메가(ω, omega)는 아직 기능이 밝혀지지 않았으며, 베타(β, beta)와 시그마(σ, sigma) 하부단위 및 로(ρ, rho) 단백질은 밝혀져 있다[표 11-2]. 베타는 RNA 중합효소를 주형 DNA에 결합시키는 역할을 하며, 베타프라임(β′)은 전사의 개시 및 촉매 부위로 알려져 있다. 시그마(σ)는 주형 DNA의 특정 위치에서 mRNA 합성이 정확하게 시작되는 데 필요하다. 시그마가 없는 효소인 α2ββ′을 중심중합효소(core polymerase)라고 하며, 시그마가 포함된 효소인 α2ββ′σ는 완전중합효소(holo polymerase, holoenzyme)라고 한다.

또한 전사에는 DNA의 이중가닥에서 한쪽만 전사하는 비대칭전사(asymmetric transcription)와 양쪽을 모두 전사하는 대칭전사(symmetric transcription)가 있지만, 대부분은 유전자의 상보성으로 한쪽의 단백질에 대한 주형 DNA를 mRNA로 전사한다.

| 표 11-2 | 대장균의 RNA 중합효소와 관련 단백질의 조성과 기능

하부단위		분자량	개수	기능
중합효소	β	165,000	1	DNA에 효소결합
	β′	155,000	1	개시 및 촉매부위
	σ	95,000	1	개시
	α	39,000	2	미확인
	ω	9,000	1	미확인
단백질	ρ		1	종결인자

원핵 및 진핵 미생물 세포에서는 mRNA의 유전정보(암호)가 아미노산으로 번역되므로 세 개의 연속적 염기(triplet code)와 대응하는 아미노산을 나타내는 유전암호표로 표시할 수 있다[표 11-3]. 유전암호표에서 해독되는 주요한 특징은 다음과 같이 일곱 가지로 나타내며, 유전정보의 암호는 숙주에 기생하는 유기체 바이러스부터 고등동물까지 모두 같다.

| 표 11-3 | 유전암호

첫 번째의 염기	두 번째의 염기 U		C		A		G		세 번째의 염기
U	UUU	Phe	UCU	Ser	UAU	Tyr	UGU	Tyr	U
	UUC		UCC		UAC		UGC		C
	UUA	Leu	UCA		UAA	**(Ochre)	UGA	**(Opal)	A
	UUG		UCG		UAG	**(Amber)	UGG	Trp	G
C	CUU	Leu	CCU	Pro	CAU	His	CGU	Arg	U
	CUC		CCC		CAC		CGC		C
	CUA		CCA		CAA	Gln	CGA		A
	CUG		CCG		CAG		CGG		G
A	AUU	Ile	ACU	Thr	AAU	Asn	AGU	Ser	U
	AUC		ACC		AAC		AGC		C
	AUA		ACA		AAA	Lys	AGA	Arg	A
	AUG	Met	ACG		AAG		AGG		G
G	GUU	Val	GCU	Ala	GAU	Asp	GGU	Gly	U
	GUC		GCC		GAC		GGC		C
	GUA		GCA		GAA	Glu	GGA		A
	GUG		GCG		GAG		GGG		G

*mRNA의 5'말단에 위치한 3개 염기에 대응하는 아미노산의 종류. mRNA 5′ 말단 염기 중에 가장 왼쪽의 염기(A)를 첫 번째로 한다.

**대응하는 아미노산이 없는 암호(nonsense codon)로 폴리펩티드 합성이 중단된다.

① 한 개의 암호단위인 코돈(codon)은 핵산 세 개의 염기로 구성되어 있다.

② 세 개의 염기 조합(4×4×4=64개)에서 아미노산에 대응하는 61개의 암호 코돈(sense codon)과 어느 아미노산에도 대응하지 않는 세 개의 비암호 코돈(nonsense codon: 3UAG, UAA, UGA)으로 구성되어 있다.

③ 한 개의 아미노산에 대해서 두 개 또는 그 이상의 코돈으로 대응한다. 즉 한 개(Met, Trp), 두 개(Asn, Asp, Cys, Gln, Glu, His, Lys, Phe, Tyr), 세 개(Ile), 네 개(Ala, Gly, Pro, Thr, Val), 여섯 개의 코돈(Leu)이 있다.

④ 단백질 합성의 개시는 Met의 AUG 코돈이며, 정지는 세 개의 비암호 코돈이다.

⑤ 한 개의 코돈은 한 가지의 의미를 나타내며 애매한 점이 없는 명확한 암호이다.

⑥ 암호는 원칙적으로 중복해서 번역되지 않는 암호이다.

⑦ 코돈 사이는 쉼표에 해당되는 문자가 없는 암호이다.

운반 RNA(tRNA)의 경우, 단백질 합성을 위한 세포질의 유리 아미노산을 리보솜까지 운반하는 약 80개의 뉴클레오티드로 구성된 저분자의 연쇄상 RNA이다. 전체적인 사슬은 클로버 잎과 같은 모양으로 되어 있으며, 한 가닥 사슬환을 만드는 부분과 두 가닥 사슬로 된 부분도 있다. 사슬환의 세 가지 잎 부분은 mRNA의 코돈과 직접 짝을 이루는 세 개의 염기 부분인 안티코돈 루프(anticodon loop), 리보솜과 결합하는 T-루프(T-loop) 및 아미노아실-tRNA-합성효소(aminoacyl-tRNA-synthetase)와 결합하는 D-루프(D-loop)로 구성되어 있으며, 자루 쪽의 끝부분(3′ 말단)에는 아미노산이 결합한다. tRNA와 아미노산의 결합은 다양한 아미노아실-tRNA-합성효소들에 의해서 특이적으로 정확하게 결합되는데 ATP와 Mg^{2+}의 존재하에서는 tRNA의 자루 쪽 3′ 말단의 리보스(ribose)에서 특정 아미노산과 에스테르 결합으로 이루어진다.

4) 단백질의 합성(번역)과 이동

단백질 합성은 특정 아미노산이 결합하고 있는 아미노아실-tRNA의 안티코돈과 작은 소단위 리보솜에 연결되어 있는 mRNA가 대응하여 이루어진 수소결합을 통하여 mRNA의 염기배열 순(5′→ 3′ 방향)으로 아미노산 배열이 결정된다. 미생물 유전자의 개시코돈(start codon)은 원핵(대장균)의 경우 대부분 유전자에서 AUG가 되며, 진핵(빵효모)의 경우 AUG로 한정되어 있다. DNA에서 DNA로의 복제(replication), 한쪽의 DNA 사슬(주형, template DNA)의 mRNA로의 전사(transcription), 개별적 유리 아미노산과 tRNA가 연결되는 활성화 그리고 여러 개

리보솜(polyribosome)의 동시 번역(translation) 과정을 나타내면 다음과 같다.

단백질합성(번역)은 두 개의 소단위체를 갖는 리보솜에서 일어나며, 침강계수(sedimentation coefficient)로서 세균은 30S(22개 단백질: 16S rRNA)와 50S(33개 단백질: 5S, 23S rRNA), 효모나 곰팡이는 40S(~34개 단백질: 18S rRNA)와 60S(~44개 단백질: 5S, 5.8S, 28S rRNA)를 나타낸다. 합성 과정은 개시준비 단계(리보솜-tRNA-mRNA 복합체 형성), 지속연장 단계(펩티드 결합 형성), 종결방출 단계(폴리펩티드 완결→리보솜에서 방출) 및 구조변환 단계(폴리펩티드 접힘→기능적 구조 형성)로 구분된다. 원핵세포인 세균의 단백질(폴리펩티드) 합성 과정을 요약하면 다음과 같다.

(1) 개시준비(initiation) 단계

- 초기 복합체 I 의 형성
  - (mRNA + 30S 리보솜 + formylmethionine)-tRNA(f-met-tRNA)의 결합
    〈진핵미생물은 methionine으로 시작〉
  - GTP(guanosine triphosphate) + 단백질 초기인자(IF)의 필요
  - mRNA의 개시코돈(AUG, 아주 드물게 GUG)과 f-met-tRNA의 안티코돈과의 상보적 결합
- 초기 복합체 II 의 형성
  - 50S 리보솜과 초기 복합체 I 의 결합
  - f-met-tRNA의 리보솜 P 부위(peptidyl-site, P-site)에 위치
  - 초기 복합체 III 의 형성
  - f-met-tRNA의 리보솜 A 부위(aminoacyl-site, A-site)에 위치
  - GTP→GDP(guanosine diphosphate) + Pi(phosphate)로 분해 필요

(2) 지속연장(elongation) 단계

- A 부위에 새로운 아미노산-tRNA 첨가

- 개시코돈의 AUG에 바로 다음의 코돈에 tRNA의 안티코돈이 위치, GTP와 단백질 연장인자(EF)가 필요
- GTP→GDP(guanosine diphosphate) + Pi(phosphate)로 분해 필요

• 펩티드 결합 형성
- f-met의 카복실기(carboxyl group)가 두 번째 아미노산의 아미노기와 연결
- f-met의 운반 tRNA 방출
- 반응을 촉매하는 효소는 펩티드 전이효소(peptidyl transferase)로서 50S 리보솜의 일부

• 이동
- A 부위의 f-met-AA 디펩티드-tRNA가 P부위로 이동하고, 리보솜은 mRNA에서 한 코돈을 이동한다.
- 연장인자(elongation factor, EF)와 GTP→GDP + Pi로 분해 필요
- 계속적인 펩티드 연장을 반복→최종 폴리펩티드 합성을 완성

(3) 종결방출(termination) 단계

• 종결코돈(UAA, UAG, UGA)에 도달하면, 더 이상 아미노산을 연장하지 않음
• 리보솜과 tRNA에서 폴리펩티드 방출
• 방출인자(release factor, RF)와 GTP→GDP + Pi로 분해 필요

(4) 구조변환(folding) 단계

• f-met의 포밀기(formyl group)를 제거. 대다수 단백질의 N-말단 부분의 아미노산은 메티오닌(methionine)으로 되어 있다.
• 단백질의 아미노산 순서를 나타내는 1차구조에서 2차, 3차구조를 갖기 위해 고분자 내에서 접힘(protein folding)과 가공(processing) 과정을 거친다.
• 기능적 역할을 갖는 단백질의 4차구조를 위한 폴리펩티드 간의 결합인 회합(association)을 하는 경우도 있다.

2. 미생물의 돌연변이

미생물은 다양한 생활환경에 노출이 되면서 각종 유해인자에 의하여 친주와 다른 유전자의 형질이 나타나는 경우가 있는데 이러한 형질변화를 돌연변이(mutation)라고 한다. 그 가운데에는 염색체 자체에서 그 일부가 절단 혹은 결손되거나 다른 부위로 이동 및 개수가 변화되는 '염색체 돌연변이(chromosomal mutation)'가 있으며, DNA를 구성하는 뉴클레오티드가 결손(deletion), 첨가(addition), 대체 혹은 치환(substitution), 전위(inversion) 등에 의하여 유전자 자체에 변화가 나타나는 '유전자 돌연변이(gene mutation)'가 있다. 또한 자연적으로 일어나는 '자연 돌연변이(spontaneous mutation)'와 자외선이나 X선, 특수한 화학약제와 같은 변이원(mutagen)에 의한 '인공 돌연변이(artificial mutation, induced mutation)'로 구분할 수도 있다. 자연 돌연변이는 대체로 발생률이 아주 낮은 10^{-8}~10^{-6}이지만, 변이원에 의한 인공 돌연변이는 그 발생률이 매우 높아서 산업미생물로의 균주계량 등에서 많이 활용된다.

1) 돌연변이의 생성기작

변이원으로 아질산을 사용하면 아데닌이나 구아닌은 복제 과정에서 각각 구아닌과 시토신으로 변환될 수 있다. 즉 탈아미노화에 의한 아데닌이 하이포잔틴의 에놀형과 케토형으로 변환되는 과정을 거친다.

유전자의 염기배열에 의해 펩티드의 아미노산 배열이 결정되고, 그에 따른 펩티드의 성질이나 효소단백질의 촉매활성도 변화하게 된다. 이런 유전자 변이에 따른 염기배열의 변화는 '염기쌍의 변이'와 '염기군의 변이'로 구분된다.

(1) 염기쌍의 변이

염기쌍의 변이(base pair mutation)는 염기의 치환, 첨가, 결손 등이 일어나는데[그림 11-4], 한 쌍의 염기만 바뀌는 치환은 점변이(point mutation)라고 하며, 염기쌍의 첨가와 결손은 그 해당되는 염기 이후에 각 트리플렛(triplet)의 변화가 발생되기 때문에 단백질의 아미노산 배열이 완전히 바뀌게 되므로 이를 프레임 이동형 변이(frame shift mutation)라고 한다.

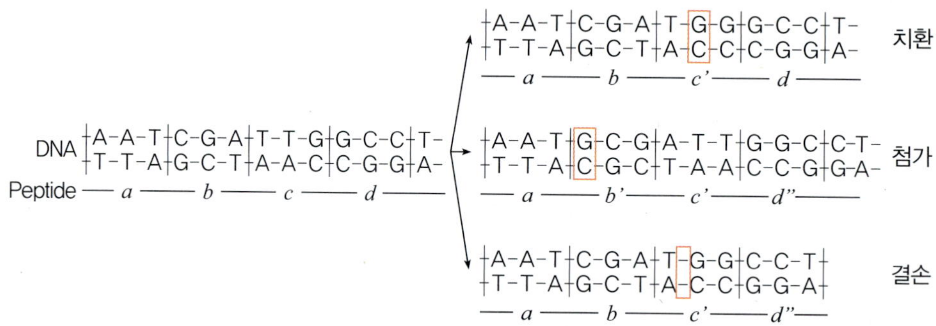

| 그림 11-4 | **염기쌍의 변화에 의한 변이**

출처: 하덕모(2007).

또한 염기 치환에는 퓨린 염기(purine base)가 다른 퓨린 염기로 바뀌거나, 피리미딘 염기가 바뀌는 형식은 'transition'이라고 하며, 퓨린 염기가 피리미딘 염기로 바뀌거나 피리미딘 염기가 퓨린 염기로 각각 바뀌는 형식은 'transversion'이라고 한다[그림 11-5]. 그 염기 치환에 의하여 다른 아미노산의 유전암호로 변화되는 것을 미센스 변이(missense mutation)라고 하며, 어떤 아미노산으로 대응하지 않는 암호를 갖는 것을 넌센스 변이(nonsense mutation)라고 한다. 간혹 염기는 호변이성(tautomerization) 이동이라는 분자 내의 수소원자 재배치에 따른 티민은 케토형에서 에놀형으로, 아데닌은 아미노형에서 이미노형으로 변화되어서 각각 티민(thymine, T)과 구아닌(guanine, G)과 염기쌍을 이루고, 아데닌(adenine, A)은 시토신(cytosine, C)과 염기쌍을 이루게 된다.

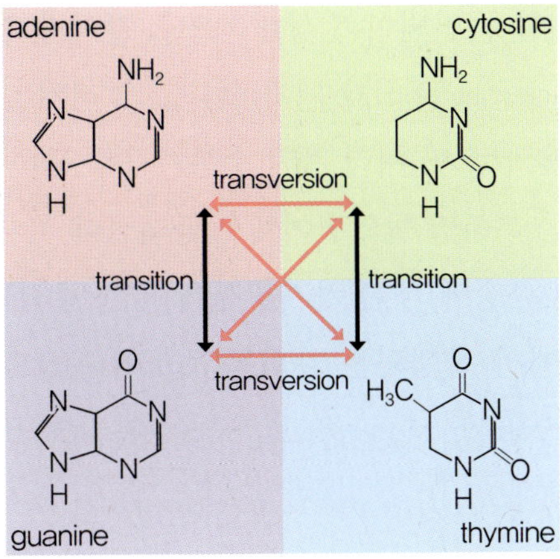

| 그림 11-5 | **염기쌍의 치환**

출처: 노완섭(2007).

(2) 염기군의 변이

염기군의 변이(base zone mutation)는 보다 많은 쌍의 염기가 첨가, 결손, 중복(duplication), 전좌 혹은 전위(translocation), 역위(inversion) 등에 의해 나타난다[그림 11-6]. 즉 전좌는 다른 쪽에 있는 염기군(*q*, *p*, *r*)이 이동하여 특정 염기군(*c*와 *d* 사이)에 위치하는 변이를 말한다.

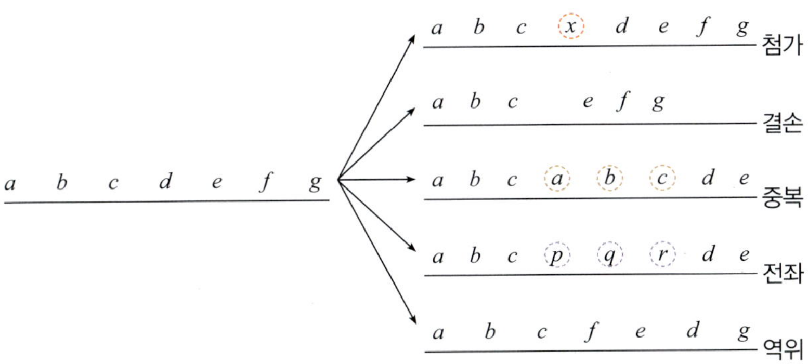

| 그림 11-6 | **염기군의 변화에 의한 변이**

출처: 하덕모(2007).

염기쌍의 변화에 의한 돌연변이는 상대적으로 길이가 긴 염기군의 변이에 비하여 복귀돌연변이(back mutation)가 되기 쉽다고 알려져 있다. 다양한 환경요인에 의하여 DNA 손상을 받으면 여러 가지 수복기구를 통하여 원래상태로 회복되고, 일부는 장해를 입은 부분만 돌연변이체로 존재한다. 수복기구는 가장 많이 연구가 이루어진 자외선 손상에 대한 가시광선에 의한 광회복(photoreactivation)을 포함하여, 어두운 곳에서 진행되는 암회복(dark repair)으로 제거수복(excision repair), 재조합수복(recombination repair), SOS수복(SOS repair) 등이 있다.

① 광회복

광회복은 자외선 조사(200~260nm)에 의하여 DNA의 한쪽 사슬에서 인접한 2분자의 피리미딘 염기가 결합하여 이량체(티민-티민, 티민-시토신, 시토신-시토신)가 생성되면, 미생물 세포는 증식할 수가 없으며 사멸한다. 그러나 가시광선(300~450nm)을 통하여 사멸률이나 변이율이 감소되는 광회복 효과가 나타나는데, 이는 광회복효소(photoreactivating enzyme)가 가시광선에 의하여 활성화되면서, 피리미딘 염기의 이중체가 단일체로 전환되기 때문이다. 특히 티민-티민 이량체는 80%까지 광회복이 될 수 있다.

② 제거수복

제거수복은 미생물 균주의 DNA의 복제와는 상관없이 자외선 조사에 의하여 생성된 피리미딘 염기의 이량체가 균체가 증식하는 암실에서나 증식하지 못하는 완충액의 조건에서 DNA로부터 제거되고, 해당하는 부위에 다시 정상적인 염기배열로 채워지는 현상을 말한다. 이 과정에서는 핵산 분해효소, DNA 중합효소, DNA 연결효소 등이 관련되며, 제거수복은 화학적 손상에도 관여하고 있다.

③ 재조합수복

재조합수복은 복제와 재조합 과정을 통한 수복으로 복제후수복(postreplication repair)이나 복제후재조합수복(postreplicative recombination repair)이라고도 한다. 손상을 입은 DNA가 수복되면서 그 부분에 해당하는 부위에 틈이 있는 DNA가닥을 만들고, 그 가닥이 재조합에 의해서 원래 DNA가닥으로 채워지면서 수복이 된다. 또한 이 수복으로 원래 DNA의 소실된 부위는 복제로 만들어진 DNA쌍에 따라 다시 새롭게 복제되어 수복이 완료된다.

④ SOS수복

SOS수복은 응급적 수복(error prone repair)이라고도 하며, 정상적인 DNA 복제 과정 중에서 그 합성이 억제되는 주형 DNA의 손상 부위가 나와도 계속적으로 합성이 진행되어서 수복된 염기배열에 착오가 생기는 것을 말한다. 그 관련되는 수복 기능을 SOS 기능(SOS function)이라고 한다. 자외선 조사에 의하여 티민 이량체가 생성되면 그 부위에 DNA 합성이 억제되지만, SOS 기능의 유발(SOS induction) 기작에 의하여 DNA 합성이 다시 시작되므로 염기배열이 원래 고유 것과는 다른 염기쌍의 부위가 발생되어 돌연변이체를 형성한다.

2) 돌연변이의 유발물질

미생물의 친주로부터 돌연변이주를 유발시키기 위해서는 변이원(mutagen) 처리를 한다. 이는 외래 유전자를 도입하지 않고 물리적 또는 화학적 변이 유발물질을 통하여 DNA의 염기배열을 변화시키는 과정이다. 변이원은 물리적 인자인 고열처리, 자외선, 방사선(감마선, 엑스선, 중성자선)보다는 화학적 인자인 알킬화제(N-methyl-N′-nitroso-guanudine, NTG 혹은 MNNG), 염기유사물질인 5-bromouracil(5-BU, BU) 및 아크리딘색소(acriflavine, AF) 등과 같은 화학적 인자가 폭넓게 존재하며, 그 작용방식도 DNA의 염기배열만으로 특이성이 결정되므로 특정 유전자에 대해서 선별적으로 작동하지는 않는다. 일반적으로 변이주의 출현빈도는 사멸률과 관계가 있으므로 미생물별로 사멸률을 분석하여 각각의 처리조건을 확립한다.

(1) 자외선 조사

자외선 조사(ultraviolet irradiation)는 매우 효과적으로 많이 활용되는 돌연변이 방법 중의 하나다. 일반적으로 254nm 부근의 파장이 DNA에 효과적으로 잘 흡수되고 높은 빈도로 피리미딘 이량체가 형성되지만, 대부분은 광회복 효소들에 의하여 초기 상태로 수복되고 그렇지 못한 부분에서만 돌연변이를 나타낸다. 자외선 조사는 주로 전이(transition) 변이(GC→AT)가 발생되고, 전환(transversion)변이, 프레임 이동(frame shift)변이 및 결손 등도 일어난다. 예를 들면 최적 배지로 배양한 포자 및 균체 세포(10^8/㎖)를 생리식염수(0.85%, w/v)로 현탁하여 페트리 접시에 약 2㎜ 깊이로 부어서 일정한 거리(40~50㎝)에서 일정 시간 자외선을 조사하면 사멸곡선(death curve) 또는 생존곡선(survival curve)에 나타난 바와 같이 생균 수는 급격하게 감소한다. 변이율이 높은 경우는 대체로 사멸률 99% 이상에서 많이 나타난다.

(2) 아질산

아질산(nitrite)은 아미노기가 함유된 염기(구아닌, 시토신, 아데닌)에 작용하여 아미노기를 탈리시키고 각각 잔틴, 우라실, 하이포잔틴을 생성한다. 이들은 각각 시토신, 아데닌, 시토신과 염기쌍을 이루어 전이형의 GC ⇄ AT 변이체를 만든다.

(3) 알킬화제

알킬화제(alkylating agent)인 DMS(dimethyl sulfonate), DES(diethyl sulfonate), EMS(ethyl methane sulfonate), 니트로젠 머스타드(nitrogen mustard) 가스 등은 염기 중에 구아닌의 7번 위치에 특별하게 알킬기를 붙이는 알킬화(alkylation)이며, 그 외에는 아데닌의 1, 3, 7번 위치나 구아닌의 3번 위치 등 모든 염기의 다양한 위치도 알킬화시킨다.

5-브로모우라실(5-bromouracil)은 염기 유사물질로서 호변이성(tautomerization)

에 따른 염기쌍의 변화가 있는데, 일반적인 케토형으로 아데닌과 염기쌍이 되지만, 간혹 에놀형으로 전환되어 구아닌과 염기쌍을 이루는 경우도 있다.

(4) N–메틸–N′–니트로소–구아니딘

N-메틸-N′-니트로소-구아니딘(NTG, MNNG)은 다양한 미생물 및 동·식물 세포에 대한 강력한 돌연변이를 유발하기 때문에 가장 널리 사용되는 변이원의 하나이다. 그 작용기작은 pH 5.0 이상에서 DNA의 구아닌 잔기를 메틸화하여 7-메틸구아닌을 생성하는 것이다. 예를 들어 대장균의 사멸률이 50% 정도가 되면 거의 모든 세포에서 변이가 일어난다고 하며, 이는 가장 널리 이용되고 있는 자외선 조사에서 99% 이상이 사멸하는 정도에 해당된다. 변이원 NTG는 산성에서는 아질산을 생성하고, 알칼리성에서는 디아조메탄(diazomethane)을 생성한다. 그러므로, 미생물 변이 처리액상의 pH와 온도가 중요하며 일반적으로는 실온에서 중성 부근의 pH 조건으로 사용된다.

(5) 아크리딘 색소

아크리딘 색소류는 DNA 이중나선의 인접한 염기쌍 사이에 삽입(intercalation)되어서 당과 인산의 나선 부분에서 그 일부가 변형되고, DNA 합성 과정에서 한 개의 염기쌍이 첨가 또는 결실이 되는 프레임 이동형 변이를 나타낸다. 그리고 아크리딘으로 변이를 유발한 돌연변이 균주는 아크리딘으로 재처리를 하면 복귀돌연변이가 일어난다.

3) 돌연변이주의 분리

미생물의 돌연변이를 통하여 얻어지는 변이주의 종류와 성상을 크게 구분하여 보면, 콜로니의 색깔이나 표면형질 변화, 편모와 협막이나 세포 크기 등의 세포형태 변화, 세포막이나 항원 등의 세포구조 변화, 온도감수성이나 영양 요구성 및 대사생산물 생산능 등의 생화학적 변화, 약제 내성(아미노산 유사물질, 항생물질 등)이나 파지와 자외선의 저항성 변화, 독소 생산능이나 표면항원의 병원성 변화로 구분할 수 있다[표 11-4].

| 표 11-4 | **미생물 변이주의 종류와 특성**

변이의 종류	변이의 특성	대표적인 대상 균주
콜로니(군집)	콜로니의 색	효모, 누룩곰팡이
	콜로니 표면의 형질	쥐티푸스균, 고초균
세포형태	편모	쥐티푸스균
	협막	폐렴쌍구균
	크기	대장균
세포구조	세포막	붉은빵곰팡이(*Neurospora*속), 대장균
	항원구조	쥐티푸스균
생화학적 변화	탄수화물 분해능	대장균
	영양 요구성	아미노산, 이노신산 생산균
	대사생산물 생산능	페니실린, 구연산 생산균
	온도감수성	대장균
저항성	약제(아미노산 유사물질, 항생물질 등)	아미노산, 이노신산 생산균
	내성	대장균
	파지 저항성	글루타민산 생산균
	자외선 저항성	대장균
병원성	독소 생산능	디프테리아균
	표면항원	폐렴쌍구균

출처: 하덕모(2007).

영양 요구성 돌연변이주(auxtrophic mutant)는 아미노산, 비타민, 염기, 당, 유기산의 생합성 경로와 관련되는 효소에 결함이 있어서 이들 특정 영양소를 배지에 첨가하면 증식하는 경우를 말한다. 예를 들면 야생형의 친주(prototroph, wild type)를 변이원으로 처리하여 티아민과 아데닌의 생합성능이 결여되면 그 변이주를 각각 티아민결핍 돌연변이(thiamineless mutant), 아데닌결핍 돌연변이(adenineless mutant)라고 한다.

영양 요구성 변이주의 검출로는 페니실린 농축법 및 복사평판법이 병용되고 있다. 아미노산 및 핵산발효 등에서 활용되는 영양 요구성 변이주의 분리에서 사용되는 '페니실린 농축법(penicillin selection procedure)'은 특정 영양소가 결여된 배지에서 친주는 증식하지만 변이주는 증식하지 못하므로 친주는 페니실린에 사멸되고 변이주만 상대적으로 농축이 되어서 그 분포 비율이 높아진다.

'복사평판법(replica plating method)'은 변이원으로 처리한 미생물 균주의 현탁액을 완전 평판배지(complete plate medium)에서 독립 콜로니가 나타나는 적절한 농도로 이식하여 배양한 후, 페트리 접시의 직경보다 조금 작은 원기둥 나무토막의 아래쪽 바닥에 멸균한 벨벳 천을 덮은 도구로 특정한 영양소가 결핍된 최소평판배지(minimum plate medium)에 가볍게 살짝 찍어서 배양한다. 두 가지의 평판배지에 나타난 독립콜로니를 대조하여 완전배지에는 나타났지만, 최소평판배지에는 생육하지 않은 콜로니를 완전 평판배지에 확인하여 보존용 사면고체배지로 이식하여 배양한 다음에 저장고에 보존한다.

3. 미생물의 유전적 재조합

1) 형질전환

세균의 형질전환(transformation)은 1944년 에이버리(Avery) 등이 폐렴쌍구균(*Streptococcus pneumoniae*)에서 최초로 발견하였는데, 공여세포(donor cell)로부터 유리된 DNA가 직접 수용세포(recipient cell)로 들어가서 재조합되었으며, 유전자 물질의 본체가 DNA라는 사실은 여러 연구들을 통하여 입증되었다[그림 11-7]. 즉 세포벽에 다당류로 구성된 캡슐을 형성하여 콜로니 형태가 매끈하고 병원성이 있는 S형 폐렴쌍구균을 열처리하고 사멸시킨 후, 그 무세포추출액을 분리하여 비병원성균인 R형을 배양하는 배지에 첨가하였더니 R형의 폐렴쌍구균이 S형으로 변환되어 병원성을 갖게 되는 현상을 관찰하였다.

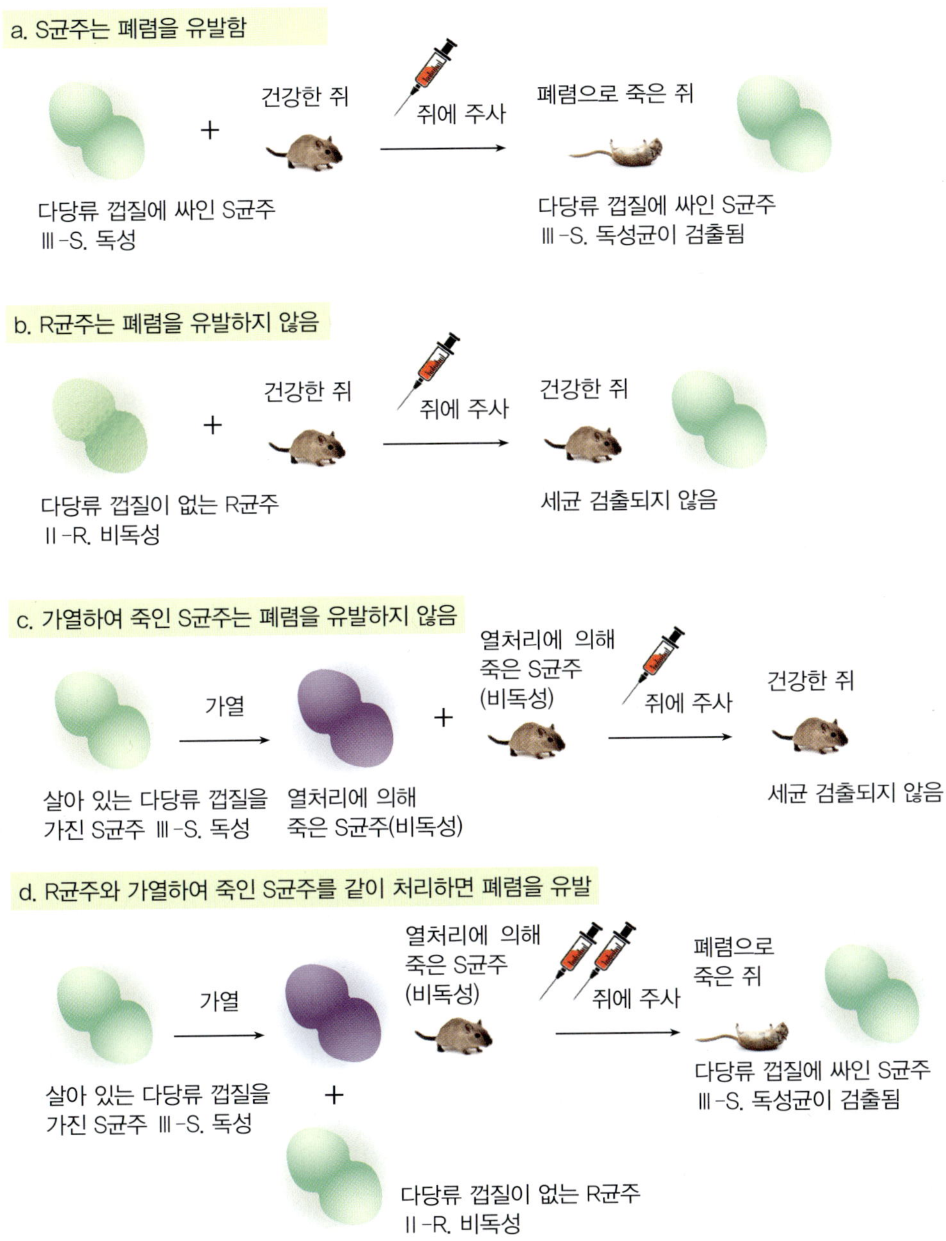

| 그림 11-7 | **폐렴쌍구균의 무세포추출액에 의하여 비병원성에서 병원성으로 전환**

이와 같이 동종의 대장균을 저온(4℃)의 고농도 염화칼슘 용액과 같은 특정한 조건에서 현탁하고 높은 온도(42℃)로 처리를 하면 그 유전물질 DNA의 전달을 통한 형질전환이 형성된다.

2) 형질도입

형질도입(transduction)은 숙주세균의 영양 요구성이나 약제내성 및 항원 특이성 등이 박테리오파지를 매개로 하여 유전물질 DNA가 해당 수용세균으로 수송되고, 다시 재조합 반응을 통하여 새로운 형질이 전달되는 현상을 말한다. 일반형질도입과 특수형질도입으로 구분되며, 일반형질도입은 대장균, 살모넬라 및 고초균 등의 숙주염색체에서 어떤 부위로도 이동되는 박테리오파지에 의한 형질도입의 경우이고, 특수형질도입은 박테리오파지가 대장균의 숙주염색체의 특정한 부위에 한정되어 삽입되는 경우를 말한다.

3) 접합

접합(conjugation)은 효모나 곰팡이의 유성세대와 유사한 대장균 K12균주에 나타나는 현상이다. 즉 대장균 세포의 접합에서 염색체를 공여하는 Hfr형 및 F^+형의 웅성(♂)과 염색체를 수용하는 F^-형의 자성(♀)이 있다. 두 가지의 특성은 환상DNA로서 숙주 염색체의 100분의 1에 해당되는 F인자(fertility factor)가 대장균 세포 내에서 어떠한 상태로 존재하는가에 좌우된다. F인자는 자기증식형 복제단위로 염색체 DNA와 대등한 역할을 하면서 독립적으로 존재하는 F^+형과 대장균 염색체의 삽입되어서 하나의 환상구조를 형상하고 복제기구도 염색체 기구에 의하여 일어나는 Hfr형으로 구분된다. 특히 매우 낮은 빈도로 일어나는 Hfr형 염색체에서 F인자가 유리되면서 염색체 유전자를 동반 유리하는 F'형이 있다.

Hfr형 대장균과 F⁻형 대장균을 혼합하여 접합 과정이 일어나면 웅성 염색체가 자성으로, 결정되어 있는 유전자 배열 순서대로 한 방향으로 이동한다. F인자가 삽입되어 있는 Hfr형 대장균의 염색체 일부분이 복제되어서 새로운 단일 가닥의 DNA의 5′ 말단의 복제 개시점을 시작으로 F⁻형 대장균으로 이동한다. 그리고 자성 대장균 내에서 상보적 이중사슬로 생합성되고, 염색체에서 재조합을 통하여 웅성 Hfr형 균주의 형질이 발현된다.

4. 유전공학

1) 유전공학의 재조합기술

(1) 유전자조작

유전자조작(gene manipulation)은 재조합 DNA(recombinant DNA), 분자클로닝(molecular cloning), 분자육종(molecular breeding) 등으로 불리며, 그 방법으로는 공여할 목적의 외래 유전자에 해당하는 DNA 절편을 분리하고, 숙주세포에 삽입시키기 위하여 적절한 운반체(plasmid vector)가 있어야 하며, 그 운반체에 외래(이종) 유전자를 결합시키면서, 그 복합체를 숙주세포 혹은 수용세포 속으로 이동시키고, 재조합된 숙주세포를 분별하는 작업이 필요하다. 먼저 운반체(clonig vehicle)는 분자량이 작고, 재조합 숙주세포를 용이하게 판별하는 특징인 마커(marker)가 있어야 하며, 엔도뉴클레에이스(endonulease)의 일종인 제한효소(restriction emzyme)로 가수분해되는 부위가 한 개여야 한다[표 11-5]. 그리고 운반체 DNA와 삽입되는 특정 외래 DNA를 동일하게 절단하는 제한효소가 필요하며[그림 11-8], 효소 인식 및 절단 부위는 접착 말단(sticky end)과 평활 말단(blunt end)으로 구분된다[표 11-6].

| 표 11-5 | 대장균 유래의 플라스미드 벡터로 사용되는 종류와 특성

플라스미드	분자량(kb)	마커	제한효소(한 개 절단부위)
ColE 1	6.5	Col^{imm}	*Eco* R I
pVH 51	3.3	Col^{imm}	*Eco* R I
pSC 101	8.9	Tcr	*Bam* H I, *Eco* R I, *Hind* III, *Hpa* I, *Sal* I
pMB 9	5.4	Tc^{r}, Col^{imm}	*Bam* H I, *Eco* R I, *Hind* III, *Hpa* I, *Sal* I
pSF 2124	11.4	Ap^{r}, Col^{imm}	*Bam* H I, *Eco* R I
pBR 322	4.0	Tc^{r}, Ap^{r}	*Bam* H I, *Eco* R I, *Hind* III, *Sal* I
RSF 1010	8.4	Sm^{r}, Su^{r}	*Eco* R I, *Hpa* I
pBR 317	8.3	Tc^{r}, Ap^{r}, Col^{imm}	*Bam* H I, *Eco* R I, *Hind* III, *Hpa* I, *Sal* I

Ap^{r}: ampicilline제 내성, Col^{imm}: colicin제 면역성, Sm^{r}: streptomycin제 내성,
Su^{r}: sulfur제 내성, Tc^{r}: tetracycline제 내성

| 표 11-6 | 제한효소의 종류와 인식 배열 및 절단방식

관련 미생물	제한효소	인식배열	절단방식
Bacillus amyloliquefaciens	*Bam* H I	5′--G ↓ GATC C--3′ 3′--C CTAG ↑ G--5′	접착말단
Escherichia coli	*Eco* R I	5′--G ↓ AATT C--3′ 3′--C TTAA ↑ G--5′	
	Eco R II	5′--G ↓ CCTGG C--3′ 3′--C GGACC ↑ G--5′	
Haemophilus influenzae RD	*Hind* III	5′--A ↓ AGCT T--3′ 3′--T TCGA ↑ A--5′	
Haemophilus parainfluenzae	*Hpa* I	5′--GTT ↓ ACC--3′ 3′--CAA ↑ TGG--5′	평활말단
	Hpa II	5′--C ↓ CGG--3′ 3′--G ↑ GCC--5′	
Streptomyces albus	*Sal* I	5′--G ↓ TCGAC--3′ 3′--C ↑ AGCTG--5′	

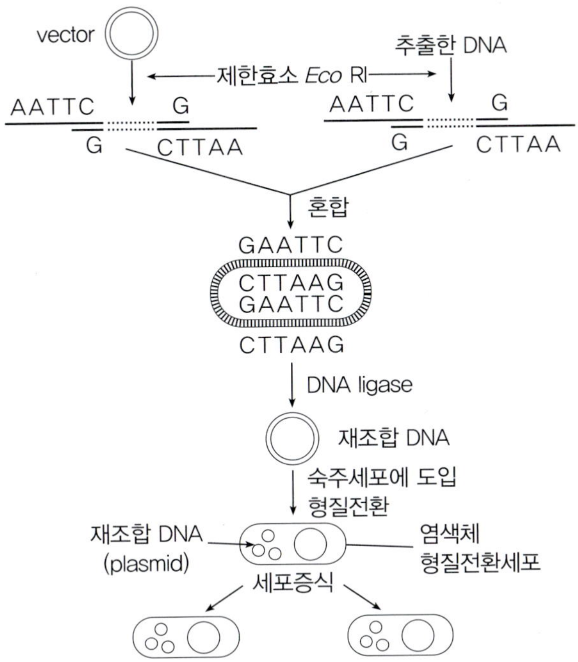

| 그림 11-8 | **유전자 조작에 의한 재조합 플라스미드의 제조 및 형질전환**

(2) 원형질체 융합

원형질체 융합(protoplast fusion) 혹은 세포융합(cell fusion)은 특성이 다른 두 가지 종에서 유래한 원형질체를 융합시켜 두 종의 특성을 모두 가진 새로운 우량융합세포를 형성하는 기술이다. 먼저, 특성이 다른 두 세포의 세포벽을 용해효소처리하여 세포벽이 없는 원형질체를 형성하는데, 이때 설탕이나 소르비톨 등의 삼투압 안정제(osmotic stabilizer)의 역할을 하는 등장액(isotonic solution)에서 만든다. 두 원형질체는 인위적으로 융합을 유도하여야 하는데, 융합을 촉진하기 위해 Ca^{2+} 등의 무기염을 이온처리하거나 융합촉진제(fusogen)인 PEG(polyethylene glycol, 분자량 4,000)를 이용하여 서로 다른 마커(marker)로 영양요구성, 약제내성을 갖는 원형질체를 상호 간 융합시킨다. 융합된 세포는 그 세포벽을 다시 재생하여 새로운 우량융합세포를 형성한다[그림 11-9]. 미생물에서는 세균(*Bacillus*속, *Brevibacterium*속), 방선균(*Streptomyces*속), 효모(*Saccharomyces*속) 및 곰팡이(*Aspergillus*속) 등에서 재조합체의 발생빈도가 높게 나타난다고 알려져 있다. 특히 고등 동·식물의 이종 간 세포융합을 성공시킨 기술로서 지하 부위에는 감자가 달리고 지상부위에는 토마토가 열리는 신종 식물체로 포마토(pomato)를 육성시킨 경우가 대표적인 사례다.

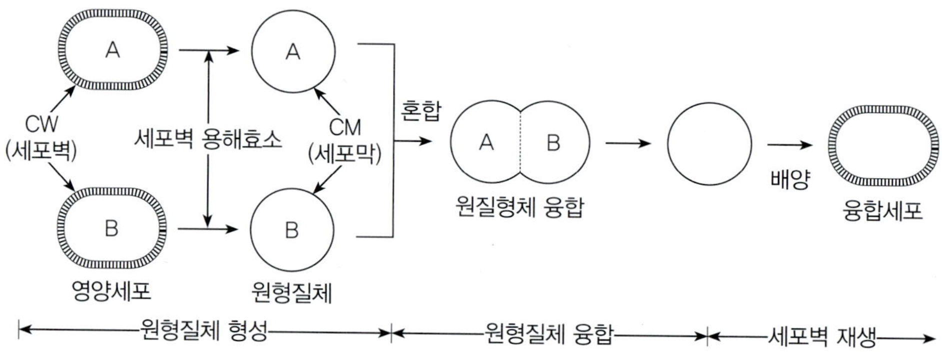

| 그림 11-9 | **원형질체 융합기술의 단계별 과정**

2) 유전공학기술의 활용분야

미생물 유전자조작 기술에 의한 연구는 원핵이나 진핵세포를 대상으로 하고 있지만, 최근까지지도 고초균(*Bacillus subtilis*), 저온성 부패균(*Pseudomonas putida*) 및 포도상구균(*Staphylococcus aureus*) 등의 유전자를 대장균(*Escherichia coli*)을 중심으로 몇 종의 원핵세포에서만 그 재조합 기술이 가능한 것으로 알려지고 있다.

(1) 식·의학 분야

미생물을 이용한 유전물질의 재조합 기술인 유전공학은 의약품 생산에도 광범위하게 응용되고 있으며, 항생물질, 인터페론, 인슐린과 뇌하수체 호르몬,

항체 및 특이적인 생리활성물질 생산 등에 크게 기여하고 있다. 대표적인 사례로 당뇨병 치료제인 인슐린 생산 미생물의 육종에 대한 간단한 단계를 살펴보면, 췌장의 베타세포에서 인슐린 mRNA 분리 및 정제, 역전사효소에 의한 인슐린 DNA합성과 분리, 운반체 DNA와 재조합 플라스미드 DNA 형성, 세균세포에 주입하여 재조합된 인슐린 생성 미생물의 확립 및 대량 생산의 단계로 구분된다[그림 11-10].

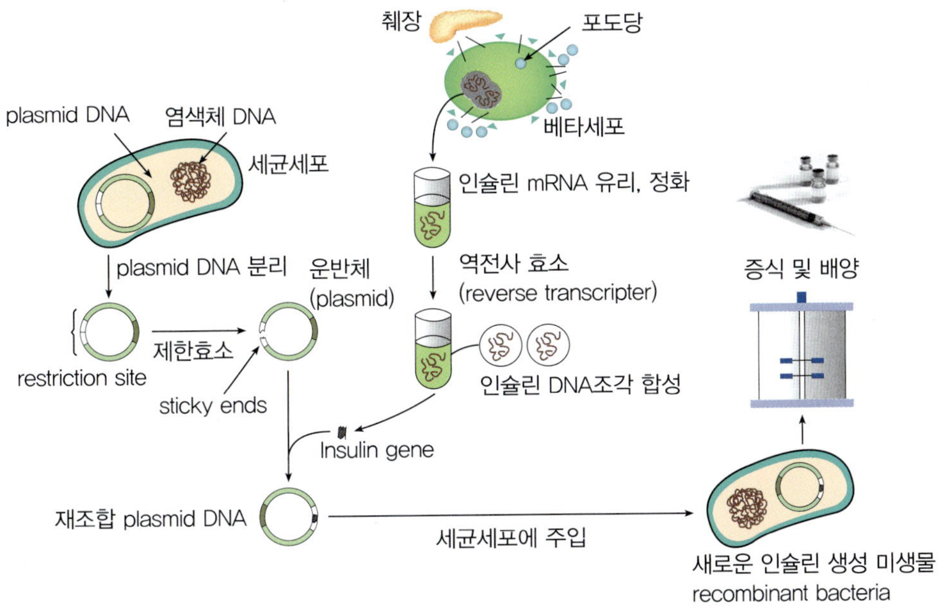

| 그림 11-10 | **유전공학 기술에 의한 새로운 인슐린 생산 미생물의 육종**

식품산업 분야로는 고부가가치의 식품 관련 효소, 양조 분야를 포함한 발효산업에서도 유전공학 기술을 활용한 사례가 매우 높아지고 있다. 대표적인 사례로서 식품 관련 분야에서 응유효소인 레닌(rennin)으로 많이 알려져 있는 키모신(chymosin)을 유전자조작기술로 만들어 치즈 제조의 유가공산업에서 활용되고 있다.

(2) 농업 및 환경 분야

대기 중의 질소를 고정하는 능력이 있는 뿌리혹박테리아인 근류균(*Rhizobium*) 속 세균이 공생하는 콩과식물과 달리 대기 중의 질소를 고정하는 능력이 없는 벼, 보리, 밀, 옥수수의 뿌리 부분에 주로 서식하는 미생물들에 질소를 고정하는 세균의 유전자를 삽입하면, 질소 고정 능력이 있는 콩과식물과 같이 질소비료를 제공할 필요가 없게 된다. 옥수수의 내충성 품종은 해충 병원성 세균인 바실루스 투링겐시스(*Bacillus thuringiensis*)의 살충단백질(insecticidal protein)인 Bt 독소 생성과 관련되는 유전자를 옥수수에 삽입하여 유전자를 재조합시킨 것이다. 이 독소가 생성하는 단백질을 특정 해충이 섭취하면 내장신경계를 마비시켜 사멸된다. 또한 식물체 기생균으로 쌍떡잎식물에 침입하여 혹 같은 근두암종양(crown gall tumor)을 생성시키는 아그로박테륨 튜머파시엔스(*Agrobacterium tumefaciens*)의 플라스미드 DNA에 옥수수 우량 유전자를 재조합시켜서, 식물조직의 절단 부위에 접촉하여 유용한 유전자가 삽입된 고품질 옥수수로 육성할 수 있다.

환경오염의 주요한 원인 중의 하나인 공장폐수에 함유된 각종 중금속 물질을 회수하는 데에 화학적인 방법보다는 생물학적 방법이 효과적일 수도 있다. 특수한 세균이나 효모 및 곰팡이는 그 세포벽에 중금속을 축적하는 메탈 미생물(미세한 금 축적 세균, *Cupriavidus metallidurans*)로 역할을 한다는 연구결과들이 알려지고 있다.

(3) 유용성과 잠재적 위험성

유전자 재조합 기술의 유용성은 식·의약품, 환경, 화학공업 및 에너지 등 다양한 분야에 적용되어 인간 생활 주변에서 매우 큰 효과를 나타내고 있다. 그러나 새로운 재조합 미생물들의 출현으로 새로운 독성이나 저항성에 대한 변화 및 생태계 혼란 등으로 인간 생존에 잠재적인 위험을 초래할 가능성도 있기 때문에 세계 각국에서는 유전공학 기술의 안전지침을 제정하여 그 기준을 준수하도록 법제화하고 있다.

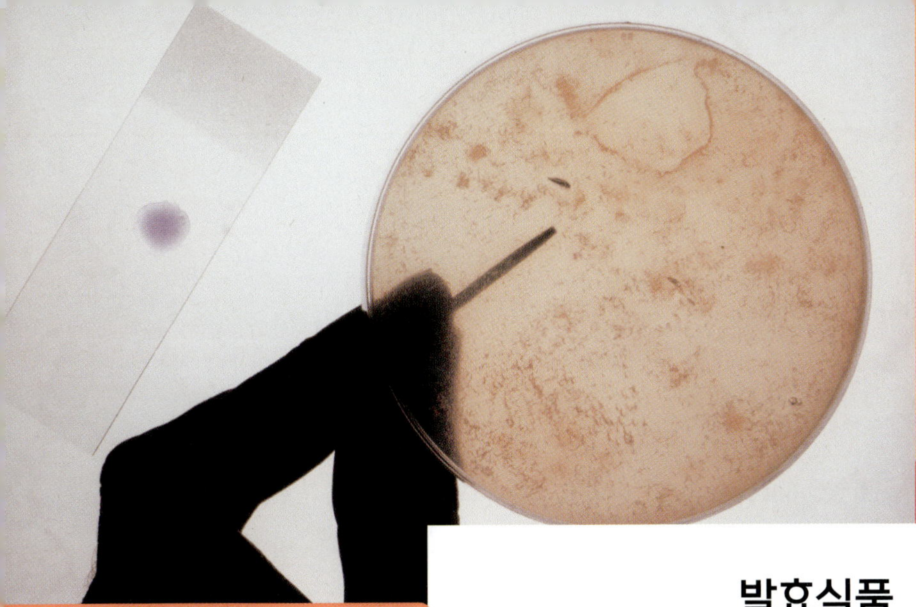

제12장

발효식품

발효는 미생물을 이용하여 식품의 성분을 변화시켜 인간에게 유용한 물질을 얻어내는 일련의 과정을 일컫는 것으로, 산소가 없는 혐기적 조건에서 당을 분해하는 과정을 포함하는 개념이다. 발효는 수천 년 전부터 식품의 저장 기간을 연장하려는 목적으로 이용되었다. 우유, 채소류, 육류, 어류 등과 같이 부패하기 쉬운 식품들이 발효 과정을 거치면서 길게는 수년 동안 장기간 저장이 가능하게 되었으며, 발효에 의해 새로운 맛과 향기가 생성되어 식품의 풍미가 증진되었다.

발효식품은 원재료, 관여하는 미생물, 최종 대사산물 등에 따라 다양하게 분류된다. 국내에서 생산되는 대표적인 발효식품은 김치, 요구르트, 치즈, 된장, 간장, 맥주, 포도주, 탁주, 비알코올성 차, 식초 등이 있다.

1. 발효유

1) 발효유의 정의 및 규격

발효유(fermented milk)는 우유, 산양유, 마유와 같은 포유류의 젖을 유산균이나 효모 또는 이 두 가지 미생물을 이용하여 발효시킨 제품을 말한다. 발효유는 기원전 3000년경 지중해 동부지역에 살던 유목민들이 가죽 주머니에 가축의 젖을 담아서 이동하는 동안 젖이 하얀 덩어리 형태의 커드(curd)로 변했지만 그 맛이 좋고 저장성이 높아졌다는 것을 발견한 데서 유래되었다. 러시아 출신의 생물학자인 메치니코프(Élie Metchnikoff, 1845~1916)는 불가리아 장수촌 지역의 사람들이 100세 넘게 장수하는 원인이 요구르트의 섭취에 있으며, 유산균의 장내 유해균 억제, 독소 제거 등의 작용에 의해 노화가 지연되었다는 내용을 「생명의 연장(The Prolongation of Life, 1908)」이라는 논문에 발표하였다. 메치니코프의 연구에 의해 발효유가 소비자들의 주목을 받게 되었고, 카라소(Issac Carasso, 1874~1939)가 1919년 바르셀로나 지역에 요구르트 제조공장을 최초로 설립하고 다농(Dannone)이란 이름의 요구르트를 산업적으로 생산 및 판매하기 시작하였다.

발효유는 유산균에 의해서만 발효된 유산발효유(lactic acid fermented milk)와 유산균과 효모를 함께 이용하여 발효된 유산-알코올 발효유(lactic acid-alcohol fermented milk)로 구분된다[표 12-1]. 유산발효유는 우리나라에서 가장 많이 음용되는 요구르트(yogurt 또는 yoghurt)를 비롯하여 아시도필루스 밀크(acidophilus milk), 발효버터유(cultured buttermilk), 발효크림(cultured cream) 등이 있다. 유산-알코올 발효유는 케피어(kefir)와 쿠미스(kumiss)가 대표적으로 유산 이외에 효모에 의한 알코올 발효에 의해 소량의 알코올이 함유되어 있는 것이 특징이다.

우리나라는 발효유를 무지유고형분 함량, 유지방 함량, 유산균 수 등의 법적인 성분규격에 따라 발효유, 농후발효유, 크림발효유, 농후크림발효유, 발효버터유로 분류하고 있다. 식품의약품안전처의 '식품공전'에서 규정한 발효유의 성분규격을 보면 [표 12-2]와 같다.

| 표 12-1 | 발효유의 종류

<table>
<tr><th>구분</th><th>종류</th><th>원료</th><th>관여 미생물</th></tr>
<tr><td rowspan="4">유산발효유</td><td>요구르트</td><td>전유, 탈지유</td><td>Lactobacillus delbrueckii subsp. delbrueckii
Streptococcus thermophilus</td></tr>
<tr><td>아시도필루스 밀크</td><td>전유, 탈지유</td><td>Lactobacillus acidophilus</td></tr>
<tr><td>발효버터유</td><td>버터유, 탈지유</td><td>Lactococcus lactis subsp. lactis
Lactococcus lactis subsp. cremoris</td></tr>
<tr><td>발효크림</td><td>크림</td><td>Lactococcus lactis subsp. cremoris</td></tr>
<tr><td rowspan="2">유산-알코올 발효유</td><td>케피어</td><td>전유</td><td>효모, 유산균</td></tr>
<tr><td>쿠미스</td><td>마유, 탈지유</td><td>효모, 유산균</td></tr>
</table>

출처: 식품의약품안전처.

| 표 12-2 | 발효유의 성분규격

구분	발효유	농후발효유	크림발효유	농후크림발효유	발효버터유
무지유고형분(%)	3.0 이상	8.0 이상	3.0 이상	8.0 이상	8.0 이상
유지방(%)	-	-	8.0 이상	8.0 이상	1.5 이하
유산균 수 또는 효모 수 (1mℓ당)	1천만 이상	1억 이상 (냉동제품은 1천만 이상)	1천만 이상	1억 이상 (냉동제품은 1천만 이상)	1천만 이상

출처: 식품의약품안전처.

2) 발효의 원리

(1) 발효유 제조에 이용되는 스타터

스타터(starter)는 발효유와 치즈의 제조과정 중에 첨가하는 미생물의 배양액으로 유제품에 따라 다양한 종류의 스타터가 사용되고 있다. 유산균을 혼합하여 배양하면 균주 간의 시너지 효과로 배양시간이 단축되고 유용한 대사산물의 생성에도 유리하기 때문에 보통 2균종 또는 그 이상을 혼합하여 사용하는 경우가 많다. 스타터는 액상 또는 동결건조된 분말형태로 제조하여 원료액에 첨가한다. 전통적인 요구르트의 제조에는 락토바실루스 불가리쿠스(*Lactobacillus delbrueckii* subsp. *bulgaricus* 또는 *Lactobacillus bulgaricus*)와 스트렙토코쿠스 서모필루스(*Streptococcus thermophilus*)가 사용된다. 최근에는 인체 건강에 유익한 영향을 주는 프로바이오틱스(probiotics) 균종이 스타터와 함께 첨가되기도 한다. 식품의약품안전처에서 고시형으로 인증한 프로바이오틱스 유산균으로는 락토바실루스 아시도필루스(*Lactobacillus acidophilus*), 락토바실루스 카세이(*Lactobacillus casei*), 락토바실루스 람노수스(*Lactobacillus rhamnosus*), 락토바실루스 루테리(*Lactobacillus reuteri*), 비피도박테륨 락티스(*Bifidobacterium lactis*), 비피도박테륨 브레브(*Bifidobacterium breve*), 비피도박테륨 롱굼(*Bifidobacterium longum*) 등이 있다[표 12-3].

| 표 12-3 | 고시형 프로바이오틱스 유산균

유산균	스타트 균종
*Lactobacillus*속	*L. acidophilus, L. casei, L. delbrueckii* subsp. *bulgaricus, L. fermentum, L. gasseri, L. helveticus, L. paracasei, L. plantarum, L. reuteri, L. rhamnosus, L. salivarius*
*Lactococcus*속	*Lc. lactis*
*Enterococcus*속	*E. faecium, E. faecalis*
*Streptococcus*속	*S. thermophilus*
*Bifidobacterium*속	*B. bifidum, B. breve, B. longum, B. animalis* subsp. *lactis*

출처: 식품의약품안전처(2019).

(2) 유산균 발효의 원리

유산균에 의한 발효는 당을 분해하여 에너지를 얻는 대사경로와 최종 대사산물에 따라 정상유산발효(homolactic fermentation)와 이상유산발효(heterolactic fermentation)로 분류한다.

① 정상유산발효(homolactic fermentation)

해당작용인 EMP(Embden-Meyerhof-Parnas) 대사경로를 통하여 포도당을 발효하고 최종 대사산물로 두 분자의 유산(젖산)만을 생성하거나 발효의 주요 산물이 대부분 유산인 경우를 일컫는다[그림 12-1]. 락토코쿠스(*Lactococcus*) · 스트렙토코쿠스(*Streptococcus*) · 페디오코쿠스(*Pediococcus*) · 바고코쿠스(*Vagococcus*)속의 모든 종과 일부 락토바실루스(*Lactobacillus*)속이 정상유산발효균에 해당한다.

$$\underset{\text{포도당}}{C_6H_{12}O_6} \longrightarrow \underset{\text{유산}}{2CH_3CHOHCOOH}$$

| 그림 12-1 | **유산균의 정상유산발효**

② 이상유산발효(heterolactic fermentation)

5탄당 인산경로(pentose phosphate pathway)를 통하여 포도당을 발효하고 최종 대사산물로 유산 이외에 에탄올, 이산화탄소, 초산 등을 생성한다[그림 12-2]. 발효식품에서 향미 등의 관능적 특성을 부여하는 데 중요한 역할을 한다. 류코노스톡(*Leuconostoc*) · 오에노코쿠스(*Oenococcus*) · 웨이셀라(*Weissella*) · 카르노박테륨(*Carnobacterium*)속 및 일부 락토바실루스(*Lactobacillus*)속이 이상유산발효균으로 분류된다.

$$C_6H_{12}O_6 \longrightarrow CH_3CHOHCOOH + CH_3CH_2OH + CO_2$$ 또는

포도당 → 유산, 에탄올

$$2C_6H_{12}O_6 + H_2O \longrightarrow 2CH_3CHOHCOOH + CH_3CH_2OH + CH_3COOH + 2CO_2 + 2H_2$$

포도당 → 유산, 에탄올, 초산

| 그림 12-2 | 유산균의 이상유산발효

3) 요구르트

요구르트는 우유에 유산균을 첨가하고 발효시켜 만든 호상 또는 액상 형태의 제품으로, 전 세계적으로 가장 널리 소비되고 있는 대표적인 발효유 제품이다. 요구르트는 제품의 형태에 따라 액상요구르트와 농후요구르트로 구분되며, 농후요구르트는 떠먹을 수 있게 만든 호상 형태의 제품과 마실 수 있도록 만든 드링크 형태의 제품으로 세분화되고 있다.

① 액상요구르트

무지유고형분이 3% 이상이고 유산균수가 10^7/mℓ 이상인 발효유 제품이다. 주로 탈지유와 탈지분유를 원료로 제조된다. 국내에서 생산되는 발효유 중에서 소비량이 가장 많은 품목이다.

② 농후요구르트

무지유고형분이 8% 이상이고 유산균수가 10^8/mℓ 이상인 농후발효유 제품으로, 떠먹을 수 있는 호상요구르트와 액상형태의 드링크요구르트로 세분화된다. 호상요구르트는 점성이 높고 과육이나 과일잼을 첨가하여 떠먹을 수 있도록 제조한다. 드링크요구르트는 간편하게 마실 수 있도록 만든 것으로 배양 후에 커드를 완전히 분쇄하고 균질화하여 마실 수 있도록 제조한다.

요구르트의 일반적인 제조공정은 [그림 12-3]과 같다. 일반적으로 스트렙토코쿠스 서모필루스와 락토바실루스 불가리쿠스균이 혼합된 스타터 또는 프로바이오틱스 균종이 추가된 3~4종의 혼합배양 스타터를 원료유에 첨가하여 배양한다. 국내 유가공업체에서는 주로 냉동·건조된 스타터 분말을 사용하고 있다. 호상요구르트는 배양방법의 차이에 따라 스터드 타입(stirred type)과 세트타입(set type)으로 구분된다. 스터드 타입은 대규모의 배양탱크에서 원료유를 발효시키는 일반적인 제조방식이다. 우리나라에서 생산되는 대부분의 호상요구르트는 스터드 타입에 의해서 생산되고 있다. 세트 타입은 완제품 용기에 원료유를 넣고 배양하는 방식으로, 부드럽고 매끈한 조직의 요구르트를 제조할 수 있는 장점이 있다. 드링크요구르트는 스터드 타입과 생산 공정이 유사하지만, 음용할 수 있도록 발효 후에 커드를 분쇄하고 균질화하여 제조한다. 액상요구르트는 드링크요구르트와 유사하지만, 균질화 이후에 배양액을 물로 희석하여 농도를 낮춰서 제조한다.

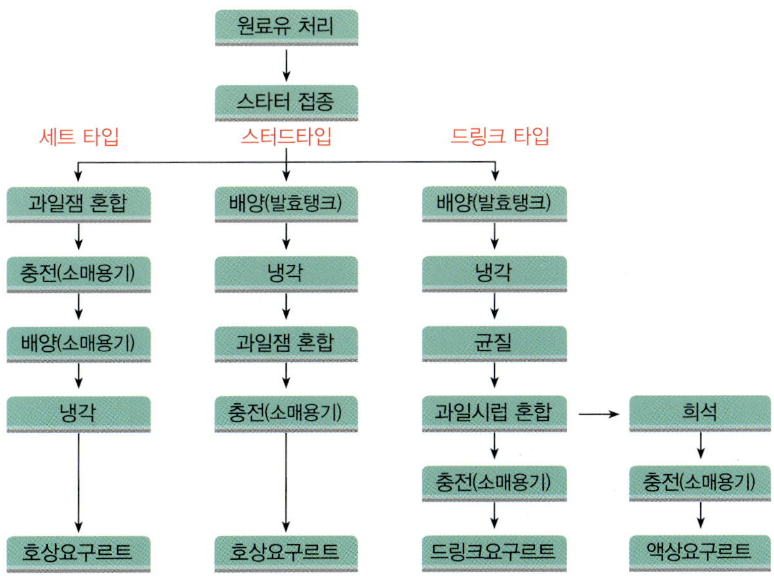

| 그림 12-3 | **요구르트 제조공정**

출처: 한영숙 외(2012).

4) 케피어

케피어(kefir)는 대표적인 유산-알코올 발효유로 우유, 산양유 등에 유산균과 효모가 혼합된 케피어 입자(kefir grain)를 스타터로 첨가하여 발효한 제품이다. 케피어 입자는 꽃양배추 모양의 작은 덩어리 형태로 단백질, 탄수화물, 지방 등의 영양성분과 유산균, 효모 등의 미생물로 구성되어 있다[그림 12-4]. 대체로 전체 미생물 중에 유산균이 90%(10^8 CFU/g, colony-forming unit), 효모가 10%(10^6~10^7 CFU/g)를 점유하고 있고 케피어 입자의 내부에는 유산균이, 외부에는 효모가 분포되어 있다. 케피어 입자에 함유되어 있는 미생물로는 락토바실루스(*Lactobacillus*) · 락토코쿠스(*Lactococcus*) · 스트렙토코쿠스(*Streptococcus*)속 등의 유산균과 사카로미세스(*Saccharomyces*)속 등의 효모가 주를 이루고 있는 것으로 알려져 있다. 유산균과 효모에 의해 각각 유산발효와 알코올 발효가 진행되기 때문에 유산과 함께 약 0.5~1.5%의 알코올과 탄산가스가 생성된다. 또한 효모와 유산균에 의해 생성된 비오틴(biotin), 나이아신(niacin), 피리독신(pyridoxine) 등 비타민 B군을 풍부하게 함유하고 있다. 케피어는 러시아를 중심으로 동유럽에서 주로 소비되고 있으나, 최근에는 북미와 아시아 등에서도 다양한 케피어 제품이 출시되고 있고 건강음료로 주목을 받고 있다.

| 그림 12-4 | **케피어 입자**

출처: Donald(2005), http://en.wikipedia.org/wiki/Kefir

2. 치즈

1) 치즈의 정의 및 분류

치즈는 우유에 유산균을 접종하여 발효·농축한 유제품이다. 현재까지 알려진 치즈의 종류는 무려 2,000여 종에 달하고 있으며, 전 세계적으로 약 500여 종의 치즈가 상업적으로 생산되고 있다. 치즈는 원료유에 레닛(rennet) 등의 단백질 응유효소를 첨가하여 응고시킨 후 유청(whey)을 제거하고 커드(curd)를 숙성시켜서 제조한다. 치즈는 우유가 약 열 배의 용량으로 농축된 발효식품으로 단백질, 지방, 비타민, 미네랄 등 영양성분이 풍부하게 함유되어 있다.

치즈는 크게 자연치즈(natural cheese)와 가공 치즈(processed cheese) 두 가지 종류로 구분된다.

① 자연치즈

원료유에 레닛 등의 단백질 응유효소를 첨가하여 응고시킨 후 유청을 제거하고 응고체인 커드를 숙성시켜서 제조한다. 자연치즈는 숙성의 유무(생치즈, 발효치즈), 질감(경질 치즈, 연질 치즈), 원재료, 숙성에 관여하는 미생물에 따라 분류한다[표 12-4].

② 가공 치즈

자연치즈에 각종 식품첨가제와 유화제를 첨가하고 가열 및 용해시킨 후 성형한 제품으로 품질이 균일하고 보존성이 높아 산업적으로 대량생산되고 있다.

| 표 12-4 | 수분함량에 따른 치즈의 종류와 특성

구분	수분 함량	치즈 종류
연질 치즈 (soft cheese)	55~80%	· 비숙성: 코티지(cottage), 모차렐라(mozzarella), 요크(york), 크림(cream), 케임브리지(cambridge) · 젖산균에 의한 숙성: 벨 파에제(belpaese), 콜윅(colwick), 락틱(lactic), 쿼크(quark) · 흰곰팡이에 의한 숙성: 카망베르(camembert), 브리(brie), 뇌샤텔(neufchatel) · 유청치즈(whey cheese): 리코타(ricotta), 미소스트(mysost), 프리모스트(primost)
반경질 치즈 (semi-hard cheese)	45~55%	· 젖산균에 의한 숙성: 브릭(brick), 뮌스테르(munster), 림버거(limburger), 포르 뒤 살뤼(port du salut) · 푸른곰팡이에 의한 숙성: 로크포르(roquefort), 고르곤졸라(gorgonzola), 블루(blue), 스틸턴(stilton)
경질 치즈 (hard cheese)	34~45%	· 젖산균에 의한 숙성: 체더(cheddar), 하우다(gouda), 에담(edam) · 프로피온산균에 의한 숙성(가스 구멍 있음): 에멘탈(emmental), 그뤼에르(gruyere), 아지아고(asiago)
초경질 치즈 (very hard cheese)	13~34%	· 세균에 의한 숙성: 파르메산(parmesan), 로마노(romano), 삽사고(sapsago)
가공 치즈 (processed cheese)		· 살균가공 치즈(process cheese food), 가공 치즈 스프레드(process cheese spread)

출처: 양철영 외(1998).

2) 자연치즈의 제조 원리

수백 종 이상의 자연치즈가 각기 다른 제조방법에 의해 생산되고 있지만 이들의 공통적인 제조공정은 [그림 12-5]와 같다. 저온살균한 원료유에 유산균 스타터를 1~2% 첨가하여 30℃에서 배양하면 유산이 생성되고 pH가 낮아진다. 약 0.2%의 유산이 생성되었을 때 응유효소제인 레닛(rennet)을 첨가하면 우유단백질인 카세인(casein)이 서로 엉켜서 카세인과 유지방의 응고체인 커드(curd)가 형성된다. 레닛은 어린 송아지의 '제4위'로부터 얻은 추출물로 단백질 가수분해효소인 레닌(rennin)이 주성분으로 포함되어 있다. 커드로부터 액체상태의 유청(whey)을 분리·제거하고 숙성시키면 치즈가 만들어진다. 약 0.5~2㎝의 칼날 간격을 갖는 커드 절단기를 사용하여 커드를 자르면 유청이 배출되면서 치즈가 단단해진다. 커드를 작게 절단하면 수분이 많이 배출되어 단단한 조직의 경질 치즈가 형성되고, 커드를 크게 절단하면 수분이 적게 배출되어 부드러운 연질 치즈가 만들어진다. 응고되어 분리된 커드를 압착기로 압착하여 유청을 추가로 제거하면 치즈 특유의 모양과 치밀한 조직이 형성된다. 연질 치즈(크림치즈, 코티지치즈)를 제외한 대부분의 치즈는 소금을 첨가하는 가염공정을 거친다. 가염처리에 의해 치즈의 풍미 향상, 부패미생물의 생육 억제, 과도한 유산발효 억제, 수분 제거 촉진 등의 효과를 얻을 수 있다. 압착과 가염이 끝난 치즈를 생치즈(green cheese)라고 부른다. 생치즈는 풍미가 없으나, 일정 기간 숙성시키면 미생물 작용에 의해 고분자들이 서서히 분해되고 저분자 물질로 전환되면서 치즈에 독특한 풍미와 질감이 부여된다. 일부의 연질 치즈를 제외하고 대부분의 치즈는 숙성실에서 수주~수개월 또는 1년 이상 숙성시킨다.

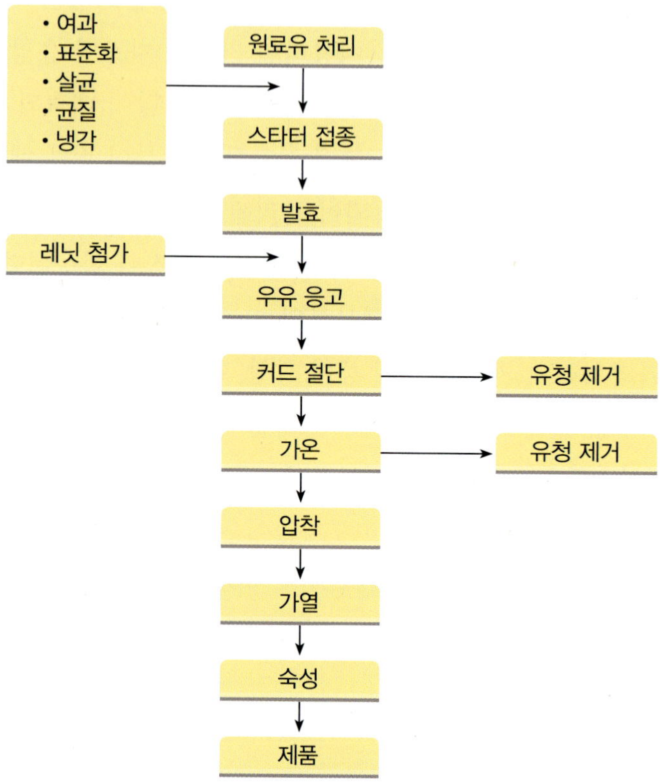

| 그림 12-5 | **자연치즈의 제조공정**

출처: 한영숙 외(2012).

치즈 제조에 이용되는 유산균은 락토코쿠스 크레모리스(*Lactococcus lactis* subsp. *cremoris*), 락토코쿠스 락티스(*Lactococcus lactis* subsp. *lactis*), 락토코쿠스 디아세틸락티스(*Lactococcus lactis* subsp. *diacetylactis*), 스트렙토코쿠스 서모필루스(*Streptococcus thermophilus*), 락토바실루스 카세이(*Lactobacillus casei*), 락토바실루스 아시도필루스(*Lactobacillus acidophilus*), 락토바실루스 불가리쿠스(*Lactobacillus delbrueckii* subsp. *bulgaricus*) 등으로 이들을 2~3종 혼합한 것을 스타터로 첨가한다.

치즈의 숙성기간 동안 다양한 종류의 미생물이 작용하여 2차 발효가 진행된다. 유산균을 비롯한 미생물들이 분비하는 효소의 작용으로 단백질, 유당, 지방이 펩티드, 아미노산, 유산, 지방산 등으로 분해되고, 일부 아미노산은 아민, 알데하이드, 암모니아, 지방산, 황화수소, 탄산가스 등으로 더욱 분해되어 치즈에 독특한 풍미를 부여한다.

- **카망베르치즈(camembert cheese)**: 생치즈 표면에 페니실륨 까망베르티(*Penicillium camemberti*) 균을 첨가하고 숙성시켜 제조한다. 치즈의 표면에는 흰 곰팡이가 펠트 모양으로 자라고, 내부는 크림 상태의 부드러운 질감을 갖는다.

출처: https://wikipedia.org

- **로크포르치즈(roquefort cheese)**: 생치즈에 2~3㎜의 구멍을 내고 페니실륨 로크포르티(*Penicillium roqueforti*)를 첨가하면 숙성기간 동안 치즈 내부에서 성장하여 특유의 파란색 대리석 무늬를 형성한다. 숙성된 치즈는 톡 쏘는 자극적인 향과 풍부하고 부드러운 질감을 갖는다.

출처: https://wikipedia.org

- **에멘탈치즈(emmental cheese)**: 생치즈에 프로피오니박테리움 프레우덴레이키(*Propionibacterium freudenreichii*) 또는 프로피오니박테리움 셔마니이(*Propionibacterium shermanii*)등 프로피온산균을 접종하여 숙성시킨 치즈로, 스위스 치즈(swiss cheese)라고도 불린다. 프로피온산균은 생장 에너지를 얻기 위해 다량의 유산을 프로피온산, 초산, 탄산가스와 물로 전환시킨다. 특히 탄산가스의 발생은 에멘탈치즈 특유의 치즈눈(cheese eye)을 형성하는 데 기여한다.

출처: https://wikipedia.org

3. 장류

1) 장류의 정의 및 분류

장류는 콩을 주원료로 발효시켜 만든 조미료를 말한다. 식품공전에서 "장류라 함은 동·식물성 원료에 누룩균 등을 배양하거나 메주 등을 주원료로 하여 식염 등을 섞어 발효·숙성시킨 것을 제조·가공한 것으로 한식메주, 개량메주, 한식간장, 양조간장, 산분해간장, 효소분해간장, 혼합간장, 한식된장, 된장, 고추장, 춘장, 청국장, 혼합장 등을 말한다."라고 정의되어 있다. 콩은 단백질이 풍부할 뿐만 아니라 발효와 숙성 과정에서 펩티드나 아미노산 형태로 분해되어 맛과 풍미가 향상되고 영양성분의 생체 이용률이 향상된다.

2) 장류의 제조원리

장류의 제조방법은 전통적인 재래식 방법과 대량 생산을 위한 개량식 방법으로 구분된다. 재래식 방법으로 장류를 제조하기 위해서는 메주가 반드시 필요하다. 메주는 콩을 원료로 하여 콩 삶기, 성형, 발효의 과정에 의해 제조된다. 세척한 콩을 8~10시간 침지한 후 5시간 이상 삶은 다음 절구에 찧어서 벽돌 모양으로 성형하고 건조시킨다. 건조된 메주 덩어리를 볏짚으로 엮어 처마 밑에 매달아 두면 자연적으로 곰팡이와 세균이 서서히 증식하면서 발효가 진행된다. 일반적으로 건조한 메주의 표면에는 아스페르길루스(*Aspergillus*)·리조푸스(*Rhizopus*)·무코르(*Mucor*)속 등의 호기성 곰팡이가 증식하고, 내부에는 고초균(*Bacillus subtilis*), 바실루스 푸밀루스(*Bacillus pumilus*) 등의 세균이 증식하게 된다. 미생물들이 분비하는 아밀레이스와 프로테이스 효소에 의해 탄수화물과 단백질이 분해되어 메주의 독특한 맛과 향이 생성된다. 발효에 관여하는 미생물의 종류에 따라 전통 메주의 독특한 맛과 향이 결정된다. 최근에는 전통적인 메주 발효 과정 없이 개량식 메주를 사용하여 된장, 간장, 고추장 등의 장류가 대량생산되고 있다. 증자한 콩에 아스페르길루스 오리제(*Aspergillus oryzae*) 또는 아스페르길루스 소제(*Aspergillus sojae*) 등을 인공 접종하여 개량식 메주(코지)를 만들어서 사용한다. 개량식 메주를 사용하면 제조시간이 단축되고 발효·숙성이 양호하며 메주의 품질이 균일해지는 장점이 있지만, 다양한 곰팡이에 의해 생성되는 맛과 향이 결여되는 단점이 있다.

3) 장류의 종류

(1) 된장

된장은 재래식 된장과 개량식 된장으로 구분된다. 재래식 된장은 재래식 메주를 약 20%의 소금물에 담가 2~3개월 동안 숙성시켜서 제조하며, 액체 부분은 끓여서 간장(재래식 간장)으로 사용한다[그림 12-6]. 메주를 건져 큰 용기에 옮긴 후 손으로 주무르면서 풀어 준다. 풀어놓은 메주를 살균된 항아리에 담고 2~5개월 숙성시키면 재래식 된장의 풍미를 느낄 수 있다. 된장의 숙성에는 곰팡이, 효모, 세균 등이 관여하여 맛과 향에 영향을 준다. 콩 단백질은 미생물에 의해 분비된 단백질 가수분해 효소(protease)에 의해 펩티드로 분해되고 다시 아미노산으로 더욱 분해되어 감칠맛이 부여된다. 또한 미생물이 분비한 탄수화물 분해효소(amylase)에 의해 전분이 당으로 전환되면, 효모가 당을 이용하여 알코올이 생성되고, 세균의 대사과정에 의해 유기산과 에스테르가 생성되어 된장의 풍미를 이루게 된다.

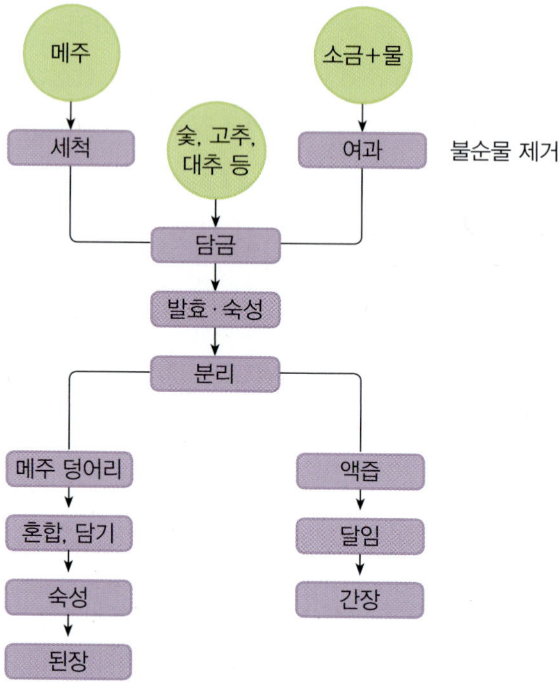

| 그림 12-6 | 재래식 된장·간장의 제조공정

된장 제조에 관여하는 미생물은 다음과 같다.

- **세균:** 고초균(*Bacillus subtilis*)은 강력한 아밀레이스와 프로테이스를 생산하여 메주와 된장의 숙성에 관여한다. 메주를 소금물에 담가 숙성하게 되면 고초균은 거의 사라지게 된다.
- **곰팡이:** 아스페르길루스(*Aspergillus*)·리조푸스(*Rhizopus*)·무코르(*Mucor*)속 등의 곰팡이가 분비하는 아밀레이스와 프로테이스가 메주와 된장의 숙성에 관여한다.
- **효모:** 사카로미세스(*Saccharomyces*)·지고사카로미세스(*Zygosaccharomyces*)·토룰롭시스(*Torulopsis*)속 등의 내염성 효모가 된장의 숙성 중기와 후기에 증식하고 알코올을 생성하여 된장에 풍미를 부여한다.

개량식 된장은 콩이나 쌀로 만든 일본식 코지(koji)를 사용한다. 증자한 콩이나 쌀에 종국균으로 곰팡이 아스페르길루스 오리제(*Aspergillus oryzae*) 또는 아스페르길루스 소제(*Aspergillus sojae*)의 단일 균종을 접종하여 30~35℃에서 16~22시간 발효시켜 코지를 제조한다. 코지에 사용되는 종국균은 아밀레이스와 프로테이스를 생성하는 중요한 역할을 한다. 콩코지로 만든 개량식 메주에 소금을 넣고 물을 가하여 잘 섞은 후 항아리에 담고 2개월 정도 숙성시켜 만든다. 산업적으로 대량생산되는 된장은 일반적으로 쌀코지를 이용하여 제조한다. 콩을 삶아서 쌀코지와 함께 분쇄하고 소금물을 넣고 반죽하여 2개월 정도 숙성시킨다. 숙성이 완료되면 곱게 갈아서 살균하여 포장한다.

(2) 간장

간장은 가정에서 전통적인 방법으로 만드는 재래식 간장(조선간장)과 주로 산업체에서 제조하는 개량식 간장(일본식 간장)이 있다. 재래식은 콩을 원료로 간장과 된장을 동시에 만들지만, 개량식은 콩과 밀을 혼합한 원료를 사용하고 부산물인 된장 없이 간장만 생산하는 차이점이 있다. 재래식 간장과 개량식 간장을 양조식 간장이라 하고, 아미노산 간장을 화학간장이라고 한다. 아미노산 간장은 단백질을 염산으로 분해하여 짧은 시간에 제조할 수 있는 것이 특징이다.

재래식 간장은 재래식 메주를 약 20%의 소금물에 담가 2~3개월 동안 숙성시킨 후 고체 부분은 된장으로 이용하고, 액체 부분을 끓여 만든 것이다[그림 12-6]. 조선간장덧의 숙성에는 바실루스(*Bacillus*)속 등의 호기성균, 페디오코쿠스(*Pediococcus*) · 락토바실루스(*Lactobacillus*)속 등의 내염성 유산균 및 사카로미세스(*Saccharomyces*) · 지고사카로미세스(*Zygosaccharomyces*) · 토룰롭시스(*Torulopsis*)속 등의 내염성 효모가 관여한다. 특히 내염성 유산균과 효모는 간장의 독특한 풍미 형성에 영향을 준다.

개량식 간장은 콩(탈지 대두), 밀(소맥), 식염을 주원료로 제조한다[그림 12-7]. 콩은 하룻밤 물에 침지한 후 증자하고, 밀은 볶은 후 마쇄한다. 증자한 콩과 볶은 밀을 반반씩 섞은 재료에 종국균으로 곰팡이 아스페르길루스 오리제(*Aspergillus oryzae*) 또는 아스페르길루스 소제(*Aspergillus sojae*)의 단일 균종을 접종하여 30~40℃에서 48시간 정도 발효시켜 간장 코지를 제조한다. 간장 코지를 발효탱크에 넣고 원료량의 1.2배 정도의 소금물(염도 20%)과 혼합하여 간장을 담근다. 간장을 담근 것을 간장덧이라고 부르며, 간장덧은 25~30℃에서 6~12개월간 숙성시킨다. 숙성된 간장덧을 압착하여 짜낸 것을 생간장이라 한다. 생간장을 85℃에서 약 20~30분 달여서 생간장 중에 존재하는 효소를 파괴하고 미생물을 살균시켜 품질을 향상시킨다. 달임 과정에서 형성된 불용성 단백질 침전물과 불순물을 규조토 또는 한외여과기로 제거하여 간장을 완성한다.

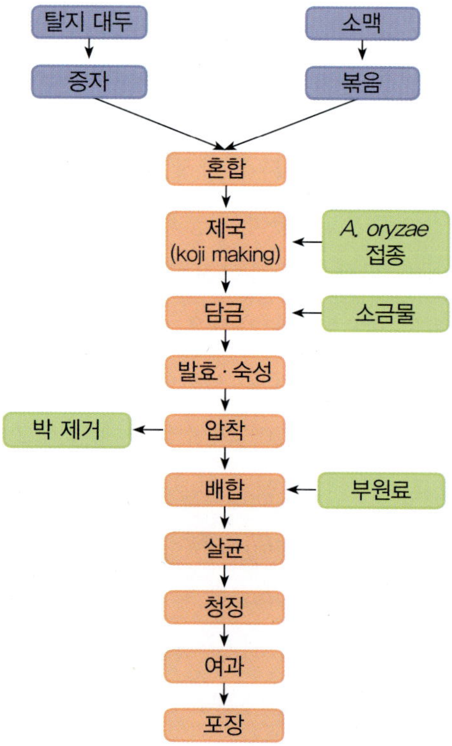

| 그림 12-7 | 개량식 간장의 제조공정

간장 제조에 관여하는 주요 미생물은 다음과 같다.

- **곰팡이:** 종국균인 아스페르길루스 오리제(*Aspergillus oryzae*) 또는 아스페르길루스 소제(*Aspergillus sojae*)는 발효기간 동안 성장하면서 아밀레이스와 프로테이스 효소를 생산하여 콩과 밀의 전분질과 단백질을 분해하고 가용성이 되게 한다.
- **효모:** 내염성 효모인 지고사카로미세스 룩시(*Zygosaccharomyces rouxii*)가 간장덧에 증식하면서 당류를 발효하여 알코올과 향기성분을 생성하여 간장에 풍미를 부여한다. 하지만 한세눌라(*Hansenula*)와 피키아(*Pichia*)속과 같은 유해한 효모가 증식하게 되면 산막을 형성하여 간장의 품질을 저하시킬 수 있다.
- **세균:** 간장 코지 중에 존재하는 내염성 유산균인 페디오코쿠스 소제(*Pediococcus sojae*)가 간장덧의 숙성 과정에서 산미를 부여하는 주요한 역할을 한다. 이 균은 온화한 산미의 유산을 생성하여 간장덧의 pH를 4.5로 유지시키고 유해한 미생물의 증식을 억제한다.

(3) 고추장

고추장은 전통적인 방법으로 제조하는 재래식 고추장과 코지를 만들어 제조하는 개량식 고추장으로 분류된다. 전통 된장과 간장 제조에 이용되는 메주와 달리, '재래식 고추장'은 콩과 찹쌀가루를 혼합하여 만든 고추장 제조용 메주를 사용한다. 엿기름가루와 메주는 숙성용 효소원으로 이용된다. 엿기름가루를 물에 담가 당화효소액을 추출하고 전분질 원료와 혼합하여 따뜻한 곳에 두면 당화가 진행되어 찹쌀식혜가 만들어진다. 찹쌀식혜에 메줏가루, 고춧가루, 소금 등을 넣고 혼합한 후 전통옹기에서 숙성시키면 재래식 고추장이 만들어진다.

'개량식 고추장'은 소맥분에 아스페르길루스 오리제(*Aspergillus oryzae*)를 인공 접종하여 코지를 만든 후 고춧가루, 소금, 물 등을 혼합하고 담금과 숙성 과정을 거쳐서 제조한다. 현재 국내의 공장에서는 대량 생산을 위하여 작업이 용이하고 기술이 표준화되어 있는 개량식 방법으로 고추장을 제조하고 있다.

(4) 청국장

청국장은 2~3일의 짧은 시간에 콩을 발효시켜 만든 속성 장류이다. 청국장은 볏짚 등을 넣어 자연발효시키는 방법과 고초균(*Bacillus subtilis*)을 인공으로 접종하여 발효하는 방법이 있다. 잘 씻은 콩을 18시간 이상 불려서 익힌 다음 볏짚으로 덮고 30~35℃의 온도에서 2~3일 동안 보온하면 볏짚에 붙어 있는 고초균이 번식하여 실 모양의 끈끈한 점질물질이 생성된다. 여기에 소금, 마늘, 고춧가루, 파 등을 혼합하여 파쇄하고 단지나 밀폐 용기에 눌러 담아서 보관한다. 볏짚에 부착된 청국장균의 종류가 다르기 때문에 청국장의 맛은 각 지방이나 가정마다 균일하지 않다. 일반적으로 볏짚에 프로테이스 활성이 강한 청국장균이 많으면 맛이 좋고, 활성이 약한 균이 많으면 맛이 저하되고 부패·변질되기도 쉽다. 순수배양한 고초균을 접종하여 제조하면 품질이 균일하고 양질의 제품을 얻을 수 있다.

4) 일본 낫토

낫토는 한국의 청국장과 비슷한 일본식 콩 발효식품이다. 순수하게 배양한 낫토균(*Bacillus natto*)을 삶은 콩에 접종하고 발효시키면 실처럼 길게 늘어나는 점질물질이 생성된다. 낫토는 냄새가 독특하고 실타래처럼 끈적끈적하게 늘어나는 특징이 있다. 일반적으로 낫토는 간장 또는 와사비 등으로 간을 하고 달걀 노른자, 파, 김 등을 첨가해서 먹는다.

4. 주류

1) 주류의 정의 및 분류

전 세계적으로 다양한 형태와 맛을 지닌 술이 생산되고 있다. 식품공전에서 "주류라 함은 곡류, 서류, 과일류 및 전분질 원료 등을 주원료로 하여 발효, 증류 등 제조·가공한 발효주, 증류주, 주정 등 주세법에서 규정한 주류를 말한다."라고 정의되어 있다.

주류는 과실류나 곡물을 발효해 만든 알코올음료로서 원료와 제조방법에 따라 분류한다[그림 12-8]. 제조방법에 따라 당화 및 알코올 발효 과정을 거쳐 생성된 발효주, 발효주를 증류시킨 증류주, 증류주에 과일이나 천연향료를 배합하여 만든 혼성주로 구분하고 있다.

| 그림 12-8 | **주류의 분류**

출처: 강옥주 외(2012).

2) 발효주의 제조원리

발효주는 과실류나 곡물에 함유되어 있는 당분을 효모를 이용하여 알코올 발효시켜 만든 술로 당화와 발효 과정의 차이점에 따라 단발효주와 복발효주로 분류하며, 복발효주는 당화 형태에 따라 단행복발효주와 병행복발효주로 구분한다.

- **단발효주:** 당화 과정 없이 바로 효모의 알코올 발효에 의해 생산된 주류로, 과실을 주재료로 이용하여 만든 포도주, 사과주 등의 과실주가 이에 속한다.
- **단행복발효주:** 당화 과정과 발효 과정이 분리되어 양조되는 술로 맥주가 대표적이다.
- **병행복발효주:** 당화 과정과 발효 과정이 함께 진행되어 양조되는 술로 탁주와 청주 등이 이에 속한다.

발효주 생산에 이용하는 미생물은 사카로미세스 세레비시에(*Saccharomyces cerevisiae*)와 유사한 효모를 사용하는 것이 가장 보편적이다. 효모는 에너지원으로 포도당, 과당과 같은 단당류를 우선적으로 소비하고 발효에 의해 알코올을 생성한다. 포도 등의 과육에는 발효에 필요한 포도당이 풍부하기 때문에 포도를 분쇄하여 주스를 만들면 당화 과정이 없어도 효모에 의한 알코올 발효가 시작된다. 반면, 곡물이나 전분성 물질로 구성된 탄수화물은 알코올 발효 전에 전분을 발효 가능한 당으로 분해하는 과정을 거쳐야 한다. 맥주는 단행복발효주로 당화 과정을 통해 맥아가 발효성 당인 맥아당(maltose)으로 전환되어야 효모에 의해 알코올 발효가 진행될 수 있다. 탁주는 병행복발효주로 당화 과정과 발효 과정이 병행해서 진행된다. 원료에 함유된 전분을 당화능이 우수한 곰팡이가 발효성 당으로 분해하고, 효모는 당을 발효하여 알코올을 생산한다.

3) 주류의 종류

(1) 포도주

포도주(wine)는 포도 과즙에 존재하는 포도당과 과당이 효모에 의해 알코올 발효되어 만들어지는 단발효주다. 대부분의 상업적인 포도주의 제조에는 온대 지방에서 서식하는 비티스 비니페라(*Vitis vinifera*) 재배품종이 이용되고 있다. 이 품종은 높은 수치의 발효성 당(주로 포도당과 과당, 160~240 g/L)과 효모 생육에 필요한 영양성분을 함유하고 있어 포도주 생산에 적합하다.

백포도주(white wine)는 포도껍질을 제거하고 과육만을 이용하여 제조하는 반면, 적포도주(red wine)는 껍질을 포함한 과육으로 제조하는 차이점이 있다. 적포도주는 포도를 껍질째 발효하기 때문에 특유의 붉은색과 껍질에 함유된 탄닌(tannin)이 용출되어 떫은맛을 지니게 된다. 포도의 과육에는 포도당과 과당 등의 발효성 당이 풍부하기 때문에 포도를 분쇄하여 주스나 포도액(must)을 만들면 당화 과정 없이도 알코올 발효가 진행된다.

포도 껍질과 과육은 여러 종류의 야생효모와 세균들로 오염되어 있기 때문에 이 균들이 발효 과정에서 증식하게 되면 제품의 맛과 향미를 저하시키는 대사산물을 생성한다. 따라서 효모를 접종하기 전에 포도주스나 포도액에 소량의 이산화황(sulfur dioxide)을 첨가하여 오염된 미생물을 살균하는 공정을 거친다. 산업적인 포도주 제조과정에서는 사카로미세스 엘립소이데우스(*Saccharomyces cerevisiae* var. *ellipsoideus*)와 같은 생산 균주를 종균으로 접종하여 발효 과정을 조절하고 일정한 품질의 포도주를 생산하고 있다. 포도주 생산 균주로는 알코올, 높은 당 포도액, 이산화황에 대한 내성을 갖는 선별된 균종이 이용된다.

발효 과정에서 온도가 38℃까지 올라가기 때문에 효모의 생육과 최적의 발효를 위하여 냉각장치에 의한 온도조절이 필요하다. 따라서 산업적인 포도주 생산에는 일반적으로 냉각장치가 있는 스테인리스 발효조가 사용된다. 발효 기간과 발효온도는 와인의 종류에 따라 차이가 있다. 적포도주는 일반적으로

24~29℃에서 3~5일간 배양하게 되면 알코올 발효가 끝나게 된다. 백포도주는 일부 향미성분이 생성되도록 약 1~4주간 10~20℃로 냉각하여 발효를 진행한다. 효모에 의한 알코올 발효는 발효 가능한 모든 당이 대부분 소비될 때(1g/L 미만)까지 진행하지만, 포도주에 약간의 감미를 유지하고자 한다면 좀 더 일찍 발효를 마칠 수 있다. 발효가 끝난 포도주는 평균 10~16% 정도의 알코올을 함유하고 있다. 발효된 포도주를 저장통 혹은 저장조로 옮기고 저온에서 독특한 화학적 변화를 일으키는 숙성 과정을 진행하고 제품화한다.

(2) 맥주

맥주는 보리를 싹틔워 만든 맥아(malt)를 당화시켜 여과한 후 홉(hop)을 첨가하고 효모로 발효시켜 만든 술이다. 맥주의 주원료는 기본적으로 맥아, 물, 홉, 효모이지만, 지역이나 맥주 제조사에 따라 맥주의 품질 향상과 비용 절감을 위하여 맥아 외에 전분질 원료(옥수수, 쌀, 밀, 수수, 귀리, 당류)를 사용하기도 한다. 우리나라 식품공전에서 "맥주라 함은 발아한 곡류, 홉, 전분질 원료, 물 등을 원료로 하여 발효시켜 제성하거나 여과하여 제성한 것 또는 발효·제성 과정에 탄산가스, 주정 등을 혼합한 것을 말한다."라고 정의되어 있다.

맥주는 단행복발효주로 당화 작용이 먼저 일어나고 그 후 효모에 의한 발효 작용이 시작된다. 즉, 담금 과정을 통해 맥아의 전분이 발효성 당으로 전환되어야 효모에 의해 알코올 발효가 진행될 수 있다. 담금 과정은 보리를 발아시켜 만든 엿기름인 맥아(malt)의 아밀레이스(amylase) 작용에 의해 진행되고, 발효 과정은 효모인 사카로미세스(*Saccharomyces*)속에 의해 진행된다.

곡물을 이용하여 맥주를 제조하는 공정은 맥아제조, 담금, 발효, 숙성, 마무리의 5단계로 진행된다. 맥주의 일반적인 제조공정은 [그림 12-9]와 같다.

| 그림 12-9 | 맥주의 제조공정

- **맥아제조(malting)**: 보리를 싹틔워 전분분해효소(amylase)를 생성하는 것이 주된 목적이다. 건조된 보리를 물에 담가 불린 후 맥아생육장치(malt-house) 또는 회전 용기 안에서 보리를 발아시켜 전분분해효소와 단백질 가수분해 효소(protease)를 생산한다. 맥아와 부원료 중의 녹말은 전분분해효소에 의해 효모가 이용할 수 있는 발효성 당으로 전환된다. 발아 과정이 완료된 맥아를 가열·건조하여 생장을 중지시키고 맥아 특유의 향기와 맥주에 필요한 색소를 갖게 한다.
- **담금(mashing)**: 분쇄한 맥아를 물과 맥아 이외의 다른 곡류와 혼합하여 맥아즙 통(mash tun)이나 양조통(cask)에 넣고 담금을 한다. 맥아효소의 작용으로 맥아 중의 불용성 물질이 가용성화되고, 전분은 발효성 당으로 변하며 침출된다. 담금공정을 거친 맥아즙을 여과시키고 홉을 첨가한 후 가열

처리하면 미생물이 살균되고 효소의 활성이 없어지며, 맥주 특유의 쌉쌀한 맛이 추가된다. 홉은 뽕나무과에 속하는 덩굴식물로 맥주 특유의 풍미와 쌉쌀한 맛을 주며, 맥아즙의 단백질을 침전시켜 청징을 돕고, 세균의 번식을 억제하여 맥주의 저장성을 향상시키는 작용을 한다.

- **발효(fermentation)**: 냉각된 맥아즙을 발효조로 옮기고 맥주효모를 접종하여 주발효를 진행한다. 영국식 맥주의 경우 상면발효효모(top-fermenting yeast)인 사카로미세스 세레비시에(*Saccharomyces cerevisiae*)를 첨가하고 20~28℃의 온도에서 발효하여 에일(ale)이나 흑맥주(stout) 등을 생산한다. 독일식 맥주는 하면발효효모(bottom-fermenting yeast)인 사카로미세스 우바룸(*Saccharomyces uvarum*)을 첨가하고 10~15℃의 저온에서 발효하여 라거(lager) 맥주를 생산한다.
- **숙성(후발효) 및 마무리(aging & finishing)**: 맥주 향을 증가시키고 탁도를 낮추기 위해 0℃의 양조통 또는 저장탱크에서 1~3개월 동안 숙성시킨다. 일반적으로 숙성된 맥주는 압착여과기를 사용하여 효모를 제거한 후 필터로 여과해서 투명한 맥주로 만든다. 여과된 맥주를 살균하지 않고 제품화한 것이 생맥주이고, 병맥주나 캔맥주는 60℃ 정도의 온도에서 저온가열·살균하거나 향기의 변화를 줄이기 위해 한외막 필터를 이용하여 살균한다.

(3) 탁주

탁주(rice wine)는 일반적으로 막걸리라고 부르며 우리나라 술 중 가장 오래된 것으로 천 년 이상 양조되어 왔다. 탁주와 약주는 찹쌀 또는 멥쌀을 원료로 누룩을 첨가하여 병행복발효주 제조방법에 의해 양조된다. 탁주와 약주는 여과 여부로 구분하는데, 알코올 발효가 끝난 후 술지게미를 제거하지 않은 탁한 상태를 탁주라 하고, 술지게미가 제거된 맑은 술을 약주라 한다.

탁주는 병행복발효주로 당화 과정과 발효 과정이 병행해서 진행된다. 백국균인 아스페르길루스 카와치(*Aspergillus kawachii*, 아스페르길루스 니게르

*Aspergillus niger*의 변종)가 전분을 발효성 당으로 분해하면, 사카로미세스 코레아누스(*Saccharomyces coreanus*)에 의해 알코올 발효가 진행된다.

탁주의 제조에 사용되는 재료로는 쌀, 밀가루, 옥수수, 고구마 전분 등의 곡류, 주조용수, 곡자, 입국, 주모 등이 있다. 곡자와 입국은 알코올 발효 과정에서 전분질을 당화하고 알코올 발효를 수행하지만, 곡자를 사용하면 야생균의 특성에 따라 탁주의 질이 좌우되는 결점이 있다. 이와 같은 단점을 보완하기 위하여 증자된 곡류에 배양균을 접종하여 입국(koji)을 만들어서 사용한다.

- **곡자(麯子, 누룩)**: 곡자는 밀을 원료로 제조하며 원료인 밀의 분쇄 정도에 따라 분곡, 조곡으로 분류한다. 분곡은 밀가루로 만든 것이고 조곡은 밀기울을 섞어 거칠게 만든 것이다. 곡자에는 아스페르길루스(*Aspergillus*)·리조푸스(*Rhizopus*)·무코르(*Mucor*)속 등의 곰팡이와 사카로미세스(*Saccharomyces*)속의 효모가 번식하여 당화와 발효를 진행한다.
- **입국(粒麴, 코지 제조)**: 증자한 쌀, 밀가루 혹은 옥수수 가루에 백국균인 아스페르길루스 카와치(*Aspergillus kawachii*)를 접종하여 입국을 제조한다. 백국균은 산 생산력이 강하여 주모(술밑)에 잡균이 오염되는 것을 억제할 수 있다. 입국의 사용은 탁주 발효 중 전분의 당화, 향미 부여, 잡균의 오염방지 등의 역할을 한다.
- **주모(酒母, yeast culture)**: 효모 배양액을 주모 또는 술밑이라 한다. 효모인 사카로미세스 코레아누스(*Saccharomyces coreanus*)를 입국에 배양하여 만든 개량형의 주모가 주로 이용된다.

탁주와 약주의 일반적인 제조공정은 [그림 12-10]과 같다. 입국을 물과 함께 발효조에 담고 주모를 첨가하여 발효시킨다. 이 과정을 1단 담금이라 하며, 30℃ 이하에서 1~2일 배양한다. 2단 담금은 곡자를 첨가하여 알코올 발효를 촉진시키는 과정으로, 증자한 쌀 또는 소맥분을 물과 함께 첨가하여 2~4일 동안 배양하면 발효가 완료된다. 발효가 왕성하여 성숙한 술덧의 알코올 농도는 15~21%에 이르게 된다. 숙성된 술덧은 여과 정도에 따라 탁주와 약주로 분류한다. 술덧을 체로 거르고 물을 첨가하면서 주정도수를 7% 내외로 조정하면 탁주가 된다. 약주는 술덧을 압착기로 짜거나 여과기로 여과해서 투명한 상태로 만든 것이다.

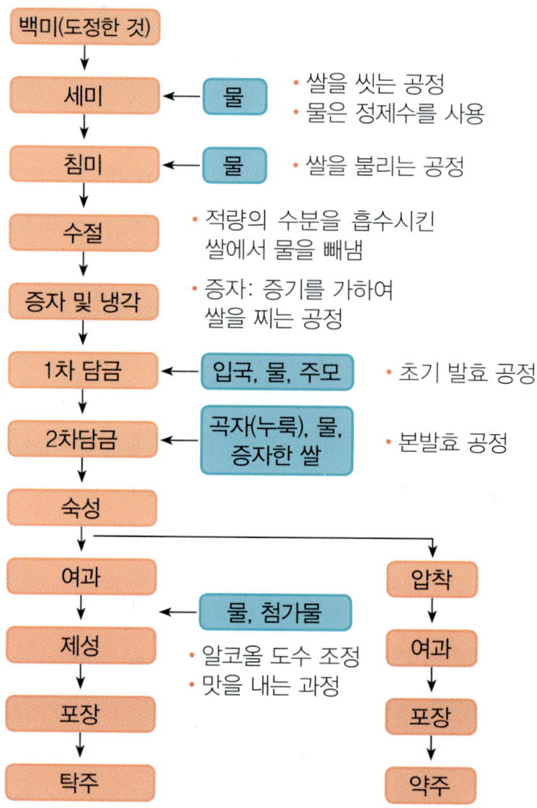

| 그림 12-10 | **탁주와 약주의 제조공정**

5. 김치

1) 김치의 정의 및 분류

김치는 소금에 절인 배추, 무 등의 주재료에 고춧가루, 파, 마늘, 생강, 젓갈 등의 부재료를 첨가해서 발효시킨 우리나라의 전통 발효식품이다. 김치류에 관련된 최초의 문헌기록은 약 2600~3000년 전에 중국 최초의 시집인『시경』에 절임채소인 '저(菹)를 담그자.'라는 구절이 언급되어 있는 것에서 그 유래를 찾을 수 있다. 우리나라에서는 고려 중엽에 이규보가 지은 〈가포육영〉 이라는 시 속에 순무를 재료로 한 김치가 최초로 등장하지만, 고려시대 훨씬 이전부터 채소의 저장기간을 연장하기 위하여 저채류가 식용되었을 것으로 여겨진다. 고추는 조선시대 중엽에 전래되었지만, 김치에 고춧가루가 첨가된 제조법은『증보산림경제(1760년)』에 최초로 소개되어 있다. 김치는 그동안 생활양식, 기후, 풍토, 교역발달, 품종개량 등 여러 요인에 의해 다양하게 변해 왔으며, 약 150년 전 속이 꽉 찬 결구형 배추 등의 개량종이 도입된 이후 지금과 같은 형태의 배추김치가 되었다. 2001년 7월 식품 분야의 국제표준인 국제식품규격위원회(Codex)에서 김치가 국제식품규격으로 승인되었다.

식품공전에서 "김치류라 함은 배추 등 채소류를 주원료로 하여 절임, 양념혼합공정을 거쳐 그대로 또는 발효시켜 가공한 김치와 김치를 제조하기 위해 사용하는 김칫소를 말한다."라고 정의되어 있다. 김치의 종류는 분류방법이나 지역에 따라 다양하지만, 대체적으로 배추김치류, 깍두기류, 동치미류, 물김치류 등으로 구분할 수 있다. 배추김치와 비교하여 깍두기, 동치미 등은 형태가 다르지만 사용하는 재료나 맛이 비슷하여 김치류에 포함시키고 있다. 기후가 비교적 따뜻한 남부지방은 소금과 젓갈, 양념류를 많이 사용하여 저장성을 높인 김치를 담그는 반면, 비교적 추운 북부지방은 소금과 젓갈, 양념류를 적게 사용하여 김치를 담그는 것이 특징이다. 또한 함경도나 강원도 등 해안지방에서는 김치 제조에 해물이나 젓갈을 많이 사용하고 있다.

2) 김치의 제조원리

김치의 제조방법은 원료의 종류와 지역에 따라 다양하지만, 일반적인 제조공정은 [그림 12-11]과 같다. 원재료인 배추로부터 이물과 불가식 부분을 제거하고 가공 목적에 맞게 절단한 후 6~10시간 동안 염장을 진행한다. 소금은 주로 천일염을 사용하고 염장은 소금물(8~12%)에 침지시키는 염수법 또는 소금을 뿌리는 건염법을 이용한다. 염장에 의해 불필요한 미생물이 저감화되고 채소의 조직이 부드러워진다. 염장이 끝난 배추는 세척과 동시에 염분을 제거하여 염농도를 3~5%로 조절한다. 세척한 염장 배추는 양념과 혼합하기 전에 3~4시간 탈수시켜 수분을 제거한다. 여러 종류의 부재료(고춧가루, 마늘, 파, 소금, 생강, 젓갈 등)를 잘 혼합하여 절인 배추에 첨가한 다음 유산발효가 진행되도록 적절한 온도에서 발효·숙성시킨다.

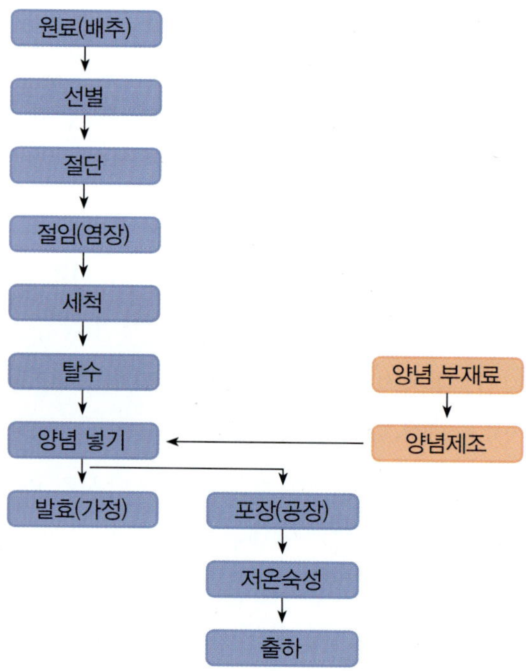

| 그림 12-11 | 김치의 제조공정

김치의 제조 및 발효·숙성 과정에 관여하는 주요 미생물은 다음과 같다.

- **호기성균:** 채소류에는 호기성균이 많이 존재한다. 호기성균은 초기에 증식하여 산소를 소비하고 김치를 혐기상태로 만든다. 혐기적 조건과 염장에 의한 수분활성도 감소에 의해 호기성균은 점차 줄어들고 유산균이 증식하기 좋은 환경이 조성된다. 사멸된 균에서 용출된 영양물질은 유산균의 생육환경 조성에 도움을 준다.
- **유산균:** 김치를 담가 발효·숙성시키는 동안 유산균에 의한 유산발효에 의해 유산이 생성되고 산도가 증가한다. 유산균은 초기와 중기 발효에 관여하는 것과 후기에 발효하는 것이 순차적으로 증식하여 김치의 숙성에 영향을 미친다. 김치 발효 초기와 중기에는 주로 이상유산발효균인 류코노스톡 메센테로이데스(*Leuconostoc mesenteroides*)가 증식하여 유산(젖산), 아세트산 등 각종 유기산과 탄산가스를 생성하여 신맛을 내고 김치의 맛을 산뜻하게 하며 유해세균을 사멸시켜 저장성을 높인다. 하지만 계속되는 유기산의 증가로 인하여, 산에 대한 내성이 약한 류코노스톡 메센테로이데스는 사멸하고, 락토바실루스 플란타럼(*Lactobacillus plantarum*), 락토바실루스 브레비스(*Lactobacillus brevis*) 등의 내산성이 강한 락토바실루스(*Lactobacillus*)속 유산균들이 증식하여 우점을 차지하게 된다.
- **효모와 곰팡이:** 발효 후기에는 내산성이 강한 유산균도 자체 생산된 산에 의하여 사멸되고, 효모나 곰팡이 등의 호기성 미생물이 증식하면서 김치의 맛이 변질된다.

6. 식초

1) 식초의 정의 및 종류

식초는 곡류, 과실류, 주류 등을 주원료로 하여 발효시킨 양조식초(발효식초)와 빙초산 또는 초산을 음용수로 희석하여 만든 합성식초로 구분된다. 현재 제조·판매되고 있는 식초의 대부분은 양조식초이며, 합성식초는 독성 문제와 소비자의 인식전환으로 일반적인 가정에서의 사용은 거의 사라졌다. 식품공전에서 "발효식초는 과실·곡물술덧, 과실주, 과실착즙액, 곡물주, 곡물당화액, 주정 또는 당류 등을 원료로 하여 초산발효한 액과 이에 과실착즙액 또는 곡물당화액을 혼합·숙성한 것을 말한다. 이 중 감을 초산발효한 액을 감식초라 한다."라고 정의되어 있다.

양조식초는 사용하는 원료에 따라 과실식초(사과, 감, 포도 등), 곡물식초(현미, 쌀, 맥아 등), 주정식초(주정, 당류 등)로 구분된다. 국내와 미국에서는 사과식초, 영국에서는 맥아식초가 일반적이며, 영국 이외의 유럽지역에서는 포도주로 만든 와인식초(wine vinegar)가 주로 생산되고 있다. 식초의 국내 규격은 감식초는 초산 함량이 2.6% 이상, 기타 식초는 4~20%로 규정되어 있다.

2) 식초의 제조원리

초산발효(acetic acid fermentation)는 초산균에 의해 에탄올이 초산으로 산화되는 호기적인 대사과정이다. 당화 과정이 요구되는 전분질 원료(쌀, 보리, 현미 등)는 곰팡이 코지(koji)에 의한 국(麴)당화법 또는 아밀레이스(amylase) 효소처리에 의해 전분을 포도당이나 맥아당으로 가수분해한 당화액에 효모를 접종하여 알코올 발효한 여액을 원료로 사용한다. 과일의 경우에는 당화 과정 없이 분쇄된 과육에 바로 효모를 첨가하여 알코올 발효한 여액을 원료로 사용한다.

속양법 또는 심부배양법을 이용하여 알코올 발효액에 초산균을 접종하고 알코올을 산화하여 식초를 제조한다.

식초는 [그림 12-12]와 같은 원리로 제조된다.

| 그림 12-12 | **식초의 제조원리**

출처: 한영숙 외(2012).

식초를 제조하기 위해서는 우량한 초산균을 다량 배양하여 종초를 만들어야 한다. 초산균인 아세토박터 아세티(*Acetobacter aceti*)가 종초용 균주로 널리 이용되고 있으며, 아세토박터 파스테리아누스(*Acetobacter pasteurianus*)는 산업적으로 산도 10~20%의 고산도 식초의 제조에 이용되고 있다.

산업적인 식초의 제조방법으로 발효탑에 초산균을 고정시키고 알코올을 탑 위에서 살포하는 속양법(quick vinegar process)과 초산균과 알코올의 혼합액을 발효조에 넣고 통기교반하여 식초를 만드는 심부배양법(submerged aeration process)이 이용되고 있다. 일반적으로 심부배양법을 이용하여 12% 초산을 생성하는 데는 약 35시간이 소요되며, 속양법보다 약 열 배 정도 빠르게 식초를 생산할 수 있다. 식초의 일반적인 제조공정은 [그림 12-13]과 같다.

- **심부배양법(submerged aeration process)**: 고속의 교반기, 통기장치, 온도제어장치, 소포장치, 냉각장치 등을 갖춘 스테인리스 발효장치를 이용하여, 발효조의 구석구석까지 충분한 공기를 공급함으로써 산화효율과 초산균의 활성을 높이도록 개발된 통기교반 배양 방식이다.

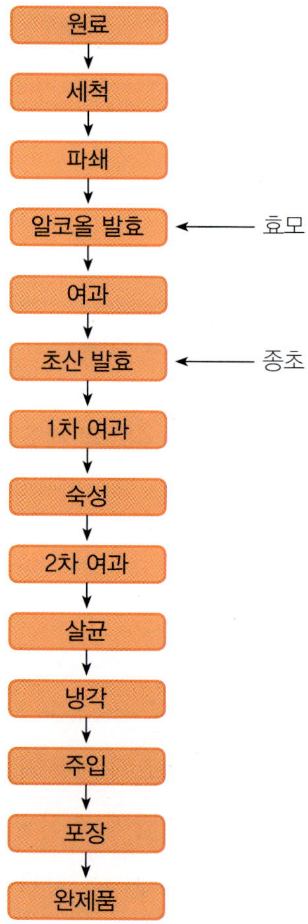

| 그림 12-13 | **식초의 제조공정**

출처: 한영숙 외(2012).

제13장

미생물의 제어

미생물은 존재를 확인하고 그 기능과 역할이 밝혀지기 전부터 식품, 의약 소재, 환경 등 다양한 분야에서 경험적으로 이용되면서 인류의 삶과 매우 밀접하게 연계되어 왔다. 식품 발효 및 의약 소재 등으로 인류에게 유익하게 활용되기도 하여 인류에게 다양한 유기 화합물들과 유용 성분들을 제공하였으며 이들 성분은 소독제나 질병치료제로 사용되기도 하는 등 인류의 생존과 건강에 활용되었다. 하지만 미생물에 의한 해로운 영향으로 인간에게 전염성 질환이 유발되거나, 가축 및 식물에 병이 발생한 경우도 많은 기록을 통해 확인되는데 페스트라고도 불리는 흑사병, 스페인 독감 등은 전세계 인구의 수를 조정하는 수준으로 생존을 위협하기도 한다.

따라서 병원성 미생물을 제어하여 감염병의 확산을 막고 인류의 안전을 보장하는 것이 가장 큰 목적 중 하나라고 할 수 있으며 식품에서는 미생물에 의한 부패를 방지하여 유통기간을 연장하고 식중독을 예방하기 위하여 미생물을 제어해야 하며 병원과 같은 의료환경에서는 환자의 안전을 위하여, 제약, 화장품 등의 바이오산업에서는 제품의 안전성을 위하여 미생물의 제어가 진행되고 있다.

식품 중 미생물은 다양한 방법에 의하여 제어가 가능한데 크게 물리적, 화학적. 생물학적 제어법과 기타 제어법으로 분류할 수 있다. 물리적 제어법 중 가장 많이 사용되는 것은 다양한 온도에서 미생물을 사멸시키는 열처리 방법이며 저온저장이나 수분을 제거하여 미생물의 생육을 억제시키는 방법 등이 사용된다.

| 표 13-1 | 미생물 제어방법의 분류

분류	방법	원리	적용예
물리적 제어	열처리	고온으로 미생물을 사멸	상업적 살균, 멸균
	저온저장	저온에서 미생물 생장 억제	냉장식품
	건조	저수분으로 미생물 생장 억제	건조생선, 육포
	초음파	20kHz 이상의 초음파를 처리	실험기구 표면살균
	필터링	미생물을 필터를 이용하여 제거	헤파필터
화학적 제어	항균물질 처리	다양한 화학물질로 미생물 생장 억제	소르빈산 사용식품
	pH 조절	식품의 pH 조절	산성음료
	삼투압조절	고농도의 당이나 염으로 삼투압 조절	염장생선
생물학적 제어	발효	유익한 미생물 생육으로 유해균 조절	김치, 요거트
기타	비가열 살균	초고압, 광펄스, 자외선, 오존 등	
	포장기술	산소제거, 항균물질 포장	진공포장
	방사선처리	허용된 방사선을 사용	감마선 조사 식품

화학적 처리방법으로는 항균제를 사용하거나 식품의 pH나 삼투압을 조절하는 방법이 사용되고 유익한 미생물을 발효시켜 유해균의 수를 조절하는 생물학적 제어 방법도 있다. 그리고 최근 들어 열을 가하지 않고 균을 제거하는 비가열 살균방법이나 산소를 제거하는 포장방법으로 식품의 유통기간을 연장하는 기술 등 다양한 제어방법이 발달하고 있어 경우에 맞는 방법을 선택할 수 있는 폭이 넓어졌다고 할 수 있다.

1. 물리적 제어법

식품 중 미생물을 제어하는 방법 중 가장 일반적인 것으로 열을 사용하거나 수분을 제거하여 미생물을 사멸시키거나 생육을 억제하는 방법 등을 말한다.

1) 열처리법

미생물은 특정 온도 이상에서는 생존할 수 없거나 성장이 억제되는데 열처리는 이 원리를 기반으로 미생물을 제어하는 방법이다. 가열하는 온도에 따라 미생물의 생존 범위가 달라지는데 121℃의 온도에서 15분간 가열하여 미생물을 완전히 사멸시키는 멸균(sterilization)과 유통기간 중 식품이 안전할 수 있도록 병원성 미생물만을 살균하는 살균(pasteurization)으로 분류할 수 있다. 살균의 경우는 식품 품질을 최대한 유지하기 위하여 다양한 온도와 시간에서 진행되는데 멸균과 비교하여 상대적으로 낮은 온도(60~85℃)에서 다양한 시간(몇 초에서 수십 분) 동안 처리하여 병원성 미생물과 일부 부패 미생물을 사멸시킨다.

식품의 종류에 따라 고온에서 단시간 살균하는 것이 저온에서 장시간 살균하는 것보다 변패세균의 사멸에 효과적이고 식품품질의 손상에 미치는 영향이 적다고 판단될 경우에는 고온살균(high temperature short time, HTST) 법을 사용하는데 우유의 경우 일반적으로 62℃~65℃ 사이에서 30분간 가열하여 영양소의 파괴를 최소화한 살균공정을 사용하는데 살균온도를 72℃로 올리면 살균시간을 15초로 줄일 수 있다. 이와 같이 온도가 증가함에 따라 미생물의 살균속도는 빠르게 증가하여 대부분의 미생물은 살균 온도를 10℃ 상승시킬 경우 살균을 위한 처리시간은 1/10로 줄어든다. 이러한 원리로 초고온 살균(ultra high temperature, UHT)은 135℃ 이상의 온도에서 1~2초간 살균하는 방법으로 우유, 두유, 수프 등의 살균에 적용되고 있다. 이렇게 열처리법에 의한 살균은 살균 온도와 시간에 따라서 제어할 수 있는 미생물의 종류와 수가 조절되며 이와 함께 식품에 함유되어 있는 영양소의 파괴되는 비율 역시 변하므로 식품의 종류에 따라 살균의 온도와 시간을 조절하는 것이 바람직하다.

2) 저온저장

미생물의 종류에 따라 최적의 생육 온도는 모두 다르지만 식품 변패의 원인이 되는 미생물은 대부분 20~45℃에서 생육하는 중온균이라고 할 수 있다. 미생물의 생육이 저온에서 늦어지는 원리를 이용하여 다양한 냉장 및 냉동식품이 유통되고 있다. 냉장온도는 0℃~10℃, 냉동제품은 -18℃ 이하에서 유통되는데 식품 품목에 따라 유통방법을 정할 수 있다. 저온저장은 생육속도를 억제하는 방법으로 유통되는 제품이므로 대부분은 멸균제품이 아니기 때문에 저장기간은 한계가 있다고 할 수 있다. 따라서 냉장 또는 냉동식품이라고 해서 완벽하게 미생물이 제어되는 것은 아니므로 유통기간을 잘 확인할 필요가 있다.

3) 건조

미생물의 생육에 필요한 수분을 제거함으로써 미생물을 제어한다. 다양한 종류의 건조방법으로 제조되는 건조식품 들이 이러한 원리로 미생물에 의한 변패를 제어하고 있다. 건조방법으로는 열풍건조, 분무건조, 진공건조, 동결건조 등 다양한 방법이 있는데 식품의 특성 및 공정에 사용할 수 있는 비용 등을 고려하여 결정한다. 건조를 거침으로써 수분이 낮은 상태로 유통되는 식품에서도 생육이 가능한 효모나 곰팡이 등의 미생물이 존재하므로 건조식품이라고 해서 미생물에 의한 오염으로부터 완전히 안전하다고 할 수는 없다.

4) 기타 : 초음파 처리 및 여과

초음파 처리는 주로 20kHz 이상의 주파수를 갖는 초음파(ultrasonication)를 이용하여 액체 매질을 빠르게 진동시켜 세포막에 기계적 스트레스를 가하거나 액체 내에 미세기포를 형성하여 기포 붕괴 시 발생하는 고온, 고압으로 미생물의 세포벽을 파괴하고 세포 내 구조를 손상시켜 미생물을 제어하는 방법이다. 액체 매질에서 살균효과가 뛰어나 폐수처리 시 미생물을 제거하거나 액체식품의 살균에 사용한다. 초음파 세척기는 액체 세척제와 함께 작동하여 의료기기, 실험실 도구, 식품 가공 기계 등의 표면을 살균하기도 한다.

그 외에 크기의 차이를 이용하여 미생물을 제거하는 필터링방법(filtration)이 있는데 수 μm~nm 사이즈의 필터를 이용하여 물속의 미생물을 제거하거나 고효율 미립자 공기(high efficiency particulate air, HEPA)필터를 사용하여 최소 99.97%의 효율로 0.3 마이크로미터 이상의 입자를 제거함으로써 공기 중의 미생물을 제어할 수 있다.

2. 화학적 제어법

식품에 존재하는 미생물을 화학적으로 제거하기 위하여 사용되는 가장 일반적인 방법은 다양한 종류의 항균물질을 사용하는 것으로 작용기작에 따라 방부제, 보존제, 살균 소독제 등으로 분류하기도 한다.

1) 화학적 항균물질

식품의 보존성을 향상시키기 위해 효모와 곰팡이의 생장을 억제하는 데 효과적인 소르빈산(sorbic acid)이 다양한 식품에 사용되며, 산성조건에서 곰팡이와 박테리아의 억제에 효과를 나타내는 벤조산(benzoic acid), 제빵 산업에서 곰팡이 제어용으로 사용되는 프로피온산(propionic acid) 등의 방부제가 사용된다. 방부제보다 살균력은 약하지만 미생물의 생장을 억제하여 식품의 품질을 유지하고 저장기간 연장을 위해 사용되는 보존제는 매우 다양한데 식품의 산화를 방지하여 식품의 색, 맛, 향을 유지하는 역할을 하는 항산화제인 비타민 C, 비타민 E, 로즈마리 추출물, 육류가공품에서 클로스트리디움 보툴리늄(*Clostridium botulinum*)균의 생육을 억제하는 아질산염, 와인에서 항산화 작용을 통하여 식품의 갈변을 방지하는 황산나트륨, 그리고 아황산나트륨, 염소산나트륨 등의 항균제 등을 들 수 있다. 식품공전 상 보존료는 미생물에 의한 품질 저하를 방지하여 식품의 보존기간을 연장시키는 식품첨가물을 말하며 국내에서 지정된 합성보존료는 데히드로초산나트륨, 소르빈산, 소르빈산칼륨, 소르빈산칼슘, 안식향산, 안식향산나트륨, 안식향산칼륨, 안식향산칼슘, 파라옥시안식향산메틸, 파라옥시안식향산에틸, 프로피온산, 프로피온산나트륨, 프로피온산칼슘 등 13개가 지정되어 있다, 식품이 아닌 식품을 제조하는 데 사용할 수 있는 기구 등의 살균소독제는 식품첨가물 공전에 총 72종이 등록되어 있다.

2) pH 및 삼투압 조절

대부분의 미생물은 생육에 적당한 pH를 가지고 있다. 대부분의 곰팡이와 병원성 세균은 pH 6~8 사이의 중성 pH에서 생육이 활발하며 pH 4 이하의 산성 및 pH 9 이상의 염기성에서 대부분의 병원성 세균은 생장을 억제당한다. 즉 미생물의 생장은 특정 pH 범위에서 활발하게 이루어지기 때문에 pH를 적절히 조절하면 미생물의 생장을 억제할 수 있는데 대부분의 공정은 산성화를 이용하는데 주로 아세트산, 젖산, 구연산 등의 유기산을 사용하여 pH를 낮춘다. pH를 높여 미생물을 제어하는 공정도 있는데 올리브 가공 시 쓴맛을 제거하기 위하여 수산화나트륨을 사용하거나 옥수수전분을 제조하는 공정에서 옥수수껍질을 부드럽게 하기 위하여 수산화칼슘용액에 담그는 공정의 부수적인 효과 또한 미생물을 제어하는 것이다.

식품에 고농도의 용질(주로 설탕이나 소금)을 첨가하여 높은 삼투압의 환경을 만들면 세포 내 수분이 외부로 빠져나가 세포가 탈수되므로 미생물의 생장과 번식이 어려워진다. 탈수와 동시에 세포막과 세포벽의 손상 등도 발생하여 미생물을 제어할 수 있게 된다. 고농도의 소금을 첨가하는 염장생선 및 염장고기, 고농도의 설탕을 사용하는 잼과 젤리, 절임과일 등 염장 및 당장은 식품의 저장을 위하여 전통적으로 많이 사용되는 방법이다.

3. 생물학적 제어법

유익한 미생물을 이용하여 유해 미생물의 성장을 억제하거나 제거할 수 있다. 김치나 다양한 장류 등 전통적인 발효식품이 발효되는 과정에는 유익한 균의 생육으로 인하여 병원성 균의 생육이 다양한 방법으로 억제된다. 김치의 발효에 생육되는 젖산균(lactic acid bacteria)은 젖산을 생성하여 pH를 낮추고 다양한 항균물질도 생산하는 것으로 알려져 있으며 효모(yeast)와 초산균(acetic acid bacteria) 역시 알코올과 초산을 생성하여 오염균의 생육을 억제한다. 프로바이오틱스는 장내 미생물 균형을 유지하고 유해균의 성장을 억제하는데 발효유나 보충제로 섭취한 락토바실러스(*Lactobacillus*)와 비피도박테리움(*Bifidobacterium*)속과 같은 유익한 세균이 장 건강을 개선하고 유해균을 억제한다. 미생물의 대사 산물(microbial metabolites)을 이용하는 경우도 있는데 특정 미생물이 생성하는 항생물질이나 대사 산물을 이용하여 유해 미생물의 성장을 억제할 수 있다.

4. 기타 제어법

1) 비가열처리

비가열 살균 방법은 열을 사용하지 않고 미생물을 제거하거나 불활성화시키는 다양한 기술을 말한다. 이러한 방법은 특히 열에 민감한 성분이 포함된 식품의 품질을 유지하면서 살균 효과를 얻고자 할 때 유용하다. 대표적인 비가열 살균 방법으로는 고압 처리(high pressure processing, HPP)가 있는데 높은 압력을 이용하여 미생물의 세포막과 단백질을 변형시켜 사멸시키거나 불활성화한다. 물을 매개로 하여 식품에 1,000~5,000kg/cm^{2}의 고압을 수 분 동안 가하는데 압력은 모든 방향에서 균일하게 가해지기 때문에 식품의 형태나 크기에 관계없이 동일한 효과를 얻을 수 있으며 포장 형태에 따라 완제품 상태로도 적용할 수 있는 장점이 있다. 공정 중에 온도의 상승은 거의 없어 열에 의한 손상은 전혀 없으나 설비가 고가인 문제점이 있다. 굴 등의 해산물을 날 것으로 유통하기 위하여 적용된 사례가 있고 국내에서는 고가의 생과일 주스의 살균에 적용되고 있다.

광펄스 처리(pulsed light treatment, PLT)에 의한 미생물 제어 방법은 파장범위 200nm에서 1,100nm 사이의 고강도의 빛을 매우 짧은 시간 동안 반복적으로 방출하여 미생물을 사멸시키는 기술로 자외선 영역뿐 아니라 가시광선, 근적외선 영역까지도 포함하므로 UV살균과는 구별되며 단시간에 높은 에너지를 전달하여 미생물의 세포벽과 DNA를 손상시키는 방법으로 알려져 있다. 나노초에서 밀리초 단위의 짧은 펄스를 사용하며 온도를 크게 올리지 않고도 미생물을 사멸시키기 때문에 식품의 영양소와 감각적 특성(맛, 색, 질감 등)을 유지할 수 있으며 분말식품, 포장재, 액체식품 등의 살균에 적용될 수 있으나 빛의 투과성이 제한적이기 때문에 식품 표면의 미생물 제어에 주로 사용되며 식품 내부까지 효과를 보기는 어렵다. 또한 초기 설치비용이 고가인 단점이 있다.

자외선은 파장이 100nm에서 400nm 사이인 전자기파의 일종으로 이 중

100~280nm 범위의 자외선은 가장 강력한 살균력을 가지고 있어 미생물의 DNA와 RNA를 파괴하여 그들의 생존과 번식을 방해한다. 병원, 실험실, 공공 장소 등에서 살균램프를 사용하여 공기 중 미생물을 제거하거나 수영장이나 상수도 처리 시설에서의 수처리, 다양한 의료기기 포장재의 표면살균에도 사용된다.

오존(O_3)은 강력한 산화제로 오존 분자가 산소 분자와 산소 원자로 분해되면서 강력한 산화 작용을 통해 세포벽, 단백질, DNA 등을 파괴한다. 음용수나 수영장 물의 살균에 사용되거나 공기순환시스템에 통합사용되기도 한다. 과일, 채소의 저장 중 발생하는 곰팡이와 세균을 억제하는데 사용된다.

비가열 살균 방법은 열을 사용하지 않기 때문에 열에 민감한 제품의 품질을 유지하면서도 효과적으로 미생물을 제어할 수 있는 방법들로 식품, 의료, 수처리, 공기 정화 등 다양한 분야에서 사용되며, 각각의 특성과 장단점을 고려하여 적절한 방법을 선택하고 적용하는 것이 중요하다.

2) 포장 기술

최근 포장 기술의 발전은 다양한 방법을 통하여 미생물의 제어를 가능하게 한다. 진공포장을 하여 산소를 제거함으로써 호기성 미생물의 생장을 억제하고 포장재에 항균제를 첨가하여 미생물의 생장을 억제하기도 한다. 탈산소제 또는 흡습제 등을 포장지에 부탁하는 방법은 포장 내부의 환경을 능동적으로 조절하여 식품의 품질과 안전성을 유지하기도 하며 최근에는 포장재에 센서를 부착하여 식품의 상태를 모니터링함으로써 미생물에 의한 부패 또는 품질 변화여부를 감지하기도 한다.

3) 방사선 처리

방사선조사는 코발트(^{60}Co), 세슘(^{137}Cs) 등 방사성 동위원소에서 나오는 감마선 · 전자선 · X-선 등을 각종 농수축산물과 가공식품에 쬐는 보존처리법의 하나로 정해진 방사선량을 식품에 쪼이는 것이다. 이 기술은 에너지를 이용해 식품의 맛이나 품질에 거의 영향을 주지 않는 비가열 살균처리 기술로 식품의 살균, 살충, 발아 억제, 숙도 조절용으로 쓰인다. 우리나라의 경우 식품조사처리에 이용할 수 있는 선종으로 감마선 또는 전자선으로 규정하고 있다. 감마선을 방출하는 선원은 코발트를, 전자선을 방출하는 선원은 전자선 가속기를 이용하며 감마선의 경우 사용이 허가된 식품과 식품별로 허용 흡수선량이 정해져 있으며 전자선은 10MeV 이하여야 한다. 2012년을 기준으로 감자 · 양파 · 마늘, 밤, 말린 버섯 및 생버섯, 난분, 곡류 · 두류 및 그 분말, 전분, 건조식육 및 어패류 분말, 된장, 고추장, 간장분말, 건조채소류, 효모 · 효소식품, 조류식품, 알로에 분말, 인삼 제품류, 건조향신료 및 조제품, 복합조미식품, 소스류, 침출차, 분말차, 환자식 등의 품목에 대해 방사선을 쬘 수 있도록 허용하고 있다.

찾아보기 · 참고문헌

찾아보기

ㄴ

ㄷ

ㅈ

ㅊ

미생물명

ㅇ

ㅍ

ㅎ

참고문헌

가시와다니 히로유키(2012). 지의류는 무엇일까?. (문광희 역). 서울: 지오북.

강성태 · 윤재영(2004). 식품미생물학. 경기: 형설출판사.

강옥주 · 권경순 · 김선경 · 김창섭 · 손동화(2012). 新제빵 · 제과학. 서울: 문운당.

기술 및 시장동향 보고서. 산업용 효소, 한국기술은행.

김영지 · 김왕준 · 남진식 · 배지현 · 손규목 · 유춘발 · 정승원 · 조갑연 · 방우석 · 채기수(2016). New 식품미생물학. 경기: 지구문화사.

김영동(2022). 식물계통학. 서울:월드사이언스.

노완섭(2007). 식품미생물학. 서울: 지구문화사.

노완섭 · 김영지 · 김왕준 · 남진식 · 박찬성(2009). 식품미생물학. 서울: 지구문화사.

민봉희 · 박성주 · 박용근 · 백형석 · 이건형 · 이호용 · 한홍의(2000). 미생물과학. 서울: 효일.

방병호 · 박헌국 · 서현창 · 심상국 · 심창환 · 윤원호 · 장명호 · 현재석(2002). 기본 식품미생물학. 서울: 진로연구사.

방병호 · 채기수 · 이문수 · 석순자 · 윤원호 · 황종현 · 조갑연 · 김중배 · 심상국(2014). 식품미생물학. 서울: 진로연구사.

식품의약품안전처(2019). 건강기능식품의 기준 및 규격.

신해헌 · 차윤환 · 한명륜 · 조은아 · 이정숙 · 국무창(2012). 알기쉬운 식품미생물학 & 실험. 경기: 교문사.

심우만 · 심창환 · 서현창 · 박헌국(2009). 식품미생물학. 서울: 문운당.

아카데미서적 편집부(2003). 생명과학사전. 서울: 아카데미서적.

양철영 · 고명수(1998), 축산식품이용학. 서울: 형성출판사.

오성훈(2004). 산업용 효소시장 현황. 식품과 영양, 9(3), 10-17.

오태광 · 김형권 · 김철호 · 성문희 · 이정기(1998). 산업과 미생물. 서울: 한림원.

윤양호 외 2명(2012). 미세조류의 경이로운 세계와 산업적 이용 – 에너지, 식량 및 환경분야의 미래자원. 전남대학교 출판부.

이한창 · 강옥주 · 김영목 · 김정목 · 조좌형 · 엄성환 (2018). 재미있는 식품미생물학. 서울: 수학사.

조기성 · 현황환 · 장태용 · 이현환 · 남인영(2013). 미생물학길라잡이(8판). 서울: 라이프사이언스.

특허청(2000). 신기술동향조사 보고서: 기능성효소. 화학/약품분야 제5권. 대전: 특허청.

하덕모(2007). 식품미생물학. 서울: 신광출판사.

한국미생물학회(2017). 미생물학. 서울: 범문사.

한국의과연구원(2021). 산업용 효소 기술 및 시장동향.

한영숙 · 박신인 · 엄애선 · 김희경 · 남은숙 · 오지영 · 박신영(2009). 식품미생물학. 서울: 파워북.

한영숙 · 박인숙 · 범봉수 · 강명화 · 윤진아 · 박훈 · 박한나 · 권기한(2012). 발효식품. 서울: 파워북.

허윤행 · 방병호 · 송리라 · 김재근 · 강병태 · 박인숙 · 이웅수(2003). 식품미생물학. 서울: 지구문화사.

Coulston, A., Kerner, J., Hattner, J., & Srivastava, A.(2006). Nutrition Principles and Clinical Nutrition. *Stanford School of Medicine Nutrition Courses*, SUMMIT

David L. Nelson(1970). 레닌저 생화학 7판 (상권).(윤경식 · 김호식 역), 월드사이언스.

Dimroth, P., von Ballmoos, C., & Meier, T.(2006). Catalytic and mechanical cycles in F-ATP synthases: Fourth in the Cycles Review Series. *EMBO Rep, 7*(3), 276-82. PMC 1456893. PMID 16607397. doi:10.1038/sj.embor.7400646.

Fröhlich-Nowoisky, J., Kampf, C. J., Weber, B., Huffman, J. A., Pöhlker, C., Andreae, M. O., & Su, H. (2016). Bioaerosols in the Earth system: Climate, health, and ecosystem interactions. *Atmospheric Research, 182*(15), 346-376.

John E., Morley, M. B., BCh, Gammert Professor of Gerontology, Director, Division of Geriatric Medicine and Director, Division of Endocrinology, St. Louis University Medical Center.

Lerner, K.L. and Lerne, B.W. 2013. *World of Microbiology and Immunology*. The Gale Group.

Madigan, M.T., Martinko, J.M., Bender, K.S., Buckley, D.H., and Stahl, D.A. 2016. *Brock Biology of Microorganisms*, 14th edn.

Median, Martinko, Stahl, Clark(2014). Brock의 핵심미생물학(오계헌 역), 바이오사이언스.

Pollak, N., Dölle, C., & Ziegler, M.(2007). The power to reduce: pyridine nucleotides – small molecules with a multitude of functions. *Biochemical Journal, 402*(2), 205-218.

CDC(미국 질병통제예방센터)
약학용어사전, 약학정보원
화학백과, 대한화학회
http://www.foodsafetykorea.go.kr/foodcode/index.jsp
https://ko.wikipedia.org/wiki/현미경

저자약력

김명희

Cornell University 환경독성학 이학박사

영남대학교 식품공학과 교수

박석규

경상대학교 식품공학과 이학박사

순천대학교 식품영양학과 교수

조석철

연세대학교 생명공학과 공학박사

서원대학교 식품공학과 교수

박훈

Oregon State University, 이학박사

선문대학교 식품과학과 교수

제2판

식품미생물학

초 판 1쇄 발행 2020년 3월 11일
초 판 2쇄 발행 2021년 10월 1일
제2판 1쇄 발행 2024년 8월 26일

지 은 이 | 김명희 · 박석규 · 조석철 · 박훈
펴 낸 이 | 김기섭
편 집 인 | 오선율
펴 낸 곳 | 창지사 www.changJisa.com
08589 서울시 금천구 가산디지털 1로 83 파트너스타워 1차 9층
전화 (02)719-2211~3
팩스 (02)701-9386
등 록 | 1977년 4월 28일 · 제1-421호

ⓒ 김명희 외, 2020, 2024

- 이 책 내용의 전부 또는 일부를 재사용하려면 반드시 저작권자와 창지사 양측의 동의를 받아야 합니다.
- 저자와 협의하여 인지는 생략합니다.
- 출판물 불법 복사, 불법 북스캔은 저작권 위반으로 처벌받을 수 있습니다. 불법 제본으로 처벌될 경우(전과기록됨) 취업 불이익이나 해외유학과 이민 등 비자발급이 거부되는 불이익이 발생할 수 있습니다.

ISBN 978-89-426-1903-0 (93590)

값 25,000원